"十四五"职业教育国家规划教材

冷冲模设计资料与指导

（第六版）

主　编　杨关全
副主编　曹秀中　苏新义　聂兰启

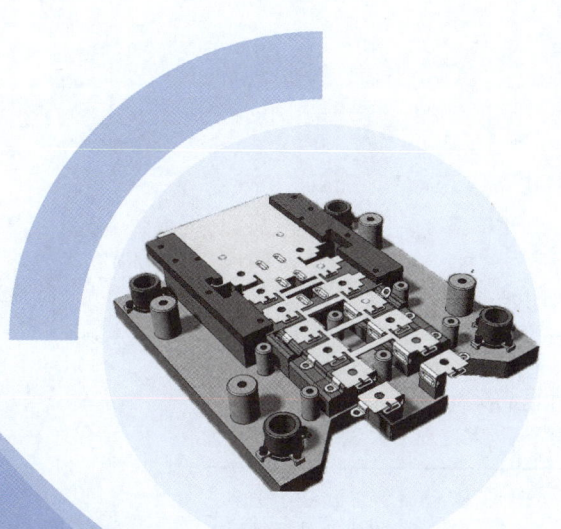

大连理工大学出版社

图书在版编目(CIP)数据

冷冲模设计资料与指导 / 杨关全主编. -- 6版. -- 大连：大连理工大学出版社，2024.7
ISBN 978-7-5685-4935-6

Ⅰ.①冷… Ⅱ.①杨… Ⅲ.①冷冲压－冲模－设计－高等职业教育－教材 Ⅳ.①TG385.2

中国国家版本馆 CIP 数据核字(2024)第 073838 号

大连理工大学出版社出版

地址：大连市软件园路 80 号　邮政编码：116023
发行：0411-84708842　邮购：0411-84708943　传真：0411-84701466
E-mail：dutp@dutp.cn　URL：https://www.dutp.cn
辽宁星海彩色印刷有限公司印刷　　大连理工大学出版社发行

幅面尺寸：185mm×260mm　　印张：12　　字数：292 千字
2007 年 8 月第 1 版　　　　　　　　　　2024 年 7 月第 6 版
2024 年 7 月第 1 次印刷

责任编辑：刘　芸　　　　　　　　　　责任校对：吴嫒嫒
　　　　　　　　封面设计：方　茜

ISBN 978-7-5685-4935-6　　　　　　　　定　价：41.80 元

本书如有印装质量问题，请与我社发行部联系更换。

前　言

《冷冲模设计资料与指导》(第六版)是"十四五"职业教育国家规划教材、"十三五"职业教育国家规划教材、"十二五"职业教育国家规划教材，与《冷冲压工艺与模具设计》(第六版)配套使用。

本教材是为适应冷冲压行业的最新发展以及职业教育改革而进行修订的。本教材历经前五版教材的传承、优化、完善和发展，坚持守正与创新，注重从同类相关优秀教材、省级及国家级网络精品课、模具专业国家教学资源库、冷冲模设计手册以及模具行业专业期刊等优秀资料中进行归纳总结、提炼升华以及吸收精华。

本次修订的内容主要包括：增加了起子落料冲孔模、垫片落料模、U形件弯曲模、圆筒件拉深模等四个典型冷冲模设计创新案例；增加了四套用三维软件设计的模具结构图，包括完整的模具零件三维图，作为学生使用三维软件进行模具结构设计的入门引导；增加了模具结构三维设计、装配的微课资源。

本教材与《冷冲压工艺与模具设计》(第六版)自成完整的冷冲模设计体系，涵盖了教材中全部典型模具设计实例、一般复杂程度的冷冲压工艺及模具设计所需要的全部资料，内容齐全、实用；所使用的标准全部为现行国家标准和行业标准。

本教材可作为高等职业学校、高等工程专科学校、部分成人高等学校模具设计与制造专业以及数控、机械制造与自动化等相关专业的教材，也可供有关从事模具设计与制造工作的工程技术人员工作时参考。

本教材由襄阳汽车职业技术学院杨关全任主编，无锡职业技术学院曹秀中、河北机电职业技术学院苏新义、山东红旗机电集团股份有限公司聂兰启任副主编，台达电子(东莞)有限公司杨筠彦任参编。具体编写分工如下：杨关全编写第四、五章；曹

秀中编写第三章;苏新义编写第一章;聂兰启编写第二章;杨筠彦编写附录。全书由杨关全负责统稿并定稿。

在编写本教材的过程中,我们参考、引用和改编了国内外出版物中相关资料和网络资源,请相关著作权人看到本教材后与出版社联系,出版社将按照相关法律的规定支付稿酬。此外,校企合作单位东风模具冲压技术有限公司、中航工业航宇救生装备有限公司、襄阳昊瑞模具有限公司为教材的编写提供了大量素材,在此对这些合作单位一并表示衷心的感谢!

教材的编写是一项不断完善、不断发展进步且长久的工程,尽管我们在教材特色的建设方面做出了许多努力,但由于编者水平有限,教材中仍可能存在一些疏漏和不妥之处,恳请各教学单位和读者在使用本教材时多提宝贵意见,以便下次修订时改进。

编　者

2024 年 6 月

所有意见和建议请发往:dutpgz@163.com
欢迎访问职教数字化服务平台:https://www.dutp.cn/sve/
联系电话:0411-84707424　84708979

目 录

第一章 冷冲压示例 ·· 1
 一、冲裁 ··· 1
 二、成形 ··· 3
 三、立体压制 ··· 7
 四、拉深 ··· 9
 五、其他冲压过程示例 ···································· 12
 六、改善冲压件设计 ······································ 13
 七、工业软件在冷冲模设计中的应用示例 ··················· 14

第二章 典型零件冷冲压模具结构图 ·························· 15
 一、垫片落料模 ·· 15
 二、成形件底孔冲模 ······································ 16
 三、冲小孔模 ·· 16
 四、圆筒拉深件切边模 ···································· 18
 五、成形件侧孔冲裁模 ···································· 18
 六、斜楔切边模 ·· 20
 七、落料冲孔模 ·· 21
 八、级进冲裁模 ·· 22
 九、U形弯曲整形模 ······································ 23
 十、落料弯曲模 ·· 24
 十一、级进弯曲模 ·· 25
 十二、圆筒件首次拉深模 ·································· 26
 十三、落料拉深模 ·· 27
 十四、级进拉深模 ·· 28
 十五、内孔翻边模 ·· 29
 十六、冲孔翻边模 ·· 29
 十七、胀形模 ·· 31
 十八、缩口模 ·· 32
 十九、挤压模 ·· 33
 二十、电机转子落料冲孔模 ································ 34

二十一、U形件弯曲模 ··· 37
　　二十二、几字形冲压级进模 ·· 39
第三章　冷冲压工艺制定及模具设计实例 ································ 45
　　一、止动件冷冲压工艺制定及模具设计 ······························ 45
　　二、芯轴托架冲压工艺方案制定 ···································· 58
　　三、玻璃升降器外壳冷冲压工艺制定及模具设计 ······················ 62
　　四、簧片级进模设计 ·· 82
　　五、典型冷冲压模具三维设计 ······································ 90
　　六、冷冲压工艺与模具设计课程设计 ································ 92
第四章　冷冲模设计常用标准摘录 ······································ 95
　　一、冲模技术条件 ·· 95
　　二、滑动导向对角导柱模架 ·· 98
　　三、滑动导向后侧导柱模架 ······································· 107
　　四、滑动导向中间导柱方形模架 ··································· 115
　　五、滑动导向中间导柱圆形模架 ··································· 127
　　六、导柱与导套 ··· 134
　　七、凸模 ··· 144
　　八、凹模 ··· 147
　　九、模板 ··· 148
　　十、导向装置 ··· 152
　　十一、模柄 ··· 154
　　十二、其他模具标准零件 ··· 156
第五章　冷冲模价格估算简介 ··· 167
　　一、冷冲模价格估算方法 ··· 167
　　二、小型冷冲模工时法估价 ······································· 170
　　三、简易冲压模具价格估算 ······································· 174
参考文献 ··· 175
附　录 ··· 176

第一章
冷冲压示例

一、冲 裁

1. 微型电机转子片、定子片级进冲压

微型电机转子片、定子片零件图及排样图如图 1-1、图 1-2 所示。

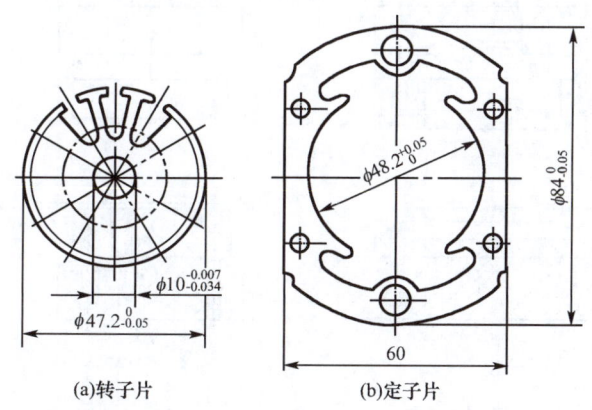

(a) 转子片　　　　(b) 定子片

图 1-1　微型电机转子片、定子片零件图

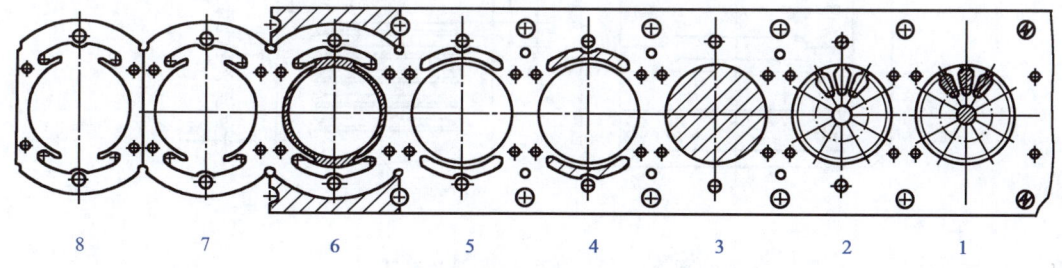

图 1-2　微型电机转子片、定子片排样图

各工位内容为：

第一工位：冲两个 $\phi 8$ mm 的导正销孔，冲转子片各槽孔和中心轴孔，冲定子片两侧四个小孔中右侧的两个孔。

第二工位：冲定子片左侧的两个孔，冲定子片两端中间的两个孔，冲定子片角部的两个工艺孔,冲转子片槽和 ϕ10 mm 孔校平。

第三工位:转子片 $\phi 47.2_{-0.05}^{0}$ mm 落料。

第四工位:冲定子片两端异形槽孔。

第五工位:空工位。

第六工位:冲定子片 $\phi 48.2_{0}^{+0.05}$ mm 内孔、定子片两端圆弧余料切除。

第七工位:空工位。

第八工位:定子片切断。

排样图步距为 60 mm,与工件宽度相等。

2. 简易百叶窗切口冲压模

图 1-3 所示为简易百叶窗冲孔冲压模具。该模具结构简单,但生产率低。

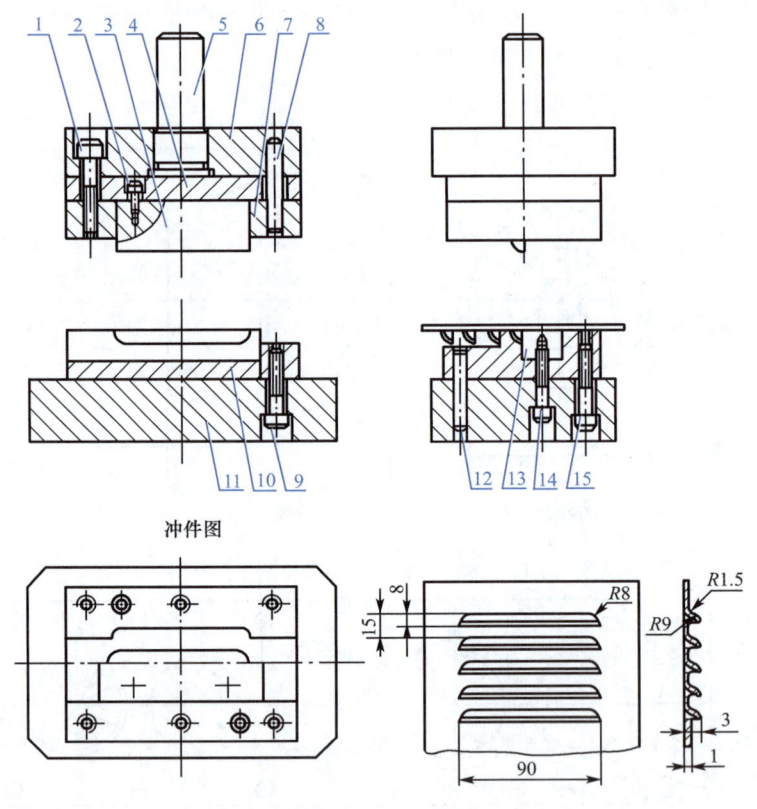

图 1-3 简易百叶窗冲孔冲压模具

1、2、9、14、15—螺钉;3—凸模;4—垫板;5—模柄;6—上模座;
7—固定板;8、12—圆柱销;10—凹模;11—下模座;13—凹模镶块

二、成 形

图 1-4 所示为裤扣成形级进模。

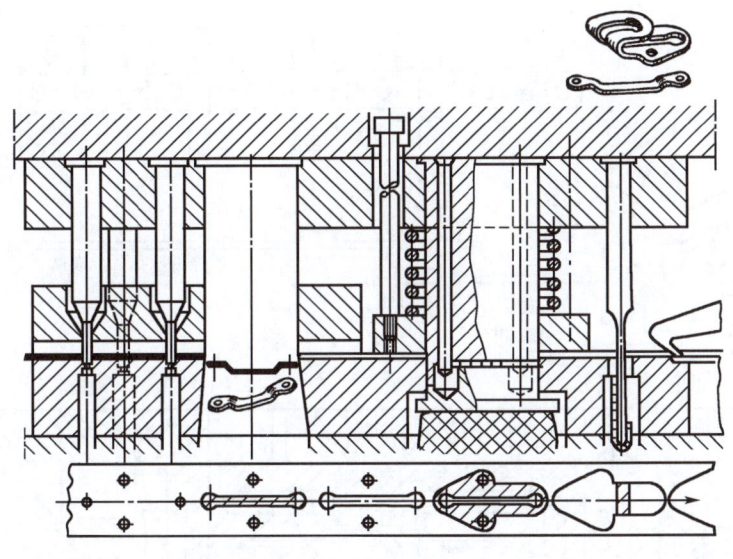

图 1-4　裤扣成形级进模

图 1-5 所示为把手成形(截断及弯曲、压扁和冲孔)工艺过程。

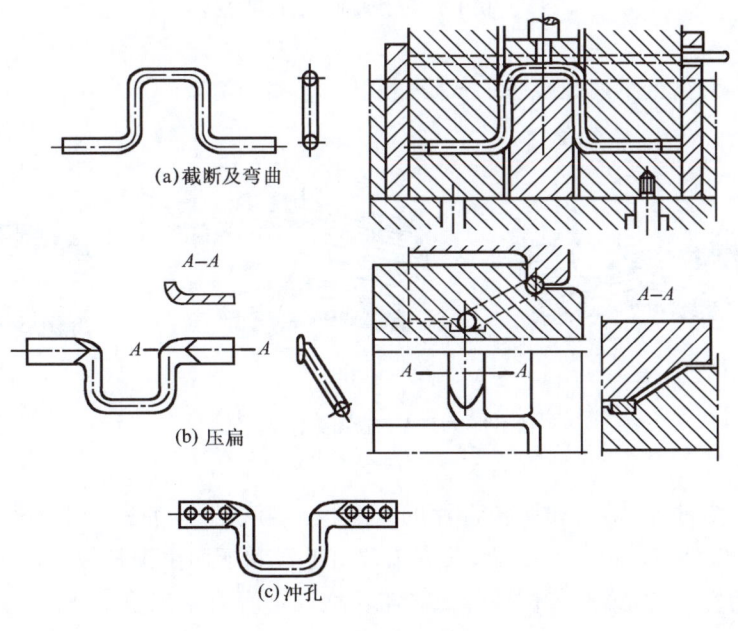

图 1-5　把手成形工艺过程

图 1-6 所示为零件成形（冲孔、修整、弯曲、卷边和切断）工艺过程。模具的特点是使用了斜楔进行卷边。

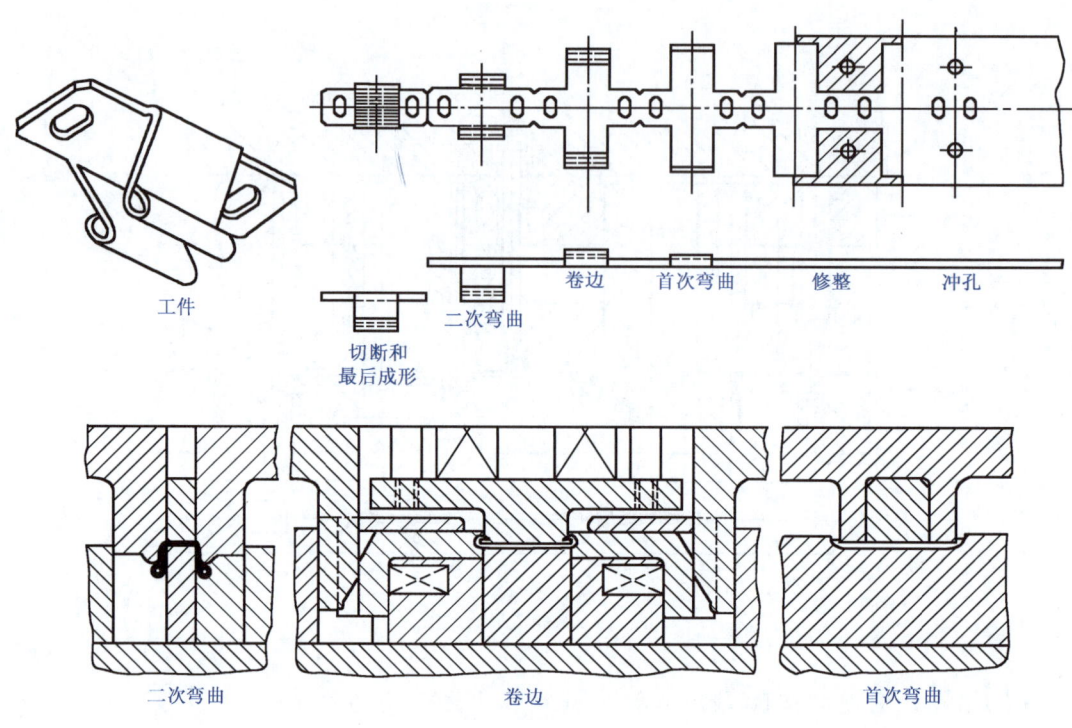

图 1-6　零件成形工艺过程

图 1-7 所示为自行车两通接头的成形过程。

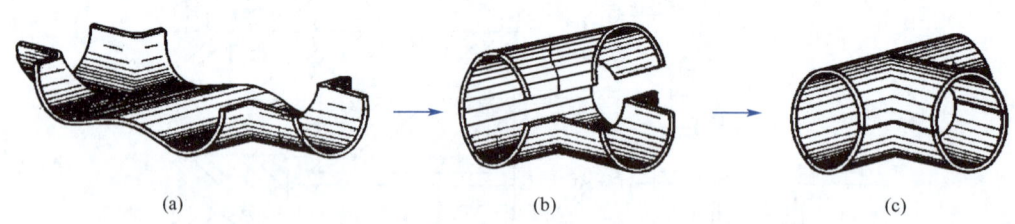

图 1-7　自行车两通接头的成形过程

图 1-8 所示为冲孔、切边和扭转舌片的级进模。第一工位冲三个孔，第二工位切左边，第三工位切右边，第四工位为空工位，第五工位由上模和下面由顶杆拨动的下模将舌片扭转 90°，第六工位为空工位，第七工位截掉。各工位之间都设有空工位。

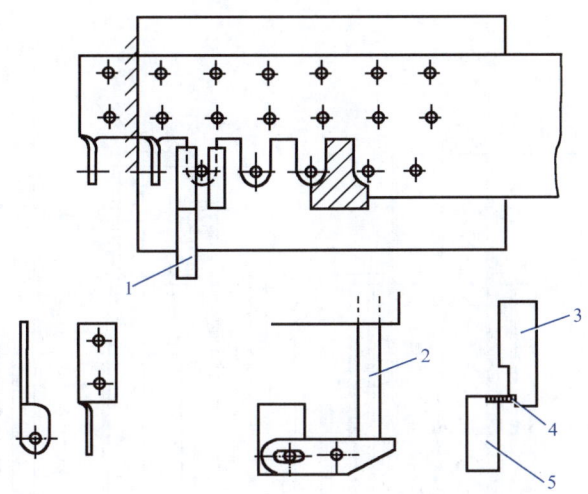

图 1-8　冲孔、切边和扭转舌片的级进模
1、5—下模；2—顶杆；3—上模；4—舌片

图 1-9 所示为大批量生产的一种 22 cm 的铝制茶壶嘴零件图，其外形较复杂，材料为 1050 铝或 1200 铝、厚 1.16 mm 的板料。铝制茶壶嘴的成形工艺为：落料—拉深（分 5 次进行）—缩口（分 2 次进行）—弯曲（分 2 次进行）—胀形—切边—压边。共设计 7 种模具完成制件的成形。其成形工艺流程图如图 1-10 所示。

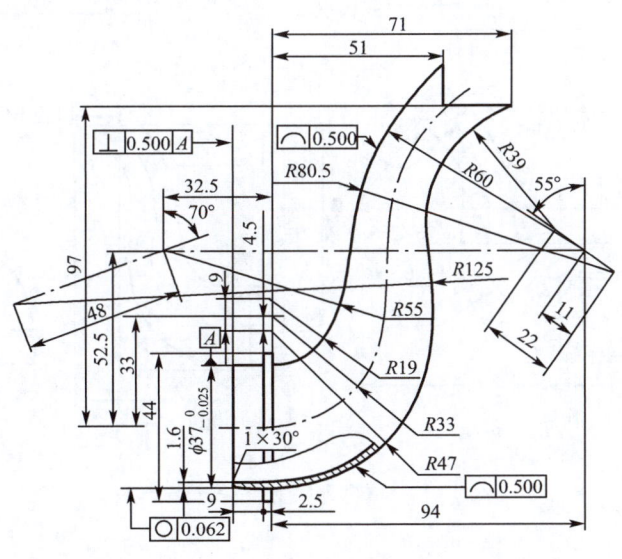

图 1-9　铝制茶壶嘴零件图

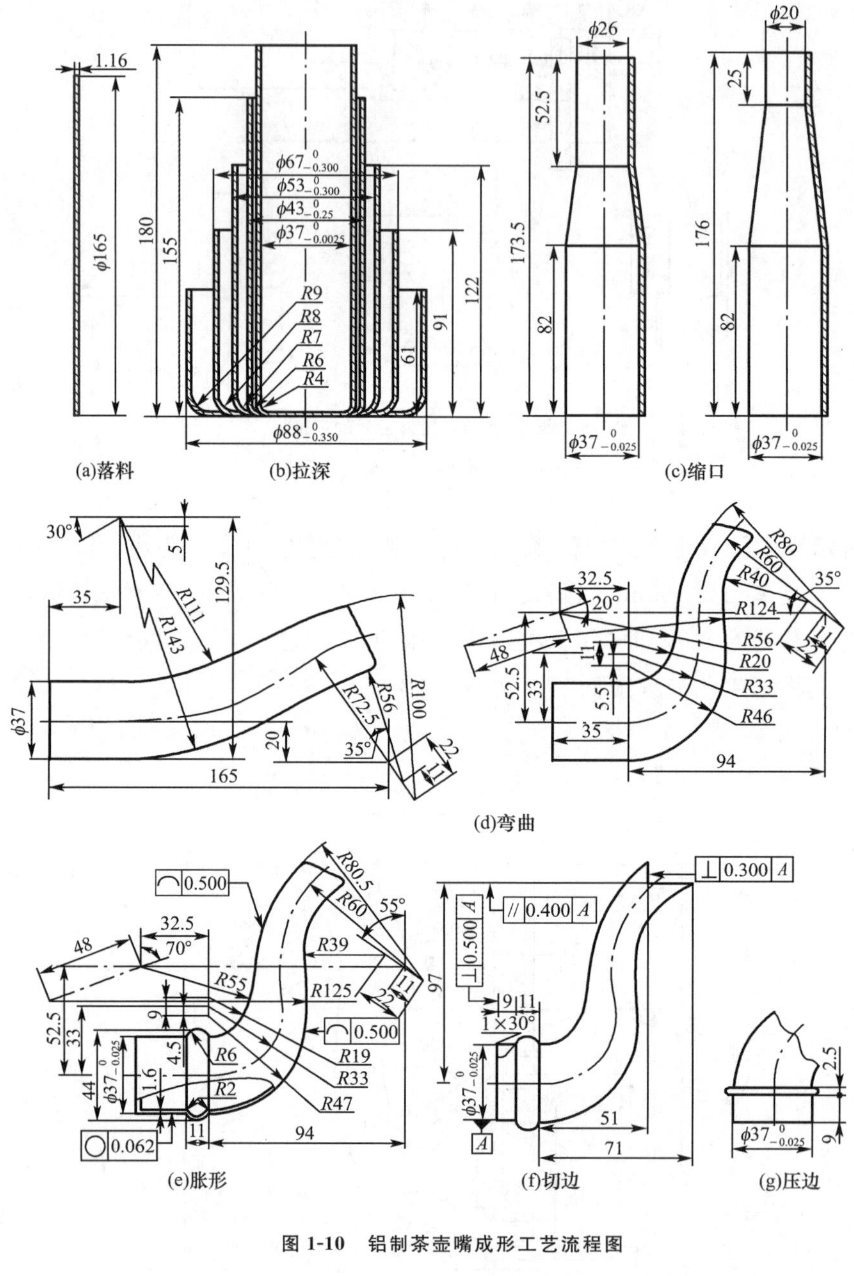

图 1-10　铝制茶壶嘴成形工艺流程图

三、立体压制

图 1-11 所示为挤压结合变薄拉深制造子弹壳的工艺过程。

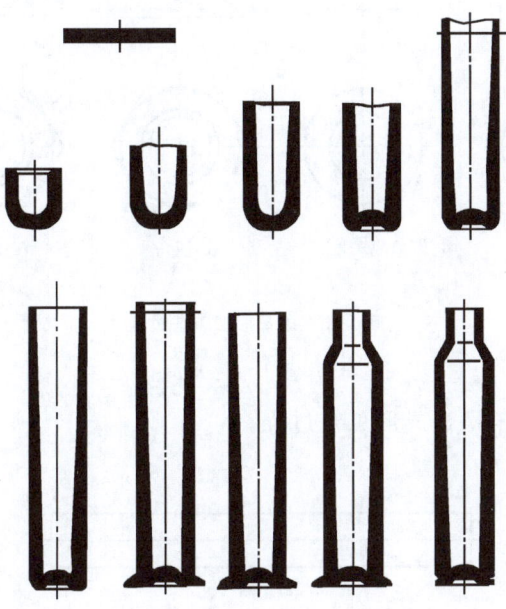

图 1-11　挤压结合变薄拉深制造子弹壳的工艺过程

图 1-12 所示为螺栓成形工艺过程。

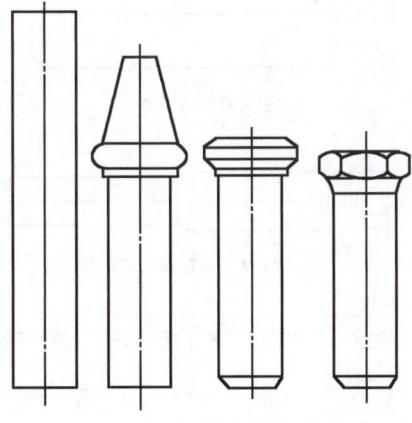

图 1-12　螺栓成形工艺过程

图 1-13 所示为螺母成形工艺过程。

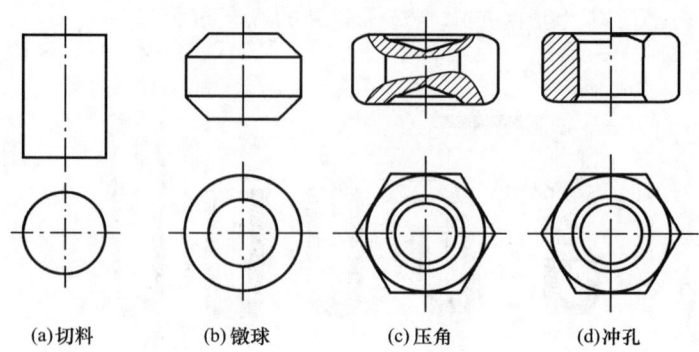

图 1-13　螺母成形工艺过程

图 1-14 所示为内六角螺栓成形工艺过程。

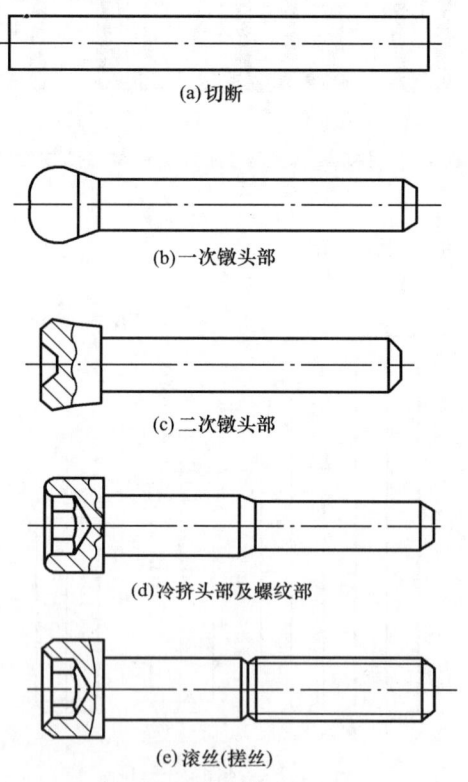

图 1-14　内六角螺栓成形工艺过程

图 1-15 所示为支架零件级进冲压样片。

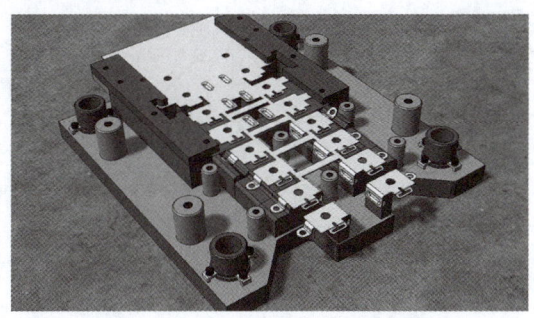

图 1-15　支架零件级进冲压样片

其工艺过程如下：下料—冷镦预成形—退火软化—磷化皂化—复合挤压内十二角形孔及下部小外径—反挤方孔—机加工两端面，达到产品技术要求。

四、拉深

图 1-16 所示为钢板深拉深件成形工艺过程。

工序 1：落料拉深，$m_1=0.75$，坯料直径 $\phi 70$ mm，凹模圆角半径 $R_1=5$ mm，$Z/2=1.3t$；

工序 2：再拉深，$m_2=0.81$，凹模圆角半径 $R_2=3$ mm，$Z/2=1.3t$；

工序 3：再拉深，$m_3=0.85$，凹模圆角半径 $R_3=3$ mm，$Z/2=1.3t$；

工序 4：再拉深，$m_4=0.85$，凹模圆角半径 $R_4=3$ mm，$Z/2=1.3t$；

工序 5：再拉深，$m_5=0.85$，凹模圆角半径 $R_5=2$ mm，$Z/2=1.3t$；

工序 6：变薄拉深，$m_6=0.97$，凹模圆角半径 $R_6=2$ mm，$Z/2=0.8t$；

工序 7：切边。

图 1-17 所示为黄铜板深拉深件成形工艺过程。

工序 1：落料拉深，$m_1=0.5$，凹模圆角半径 $R_1=3$ mm，$Z/2=1.2t$，退火；

工序 2：再拉深，$m_2=0.8$，凹模圆角半径 $R_2=3$ mm，$Z/2=1.2t$；

工序 3：再拉深，$m_3=0.83$，凹模圆角半径 $R_3=3$ mm，$Z/2=1.2t$；

工序 4：变薄拉深，$m_4=0.83$，凹模圆角半径 $R_4=5$ mm，$Z/2=0.92t$；

工序 5：变薄拉深，$m_5=0.85$，凹模圆角半径 $R_5=5$ mm，$Z/2=0.84t$，退火；

工序 6：变薄拉深，$m_6=0.97$，凹模圆角半径 $R_6=5$ mm，$Z/2=0.8t$，退火。

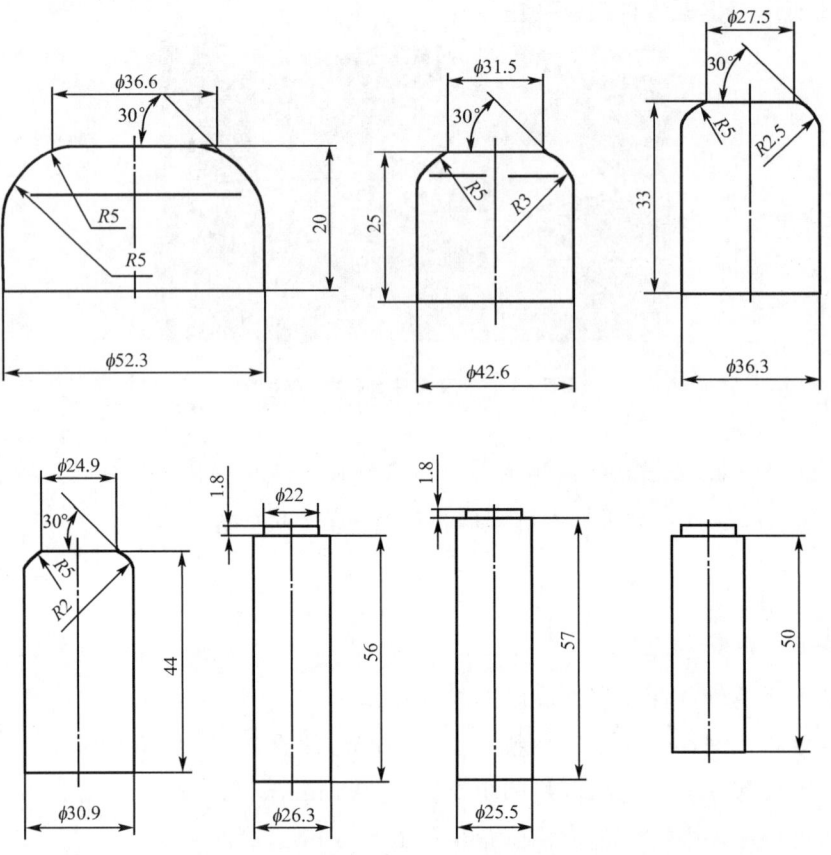

图 1-16 钢板深拉深件成形工艺过程

(材料为钢板,厚度为 0.3 mm)

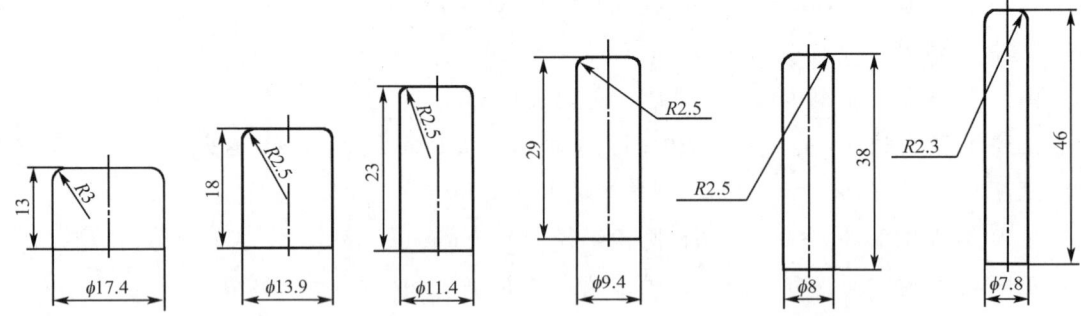

图 1-17 黄铜板深拉深件成形工艺过程

(材料为黄铜,厚度为 0.5 mm,坯料直径为 ϕ35 mm)

图 1-18 所示为小凸缘深拉深件成形工艺过程。

工序 1:拉深,$m_1=0.57$,凹模圆角半径 $R_1=5$ mm;

工序 2:再拉深,$m_2=0.83$;

工序 3:再拉深,$m_3=0.76$,退火;

工序 4:再拉深,$m_4=0.7$,退火;

工序 5:再拉深,$m_5=0.89$,退火;

工序 6:成形。

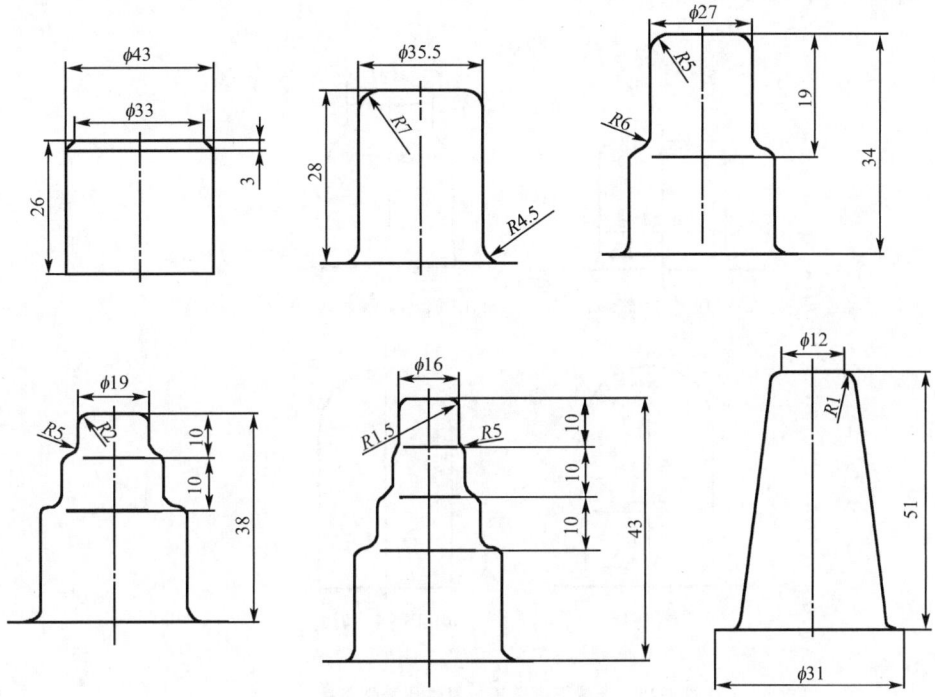

图 1-18 小凸缘深拉深件成形工艺过程
(材料为不锈钢 1Cr18Ni9Ti，厚度为 0.7 mm)

图 1-19 所示为深抛物面形零件拉深工艺过程。

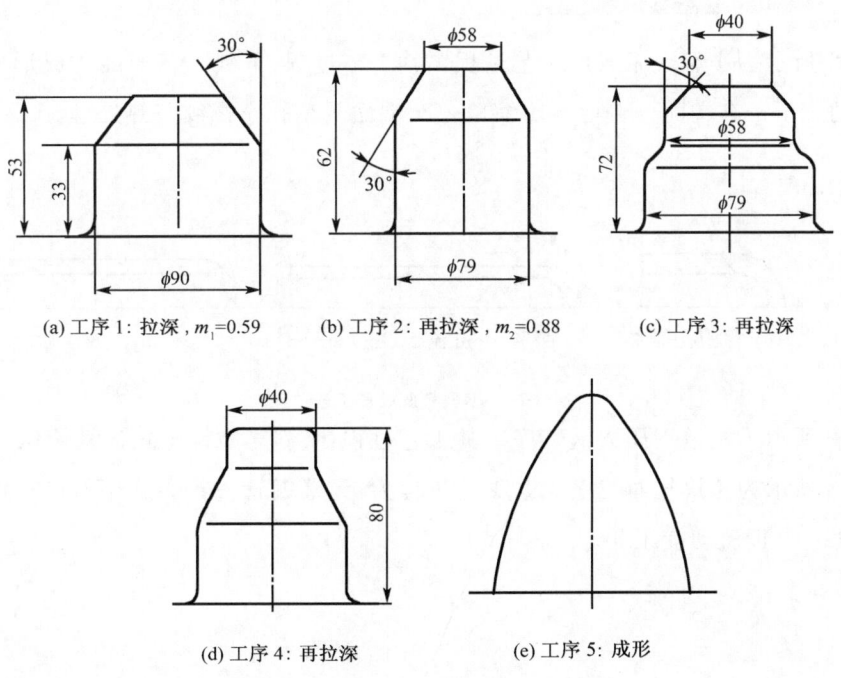

(a) 工序1：拉深，m_1=0.59　　(b) 工序2：再拉深，m_2=0.88　　(c) 工序3：再拉深

(d) 工序4：再拉深　　(e) 工序5：成形

图 1-19 深抛物面形零件拉深工艺过程
(材料为钢板，厚度为 0.6 mm，坯料直径为 ϕ152 mm)

图 1-20 所示为半球形深壁筒拉深件代表性工序。

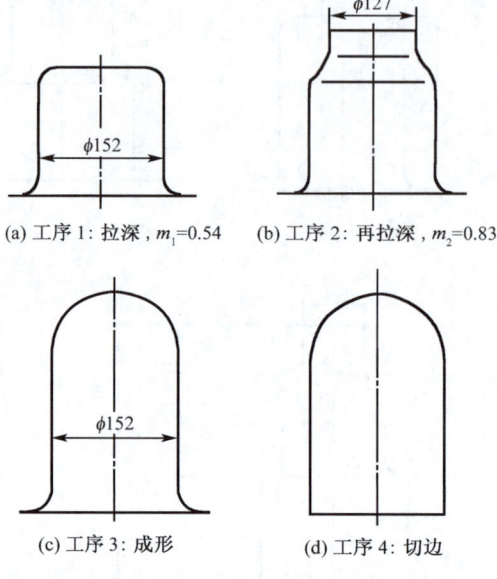

图 1-20　半球形深壁筒拉深件代表性工序

（坯料直径为 $\phi 281.5$ mm）

五、其他冲压过程示例

图 1-21 所示为小型气瓶成形工艺过程。其工艺过程：下料—普通旋压成形—退火—喷丸—正流动旋压—车端面—普通旋压缩口—车端面—钻孔车螺纹—热处理。

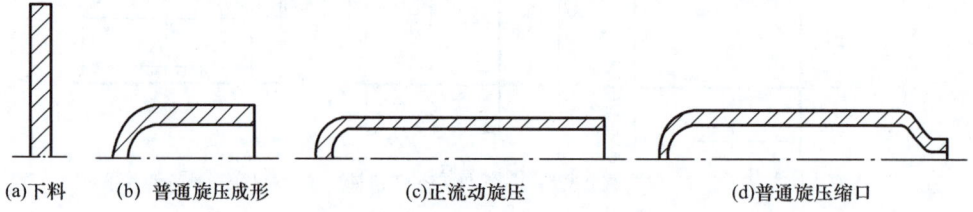

图 1-21　小型气瓶成形工艺过程

图 1-22 所示为不锈钢压力锅工序。其工艺过程：下料—拉深—正流动旋压—翻边。

图 1-23 所示为乙炔气瓶工序。其工艺过程为：无缝钢管—普通旋压封口—退火喷丸—正流动旋压Ⅰ—正流动旋压Ⅱ。

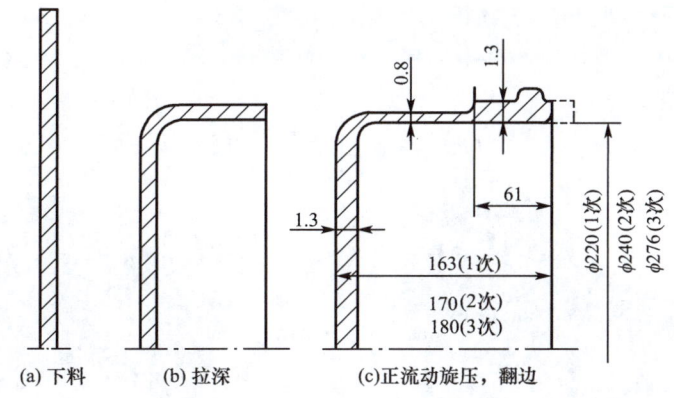

图 1-22 不锈钢压力锅工序

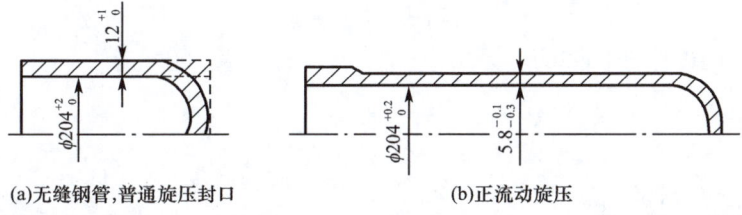

图 1-23 乙炔气瓶工序

六、改善冲压件设计

改善冲压件设计可以进一步发挥冲压工艺的作用,既能改善零件的冲压性能,又能满足零件的使用要求,如图 1-24 所示。其中每个零件中的左图是原来的设计结构,右图是改善后的设计结构。

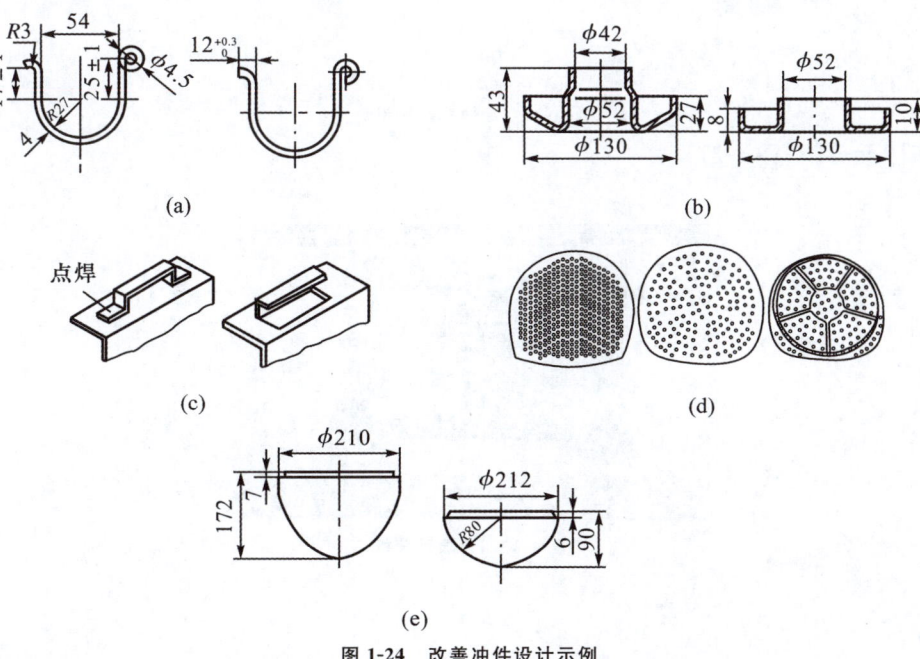

图 1-24 改善冲件设计示例

七、工业软件在冷冲模设计中的应用示例

1. 产品造型（图 1-25）

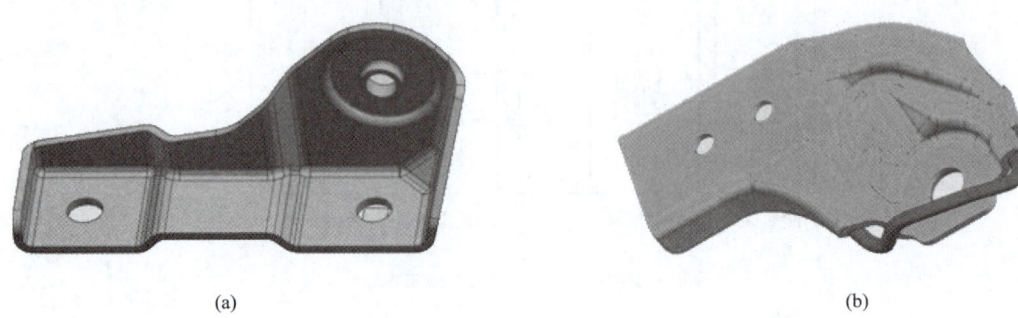

图 1-25　产品造型

2. 冷冲模结构设计（图 1-26）

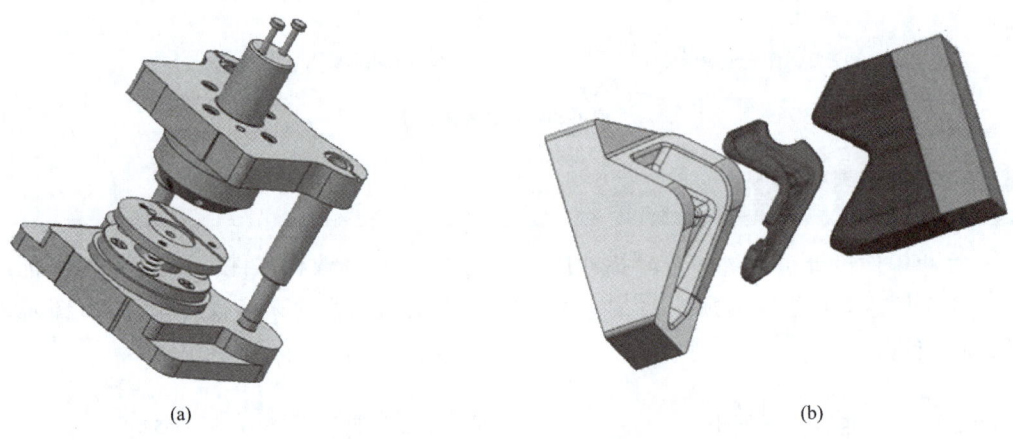

图 1-26　冷冲模结构设计

3. 有限元分析（图 1-27）

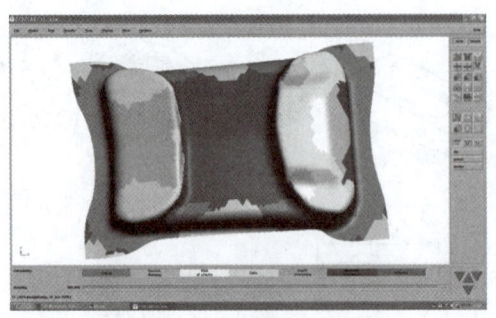

图 1-27　有限元分析

第二章
典型零件冷冲压模具结构图

一、垫片落料模

图 2-1 所示为一副正装下顶出落料模,适用于材料厚度较薄的冲裁件,冲出的工件表面平整,质量较高。该类型的模具一般采用导柱、导套导向结构。模具工作时,上模与压力机滑块一起做上、下运动。在冲裁之前,顶件块与凸模、卸料板与凹模一起将材料压紧,上模随滑块继续下行,凸模进入凹模前,导柱已经进入导套,从而保证了在冲裁过程中凸模和凹模之间间隙的均匀性。凸模进入凹模,将材料冲下,在上模上行时,通过顶件块将工件从凹模中顶出。

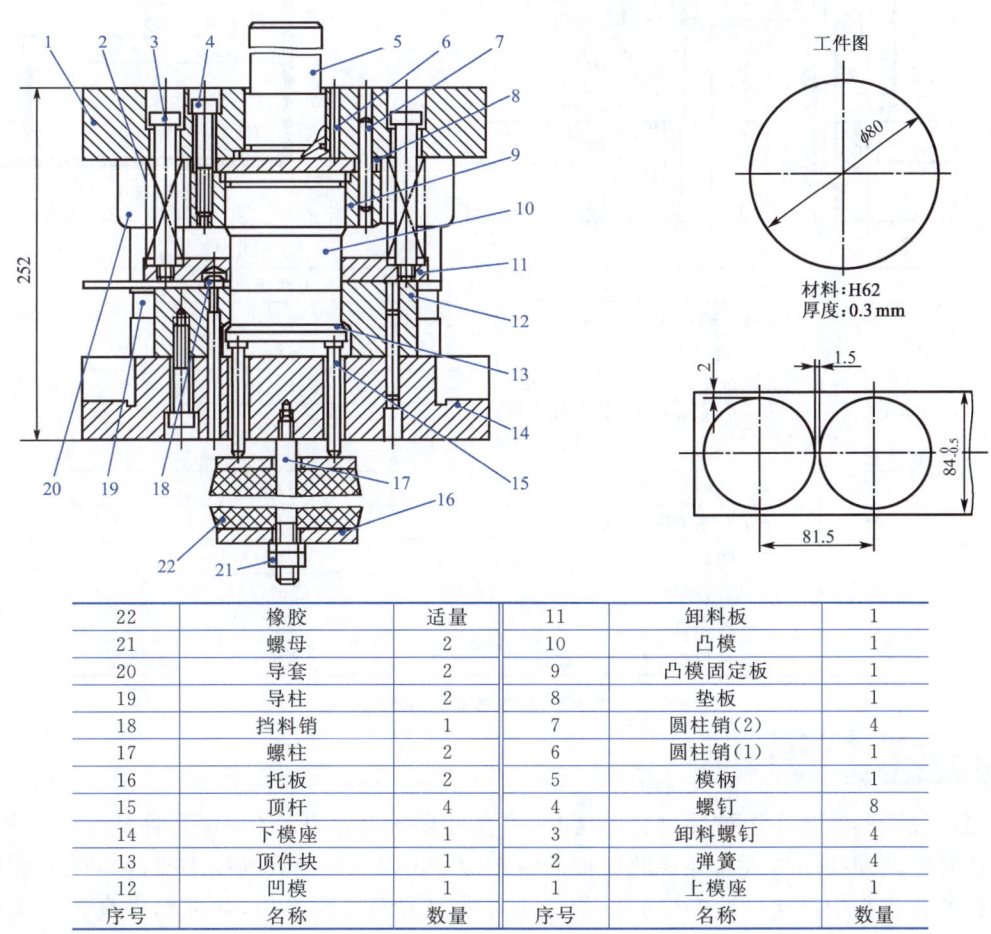

序号	名称	数量	序号	名称	数量
22	橡胶	适量	11	卸料板	1
21	螺母	2	10	凸模	1
20	导套	2	9	凸模固定板	1
19	导柱	2	8	垫板	1
18	挡料销	1	7	圆柱销(2)	4
17	螺柱	2	6	圆柱销(1)	1
16	托板	2	5	模柄	1
15	顶杆	4	4	螺钉	8
14	下模座	1	3	卸料螺钉	4
13	顶件块	1	2	弹簧	4
12	凹模	1	1	上模座	1

图 2-1 垫片落料模

二、成形件底孔冲模

图 2-2 所示为模具结构适用于成形后工件冲孔。其工作原理是：工件放在下模定位圈中，当上模随压力机滑块一起下行时，卸料板先将毛坯压紧，凸模再冲出各孔；上模上行，弹性卸料板将工件从凸模上卸下留在下模，从而完成冲孔。由于孔与成形壁距离较近，为了保证凹模有足够的强度，采用成形件口部朝向定位。

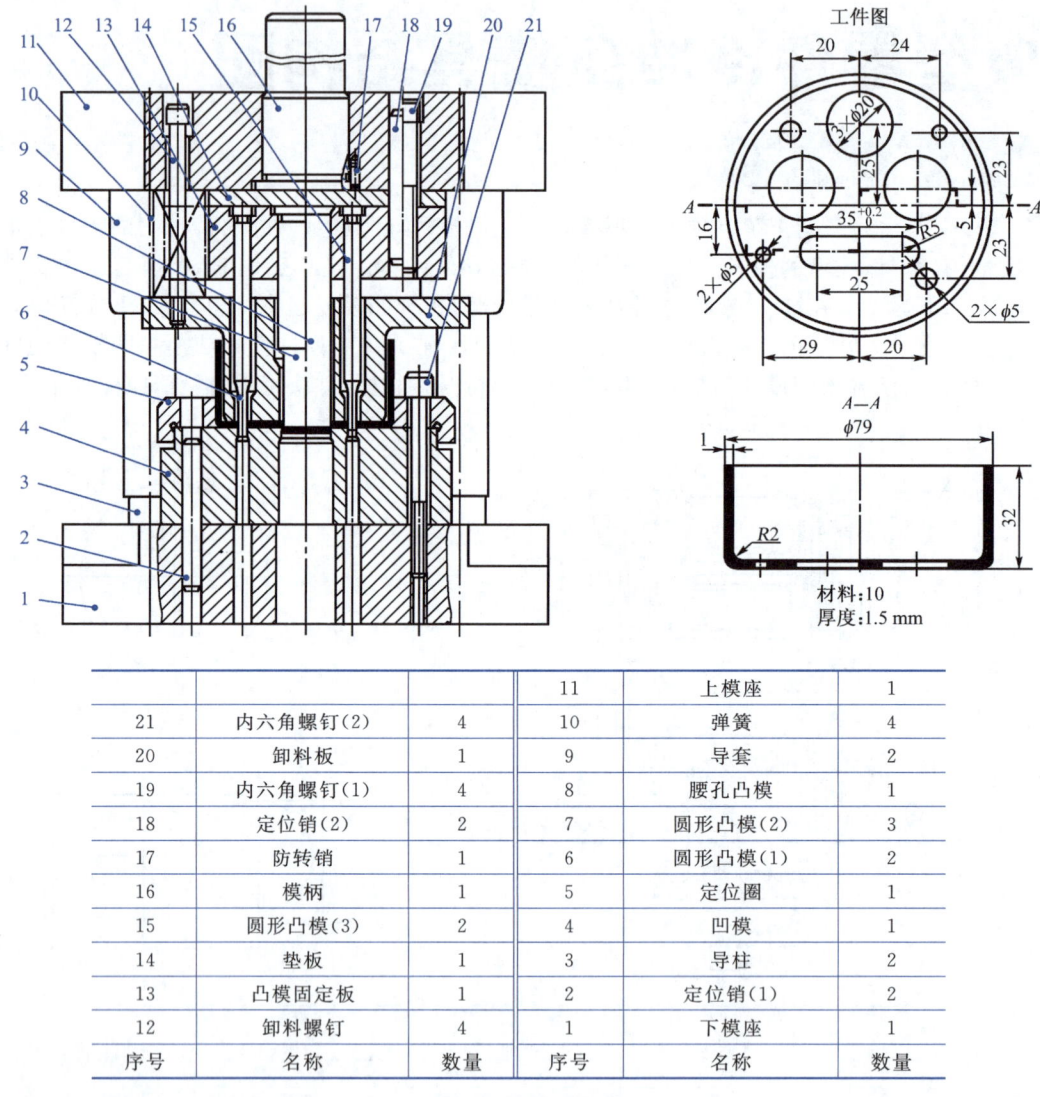

序号	名称	数量	序号	名称	数量
21	内六角螺钉(2)	4	11	上模座	1
20	卸料板	1	10	弹簧	4
19	内六角螺钉(1)	4	9	导套	2
18	定位销(2)	2	8	腰孔凸模	1
17	防转销	1	7	圆形凸模(2)	3
16	模柄	1	6	圆形凸模(1)	2
15	圆形凸模(3)	2	5	定位圈	1
14	垫板	1	4	凹模	1
13	凸模固定板	1	3	导柱	2
12	卸料螺钉	4	2	定位销(1)	2
			1	下模座	1

图 2-2 成形件底孔冲模

三、冲小孔模

当冲裁孔的直径小于被冲材料厚度时，该孔即属于冲小孔（又称深孔冲裁）的范畴。冲裁小孔时应对冲孔凸模采取必要的保护措施。图 2-3 所示的模具采用缩短凸模的方法防止凸模在冲裁过程中产生弯曲变形而折断。同时采用滚珠导向模架，导向精度高。其工作原理是：当上模下行时，卸料板和凸模固定板先后压紧工件，凸模(1)、(2)、(3)上端露出凸模固定板的上平面，上模继续下行，冲击块冲击凸模(1)、(2)、(3)对工件进行冲孔；冲孔完成后，上模上行，卸料工作由凸模固定板和卸料板完成。

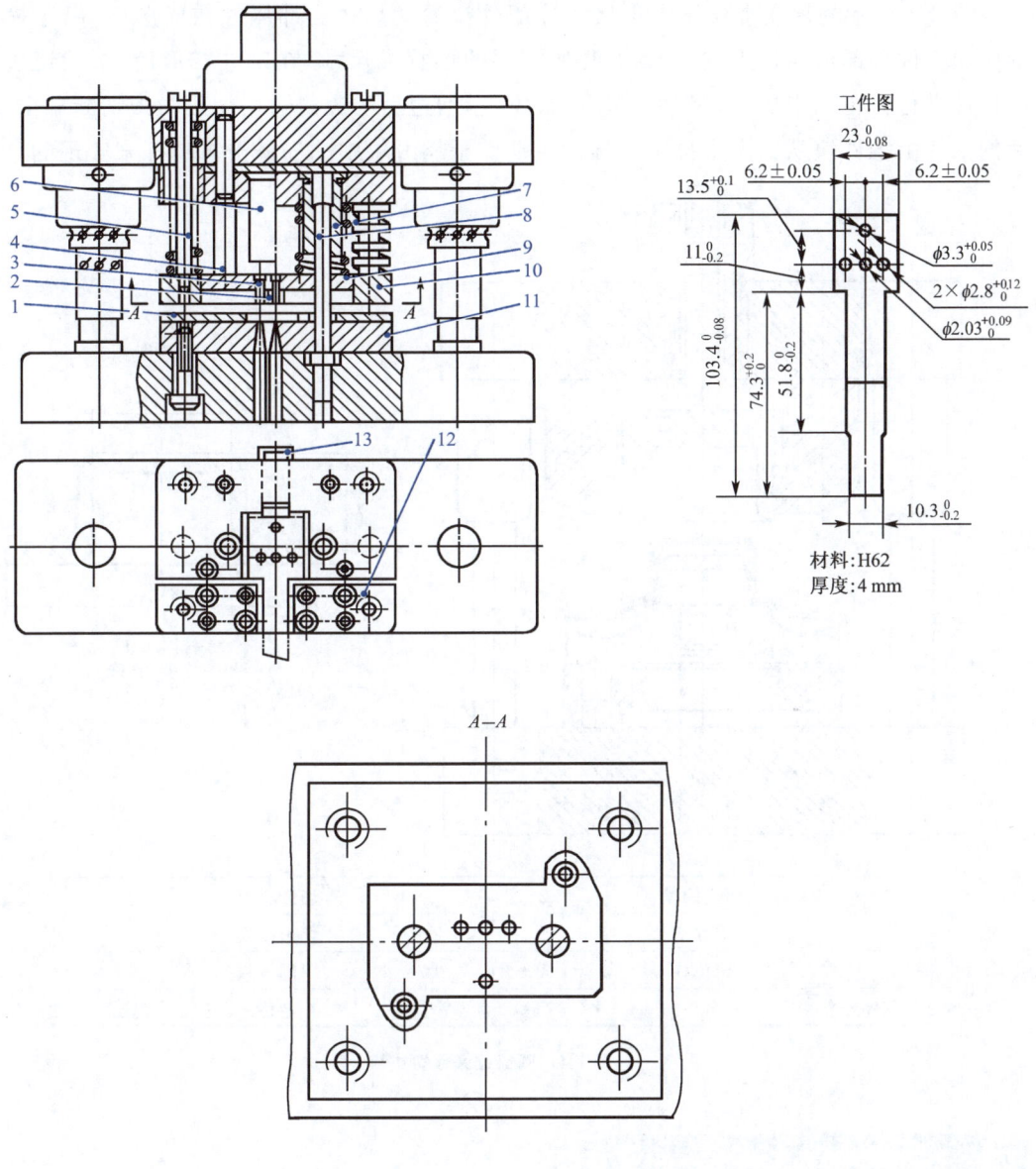

序号	名称	数量	序号	名称	数量
			7	小导套	2
13	侧压块	1	6	冲击块	1
12	定位板(2)	2	5	卸料螺钉	2
11	凹模	1	4	凸模(3)	1
10	卸料板	1	3	凸模(2)	1
9	凸模固定板	1	2	凸模(1)	2
8	小导柱	2	1	定位板(1)	1
序号	名称	数量	序号	名称	数量

图 2-3　冲小孔模

四、圆筒拉深件切边模

图 2-4 所示的模具常用于中小尺寸冲压件拉深后切边。冲压件在成形后,由于材料变形引起工件外部形状发生改变,为获得所需要的形状和尺寸,在工件成形后,常用切边模对冲压件进行修正。半成品拉深件采用内形定位,切边后的废料边由切废料刀切断排出;冲压后的工件由推件块从凹模中推出。推件块动作是靠滑块中的横杆击打打杆来实现的。

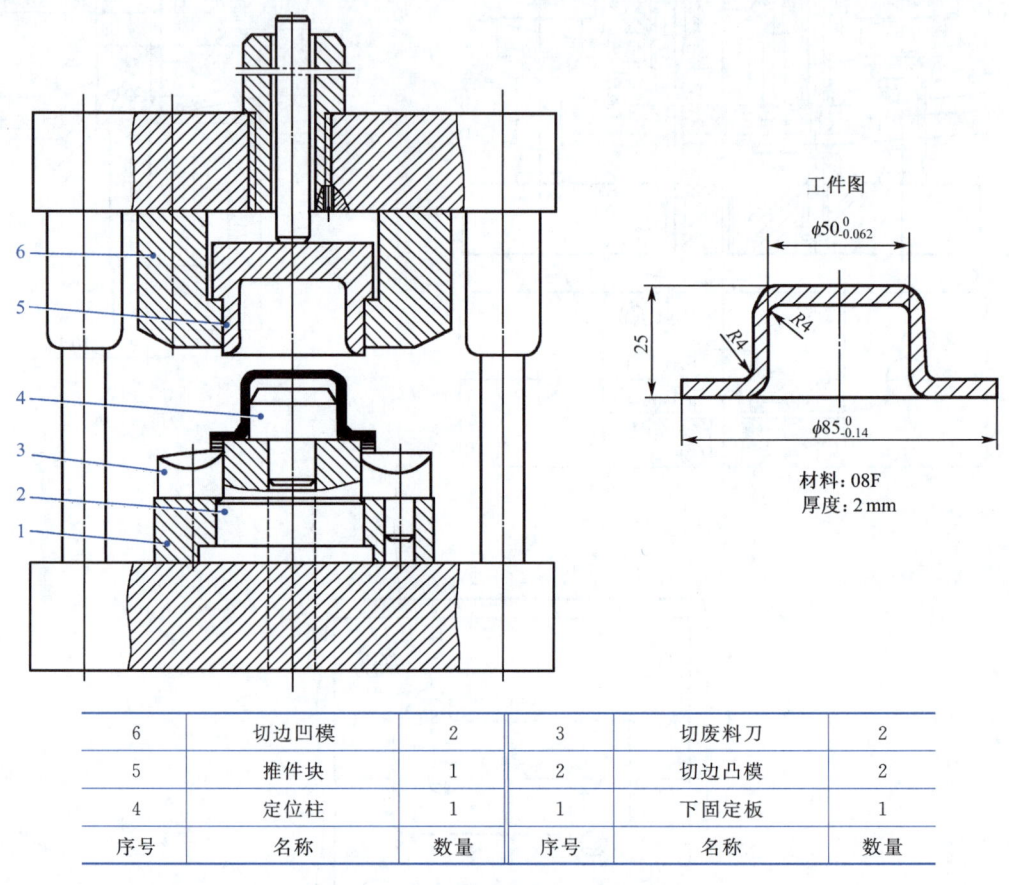

6	切边凹模	2	3	切废料刀	2
5	推件块	1	2	切边凸模	2
4	定位柱	1	1	下固定板	1
序号	名称	数量	序号	名称	数量

图 2-4 圆筒拉深件切边模

五、成形件侧孔冲裁模

图 2-5 所示的模具适用于侧孔冲裁。其工作原理是:斜楔将压力机滑块的垂直运动变为滑块的水平运动,从而带动凸模在水平方向上进行冲孔。凸模与凹模的间隙均匀性由滑块在导轨中的位置来保证。斜楔的工作角度 α 以 35°~45°为宜。当冲裁材料较厚时,α 可取 30°;当凸模行程较大时,α 可取 60°。工件以内形定位,为了保证冲孔位置的准确,压板在冲孔之前就把工件压紧。该类型模具如果安装多个斜楔滑块机构,可以同时冲多个孔,孔的相对位置由模具精度来保证。这种冲裁模主要用于冲空心件或弯曲件等成形零件的侧孔、侧槽、侧切口等。

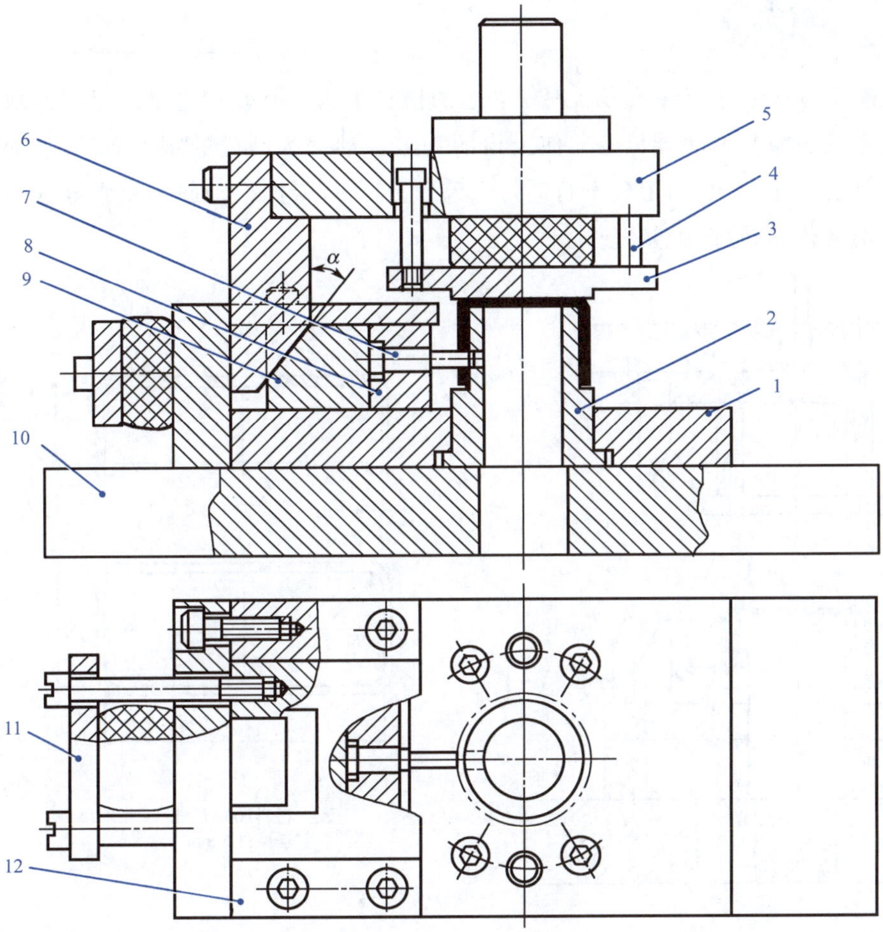

第二章 典型零件冷冲压模具结构图

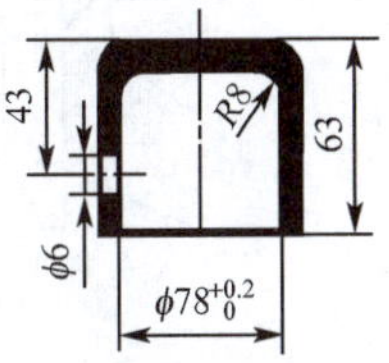

序号	名称	数量	序号	名称	数量
12	滑块导轨	2	6	斜楔	1
11	复位机构	1	5	上模座	2
10	下模座	1	4	卸料螺钉	4
9	滑块	1	3	压板	1
8	凸模固定板	1	2	凹模	1
7	凸模	2	1	凹模固定板	1
序号	名称	数量	序号	名称	数量

图 2-5 成形件侧孔冲裁模

六、斜楔切边模

图 2-6 所示的模具为盒形冲压件成形后斜楔切边的模具结构。斜楔切边是通过斜滑块机构(包括斜楔、斜滑块、挡块、滑块导板等),使上模的垂直运动变为凸模的水平运动,从而完成切边工序。工件套在定位块上,上模下行时,压板压住工件,斜楔推动斜滑块沿导板前进;切边完成后,斜滑块依靠拉杆、弹簧复位。

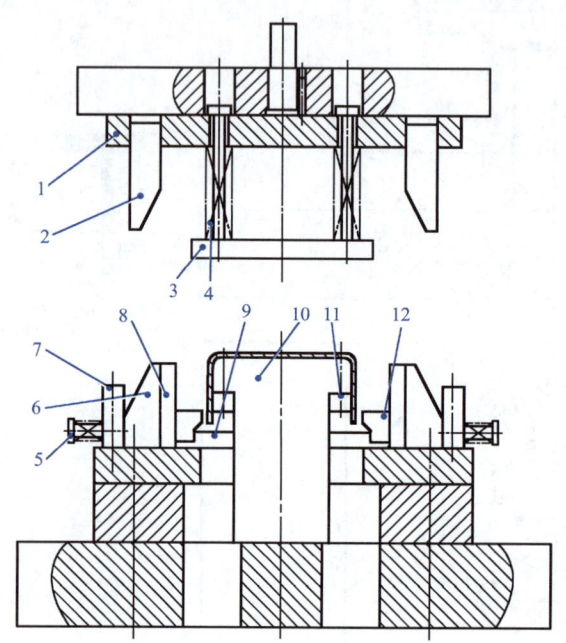
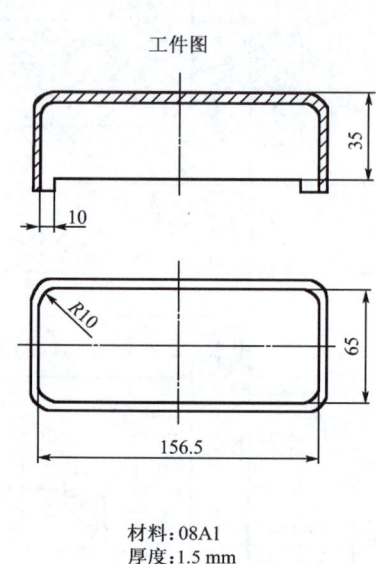

12	凸模	2	6	斜滑块	2
11	刃口镶块	2	5	拉杆	2
10	定位块	1	4	弹簧	4
9	滑块导板	1	3	压板	2
8	凸模固定板	1	2	斜楔	2
7	挡块	2	1	斜楔固定板	1
序号	名称	数量	序号	名称	数量

图 2-6 斜楔切边模

七、落料冲孔模

图 2-7 所示的模具为落料冲孔正装冲裁模典型结构,适用于加工材料厚度较小的冲压件。该模具能够在压力机的一次行程中,在模具同一位置上,同时完成落料和冲孔两道冲压工序。其工作原理是:落料凹模和冲孔凸模装在下模,冲孔凹模和落料凸模(凸凹模)装在上模。模具工作时,上模与压力机滑块一起下行,卸料板首先将板料压紧在落料凹模的端面上;压力机滑块继续下行时,凸凹模与推板一起将落料部分的材料压紧,以防工件变形;压力机的滑块下行到最低点时,凸凹模进入落料凹模,同时完成落料、冲孔。上模随滑块上行,推板将工件从落料凹模中推出,卸料板在橡胶作用下将条料从凸凹模上卸下,打杆将冲孔废料从凸凹模中打出,推板将冲裁工件从凹模中推出。在左侧有两个导料销控制条料送料方向,中间的一个挡料销控制条料送料步距。

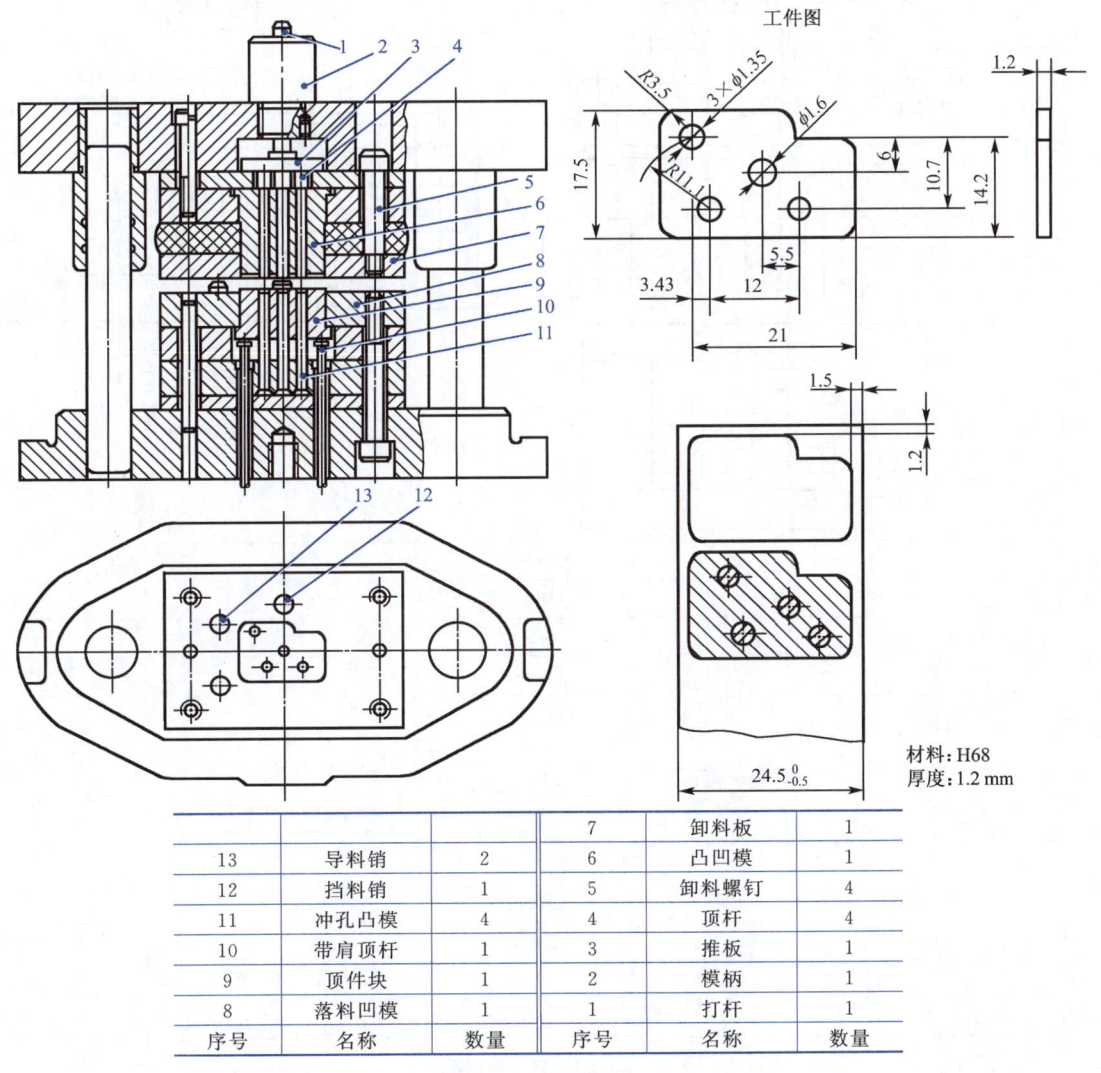

序号	名称	数量	序号	名称	数量
13	导料销	2	7	卸料板	1
12	挡料销	1	6	凸凹模	1
11	冲孔凸模	4	5	卸料螺钉	4
10	带肩顶杆	1	4	顶杆	4
9	顶件块	1	3	推板	1
8	落料凹模	1	2	模柄	1
			1	打杆	1

图 2-7 落料冲孔模

八、级进冲裁模

图 2-8 所示的模具为级进冲裁模,该级进模采用双侧刃定距,保证送料的步距准确、可靠。当条料向前进料时,首先完成第一工步内工序:冲孔和侧刃;条料向前一工步,完成第二工步内工序:落料;条料向前一工步,完成第三工步内工序:冲孔;条料向前一工步,完成第四工步内工序:落料;条料向前一工步,完成第五工步内工序:侧刃。此后,条料每进一工步,即完成冲孔、落料工序。

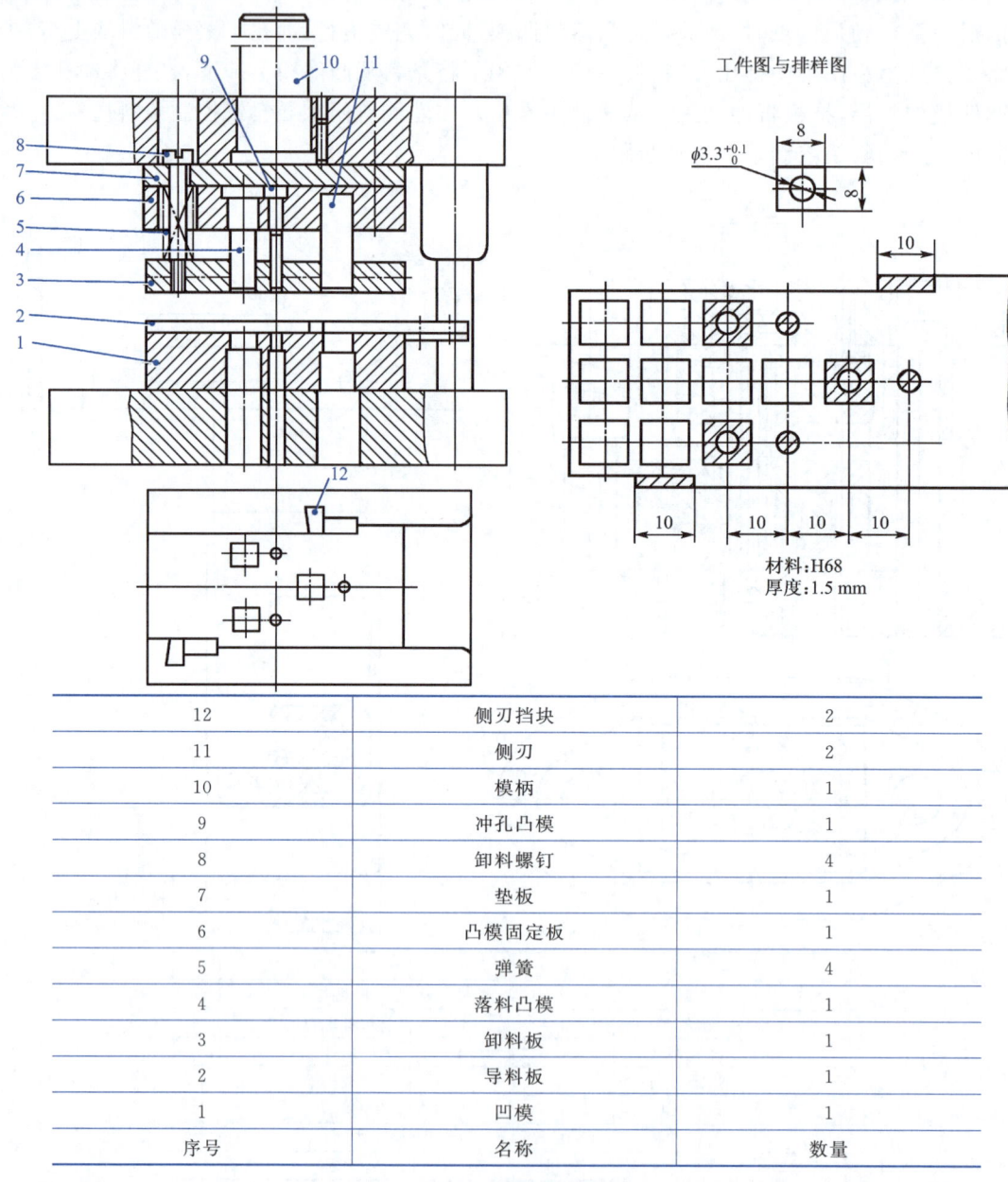

12	侧刃挡块	2
11	侧刃	2
10	模柄	1
9	冲孔凸模	1
8	卸料螺钉	4
7	垫板	1
6	凸模固定板	1
5	弹簧	4
4	落料凸模	1
3	卸料板	1
2	导料板	1
1	凹模	1
序号	名称	数量

图 2-8 级进冲裁模

九、U形弯曲整形模

图 2-9 所示的模具适用于工件 U 形弯曲，模具在工作过程中可以一次形成两个弯曲角，同时带有弯曲整形功能。该模具借助下弹顶器，使顶块在弯曲过程中与弯曲凸模一起始终压住工件；同时利用半成品坯料上已有的两个孔设置了定位销对工件进行定位，并有效地防止毛坯在弯曲过程中的滑动偏移。在弯曲最后阶段，顶块与下模座接触，在凸模作用下，对已成形的工件进行弯曲整形。弯曲结束后，在打杆的作用下，将弯曲成形后的工件从凸模上卸下。

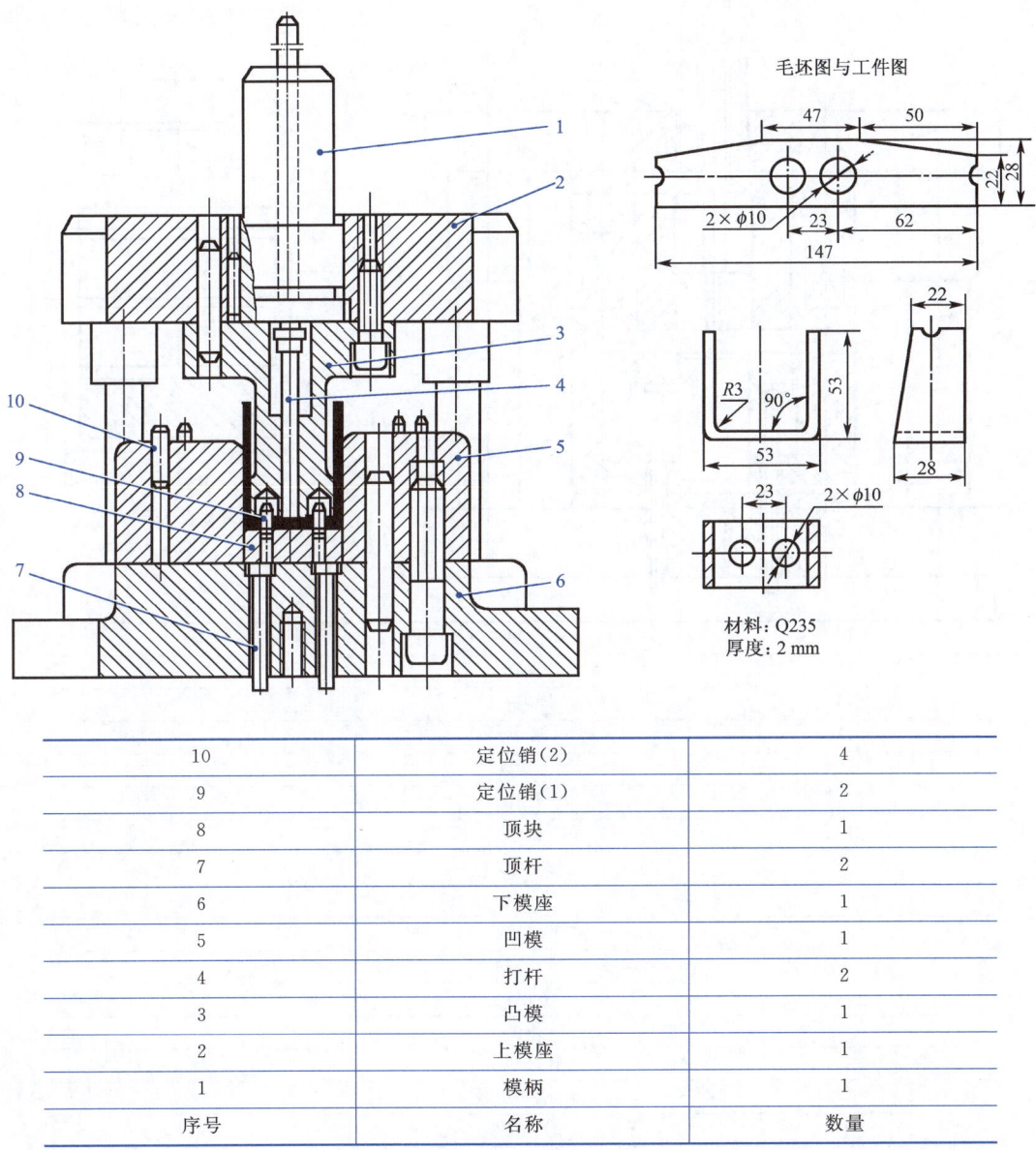

10	定位销（2）	4
9	定位销（1）	2
8	顶块	1
7	顶杆	2
6	下模座	1
5	凹模	1
4	打杆	2
3	凸模	1
2	上模座	1
1	模柄	1
序号	名称	数量

图 2-9 U 形弯曲整形模

十、落料弯曲模

图 2-10 所示的模具为落料、弯曲复合模的常用结构形式。装在上模的凸凹模随压力机滑块下行,坯料首先落料,凸凹模继续下行,分离的坯料在凸模和凹模的作用下弯曲成形。当压力机的滑块处在下死点时,上顶块的端面与上垫板接触,凸模与上模的上顶块将工件压紧,对成形工件实施校正,以获得所需要的形状。弯曲的压边力由安装在下模内的下顶件器与模具下部的弹顶机构共同提供。

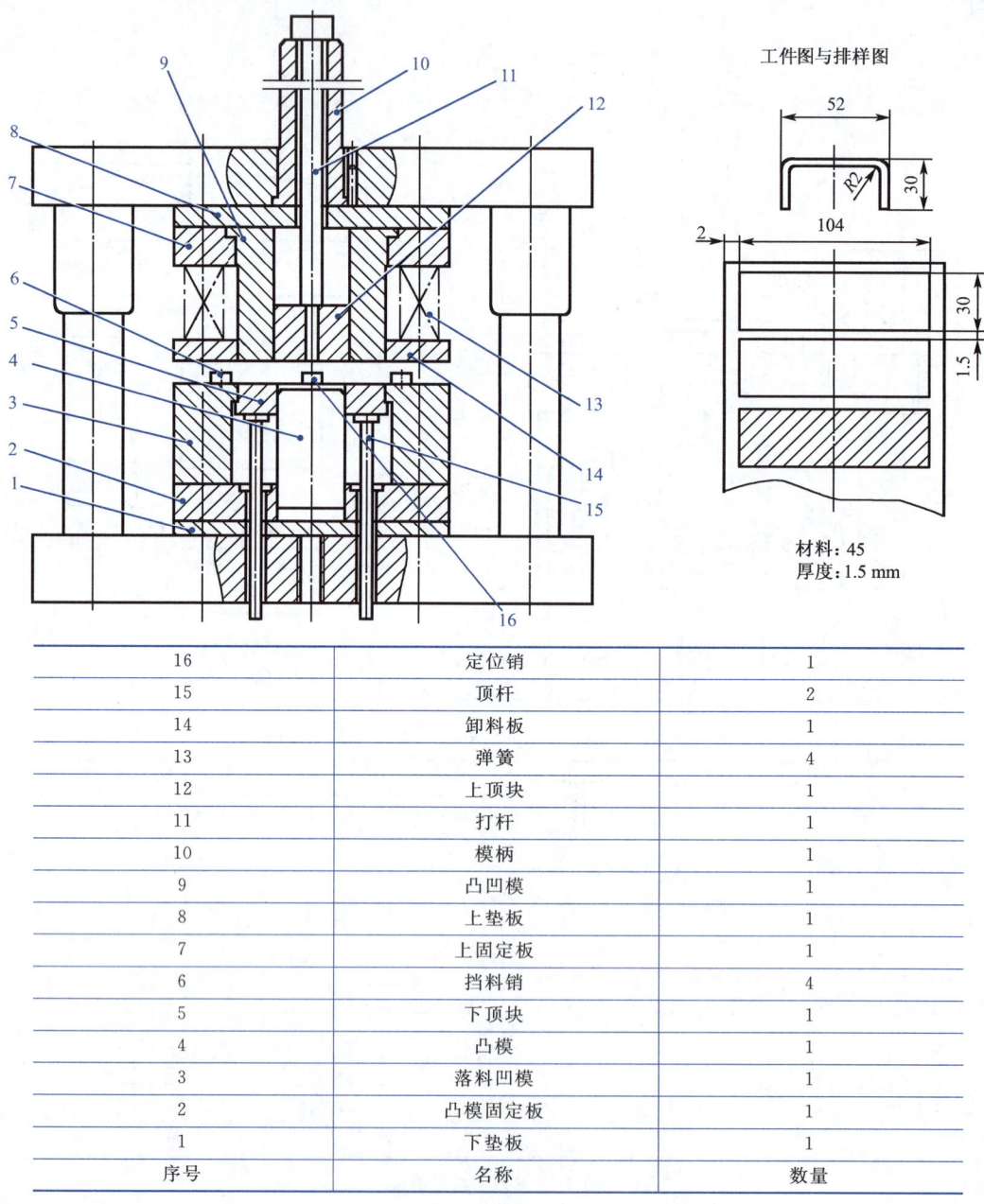

16	定位销	1
15	顶杆	2
14	卸料板	1
13	弹簧	4
12	上顶块	1
11	打杆	1
10	模柄	1
9	凸凹模	1
8	上垫板	1
7	上固定板	1
6	挡料销	4
5	下顶块	1
4	凸模	1
3	落料凹模	1
2	凸模固定板	1
1	下垫板	1
序号	名称	数量

图 2-10　落料弯曲模

十一、级进弯曲模

图 2-11 所示的模具为侧刃定距的弹压导板级进弯曲模,材料从右边送料。从排样图中可以看出,其冲压过程为:第一步由侧刃切边定位;第二步冲出工件上的圆孔、槽及两个工件

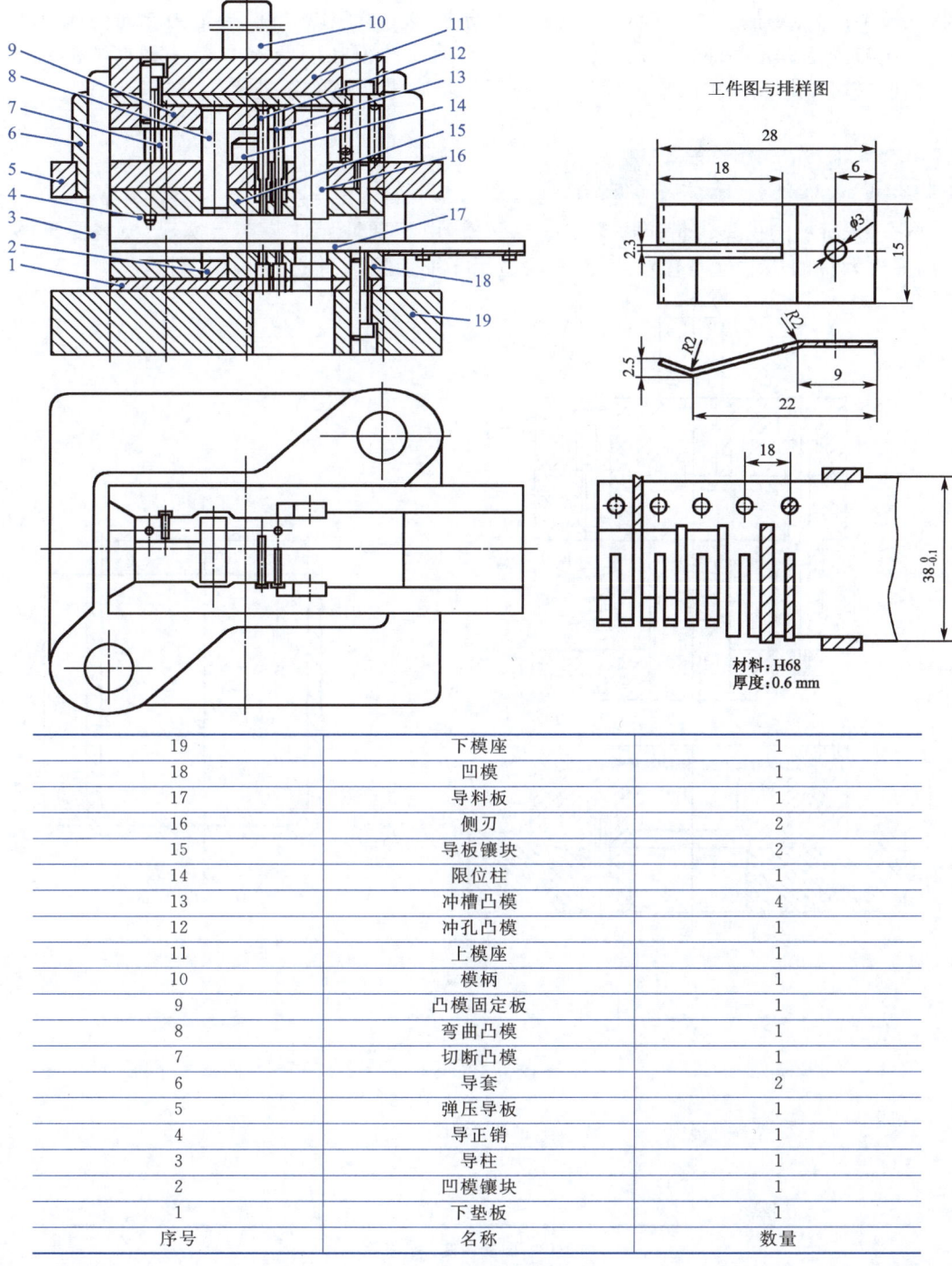

19	下模座	1
18	凹模	1
17	导料板	1
16	侧刃	2
15	导板镶块	2
14	限位柱	1
13	冲槽凸模	4
12	冲孔凸模	1
11	上模座	1
10	模柄	1
9	凸模固定板	1
8	弯曲凸模	1
7	切断凸模	1
6	导套	2
5	弹压导板	1
4	导正销	1
3	导柱	1
2	凹模镶块	1
1	下垫板	1
序号	名称	数量

图 2-11 级进弯曲模

之间的分离长槽;第三步空工位;第四步压弯;第五步空工位;第六步切断,使工件成形。为保证工件的精度,在切料时增加导套定位。凹模镶块与凹模之间做成镶拼形式,以便凹模磨损刃磨后能通过磨削凹模镶块的底部来调整两者的高度,以保证工件的高度尺寸。凹模在凹模镶块左边的上面部分做成和工件底部同样形状,这样可方便工件的推出。为控制凸模进入凹模中的深度,在模具中增加了限位柱。为提高凸模寿命,该模具采用了导板模模架,导板模模架的特点是:作为凸模导向用的弹压导板与下模座以导柱、导套为导向构成整体结构。凸模与固定板是间隙配合而不是过渡配合,因而凸模在固定板中有一定的浮动量。这种结构形式可以起到保护凸模的作用,一般用于带有细凸模的级进模。

十二、圆筒件首次拉深模

图 2-12 所示的模具为带压边圈首次拉深模,由于弹性元件装在上模,凸模需要足够的长度,弹性元件的压缩行程有限,因而一般适用于加工拉深高度不大的工件。

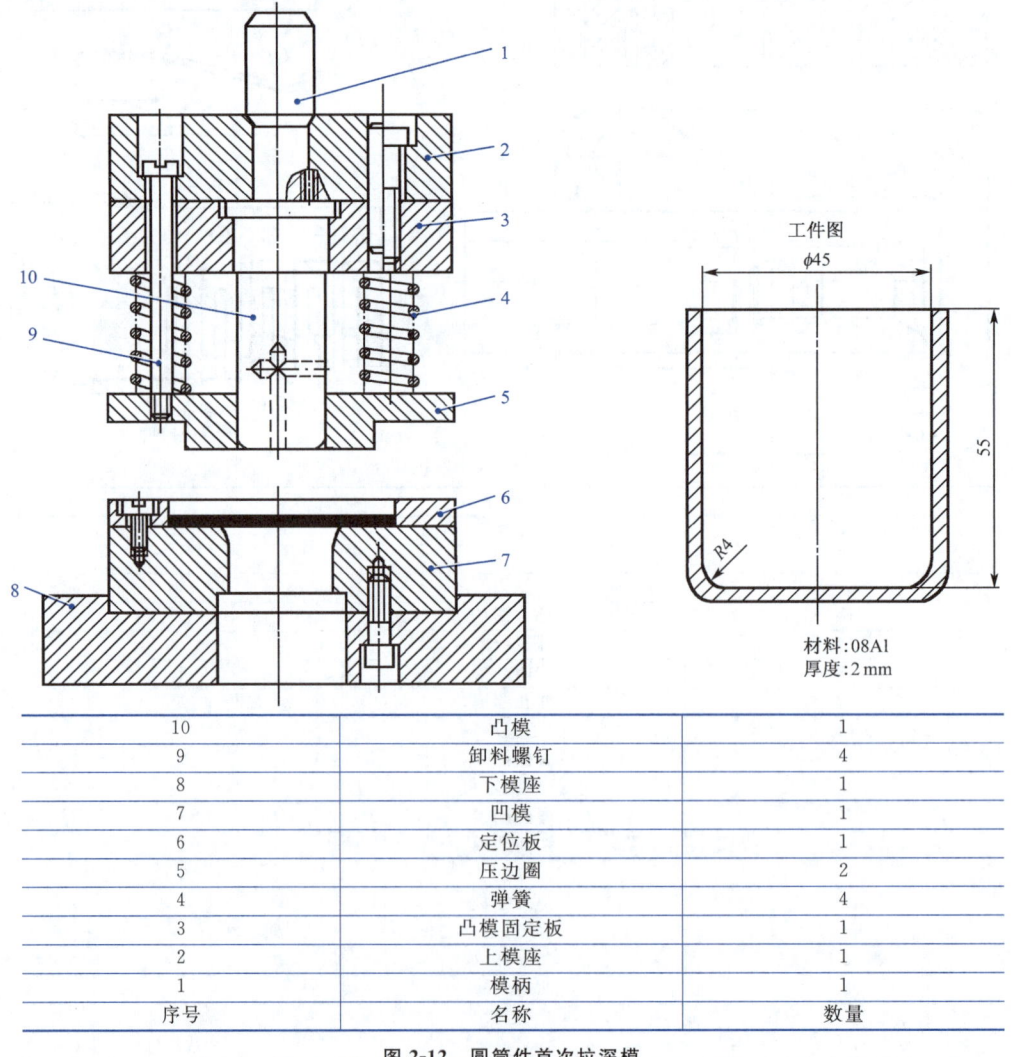

10	凸模	1
9	卸料螺钉	4
8	下模座	1
7	凹模	1
6	定位板	1
5	压边圈	2
4	弹簧	4
3	凸模固定板	1
2	上模座	1
1	模柄	1
序号	名称	数量

图 2-12 圆筒件首次拉深模

十三、落料拉深模

图 2-13 所示的模具为落料、拉深复合模的常用结构。其工作原理是:装在上模的凸凹模随压力机滑块下行,坯料首先落料,凸凹模继续下行,分离的坯料在凸模和落料凹模的作用下,拉深成形。拉深的压边力由安装在下模内的下顶件器与模具下部的弹顶机构共同提供。

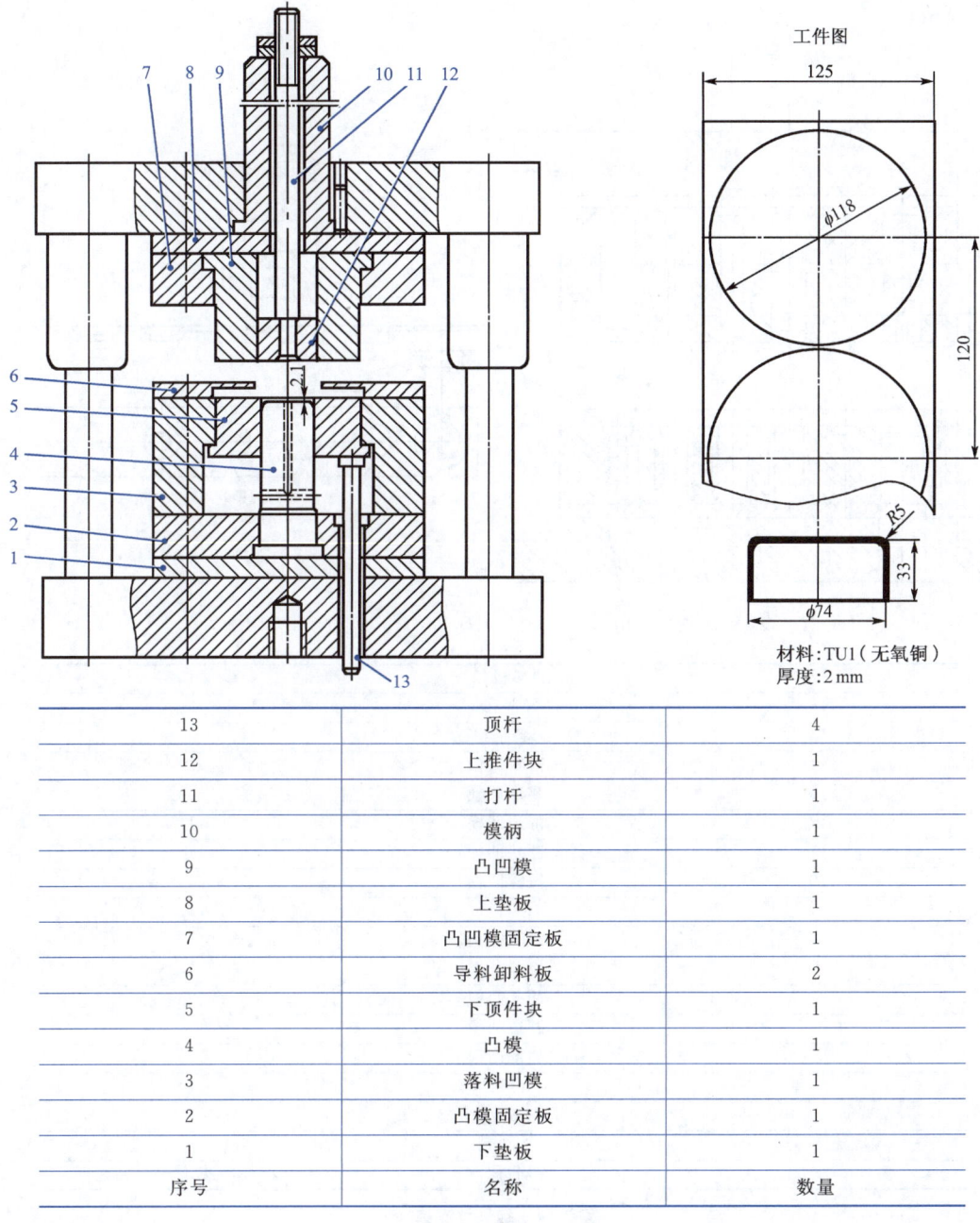

13	顶杆	4
12	上推件块	1
11	打杆	1
10	模柄	1
9	凸凹模	1
8	上垫板	1
7	凸凹模固定板	1
6	导料卸料板	2
5	下顶件块	1
4	凸模	1
3	落料凹模	1
2	凸模固定板	1
1	下垫板	1
序号	名称	数量

图 2-13 落料拉深模

十四、级进拉深模

图 2-14 所示的模具为弹簧导套级进拉深模结构,从模具结构上看,该拉深为无工艺切口拉深。冲压工序为:拉深—冲孔—翻边—整形—落料,落料工序前增加一空工步,第一次拉深的压边圈设计成单独的结构,以便调整压边力,防止首次拉深时带料起皱。拉深凸模、整形凸模在压力机下死点工作位置时,冲孔、落料、翻边工序已完成。同时,工件不在落料凹模中停留。

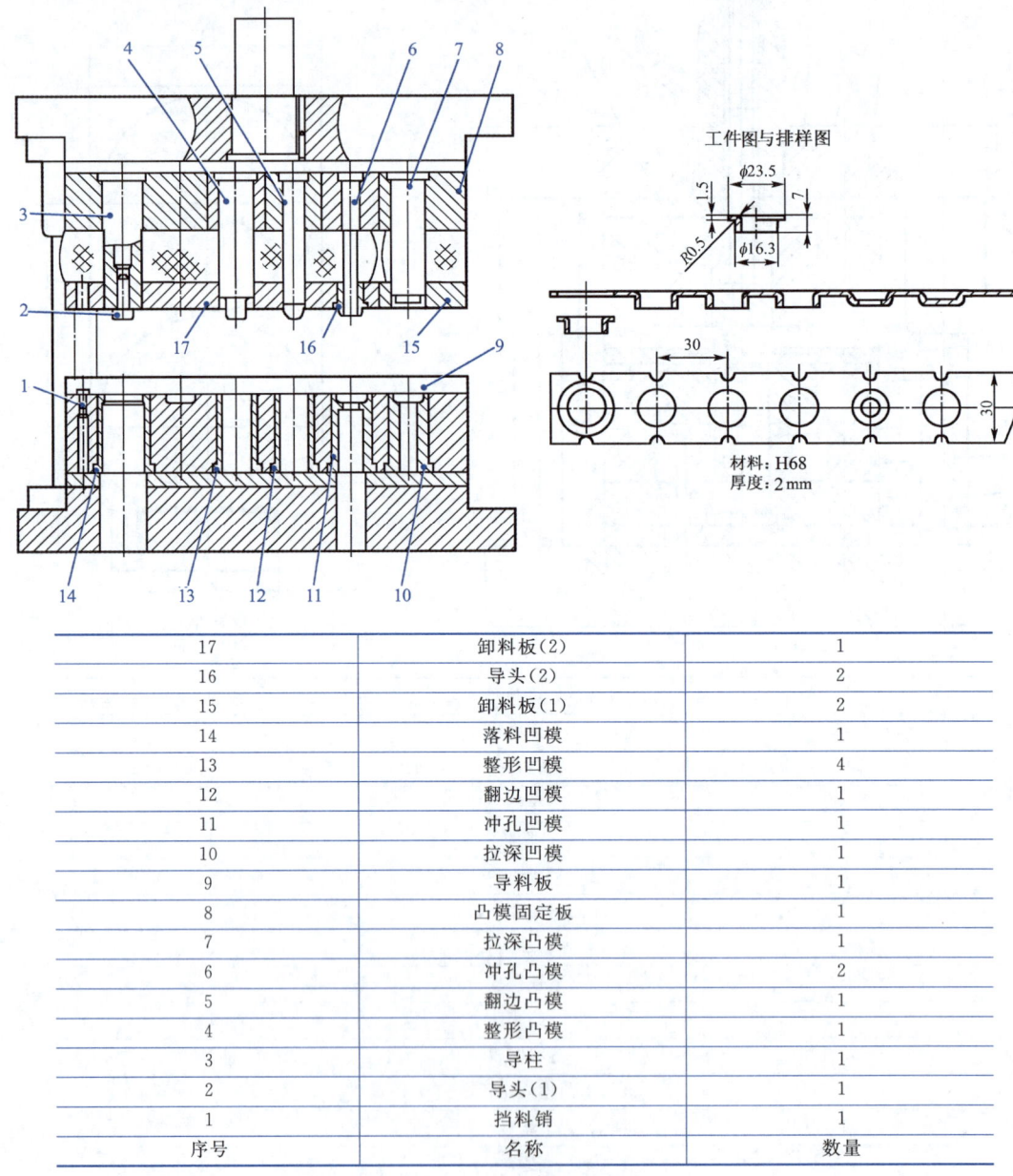

17	卸料板(2)	1
16	导头(2)	2
15	卸料板(1)	2
14	落料凹模	1
13	整形凹模	4
12	翻边凹模	1
11	冲孔凹模	1
10	拉深凹模	1
9	导料板	1
8	凸模固定板	1
7	拉深凸模	1
6	冲孔凸模	2
5	翻边凸模	1
4	整形凸模	1
3	导柱	1
2	导头(1)	1
1	挡料销	1
序号	名称	数量

图 2-14 级进拉深模

十五、内孔翻边模

图 2-15 所示的模具为内孔翻边模,凹模装在上模,凸模装在下模,工件由凸模定位。在翻边之前,卸料板与凹模将工件压紧,保证翻边位置的准确性。

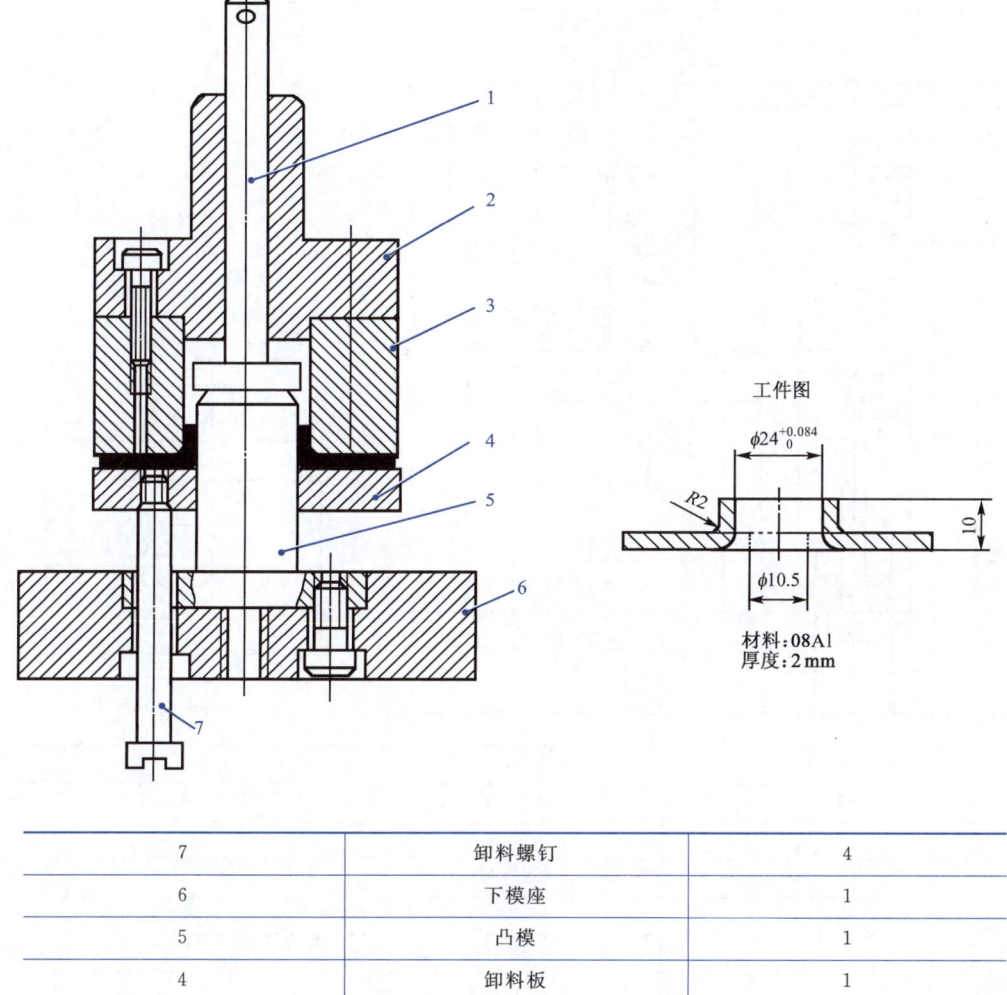

7	卸料螺钉	4
6	下模座	1
5	凸模	1
4	卸料板	1
3	凹模	1
2	上模座	1
1	打杆	1
序号	名称	数量

图 2-15 内孔翻边模

十六、冲孔翻边模

图 2-16 所示的模具为冲孔、翻边复合模,适用于板料上螺纹底孔的成形。其工作原理是:上模下行,首先翻边凹模与卸料板将工件压紧,在冲孔凸模和凸凹模的作用下冲孔;上模继续下行,在凸凹模和翻边凹模相互作用下将坯料翻边;当上模回升时,卸料板将工件从凸

凹模上推出。如果要提高翻边高度，则可将冲孔凸模与翻边凹模的高度差加大，即毛坯先进行变薄拉深，再冲孔、翻边。

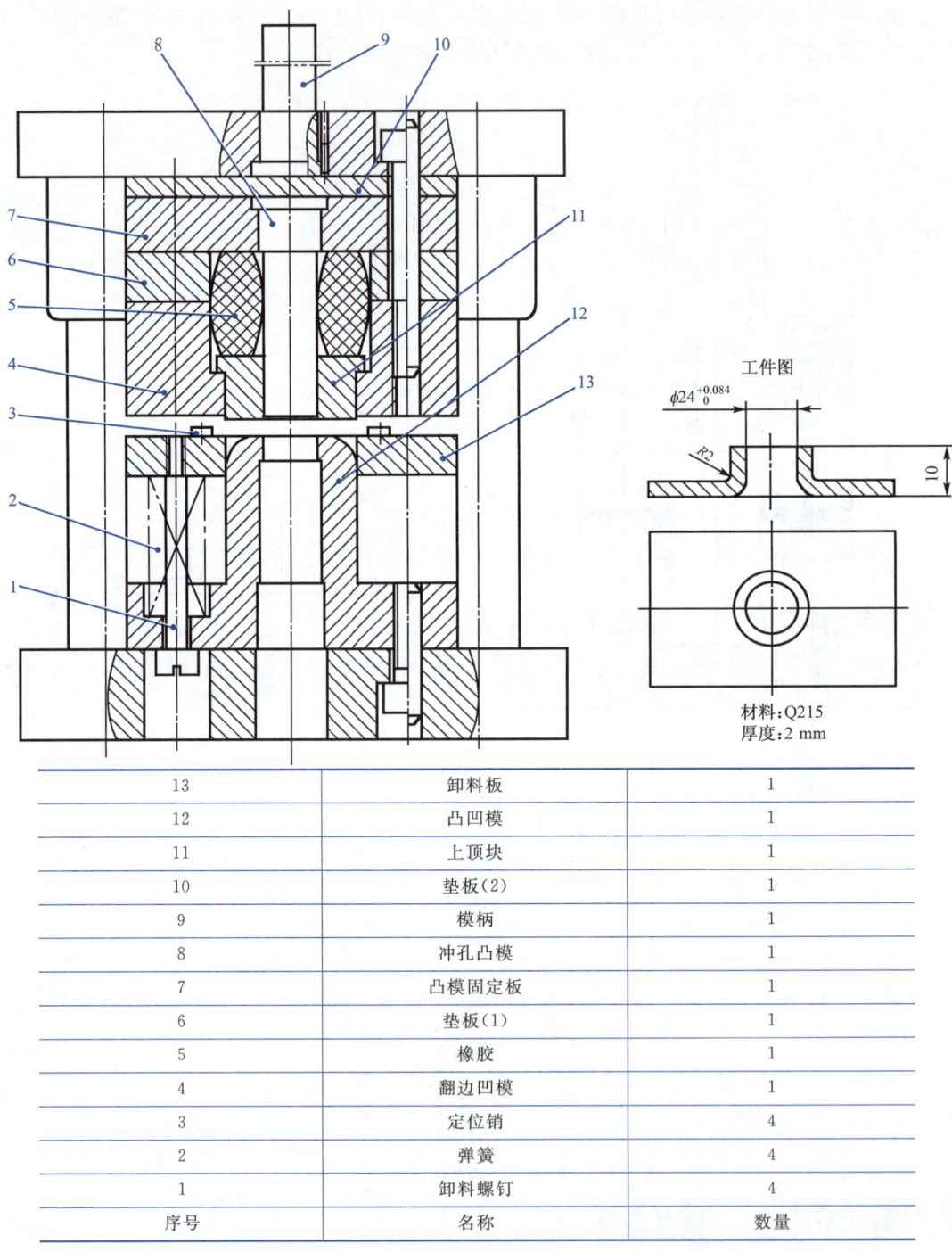

13	卸料板	1
12	凸凹模	1
11	上顶块	1
10	垫板（2）	1
9	模柄	1
8	冲孔凸模	1
7	凸模固定板	1
6	垫板（1）	1
5	橡胶	1
4	翻边凹模	1
3	定位销	4
2	弹簧	4
1	卸料螺钉	4
序号	名称	数量

图 2-16 冲孔翻边模

十七、胀形模

图 2-17 所示的模具适用于筒形件胀形。其工作原理是：侧壁靠聚氨酯橡胶的胀压成形；底部靠压包凸模和压包凹模成形。将模具型腔侧壁设计成胀形下模和胀形上模便于取件，胀形上、下模之间以止口定位，单边间隙为 0.05 mm。模具闭合时，先由弹簧压紧上、下凹模，然后胀形。

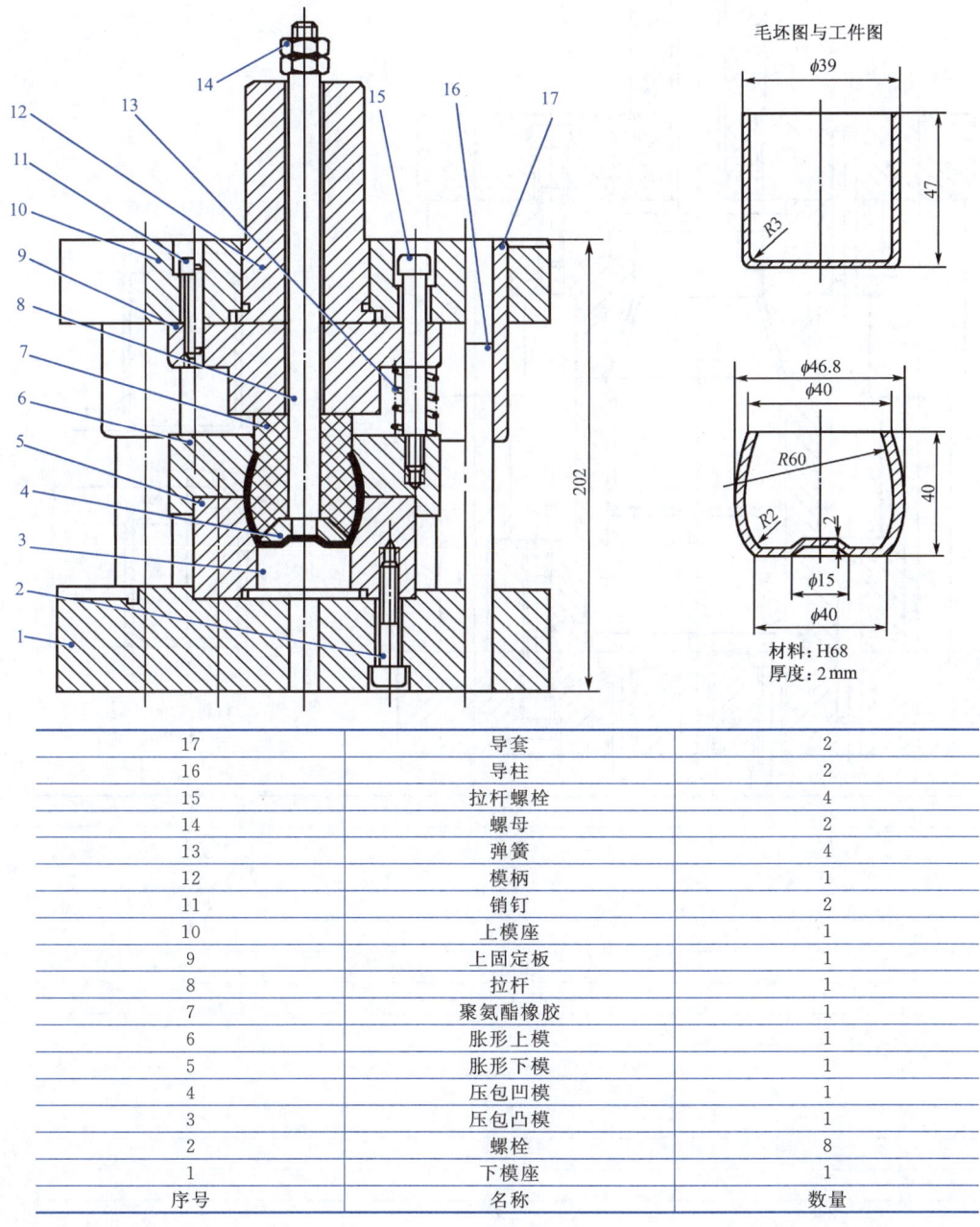

17	导套	2
16	导柱	2
15	拉杆螺栓	4
14	螺母	2
13	弹簧	4
12	模柄	1
11	销钉	2
10	上模座	1
9	上固定板	1
8	拉杆	1
7	聚氨酯橡胶	1
6	胀形上模	1
5	胀形下模	1
4	压包凹模	1
3	压包凸模	1
2	螺栓	8
1	下模座	1
序号	名称	数量

图 2-17　胀形模

十八、缩口模

图 2-18 所示的模具适用于圆筒缩口。缩口模结构根据支承情况分为无支承、外支承和内外支承三种。本模具采用外支承结构。由于工件锥角接近合理锥角,所以凹模锥角也接近合理锥角,并一次缩口成形。

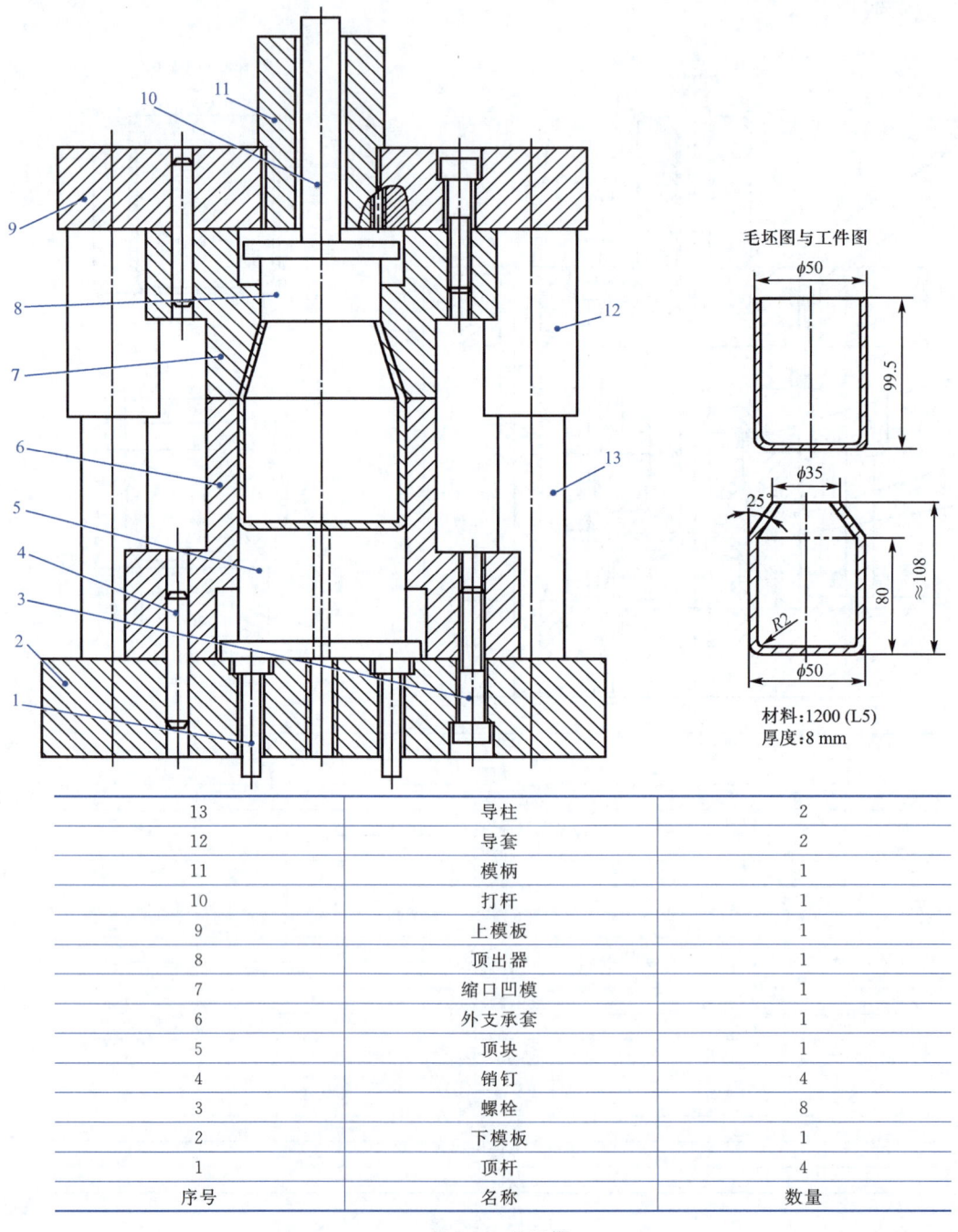

13	导柱	2
12	导套	2
11	模柄	1
10	打杆	1
9	上模板	1
8	顶出器	1
7	缩口凹模	1
6	外支承套	1
5	顶块	1
4	销钉	4
3	螺栓	8
2	下模板	1
1	顶杆	4
序号	名称	数量

图 2-18 缩口模

十九、挤压模

冷挤压工艺是一种精密塑性成形技术,具有切削加工无可比拟的优点。图 2-19 所示为一齿轮挤压模具装配图。模架采用四导柱导套形式,安装在油压机上工作。挤压模具采用双重导向方式,即除了上、下模采用导柱导套外,还采用了模口导向形式。工作时,工件毛坯放在凹模内,凸模下行,凸模的导向端 $\phi 10_{-0.009}^{0}$ mm 能准确地插入坯料 $\phi 10_{0}^{+0.022}$ mm 内孔;凸模继续下行,将异形孔 10 mm×10 mm 挤压成形;凸模再继续下行,将齿形挤压成形。

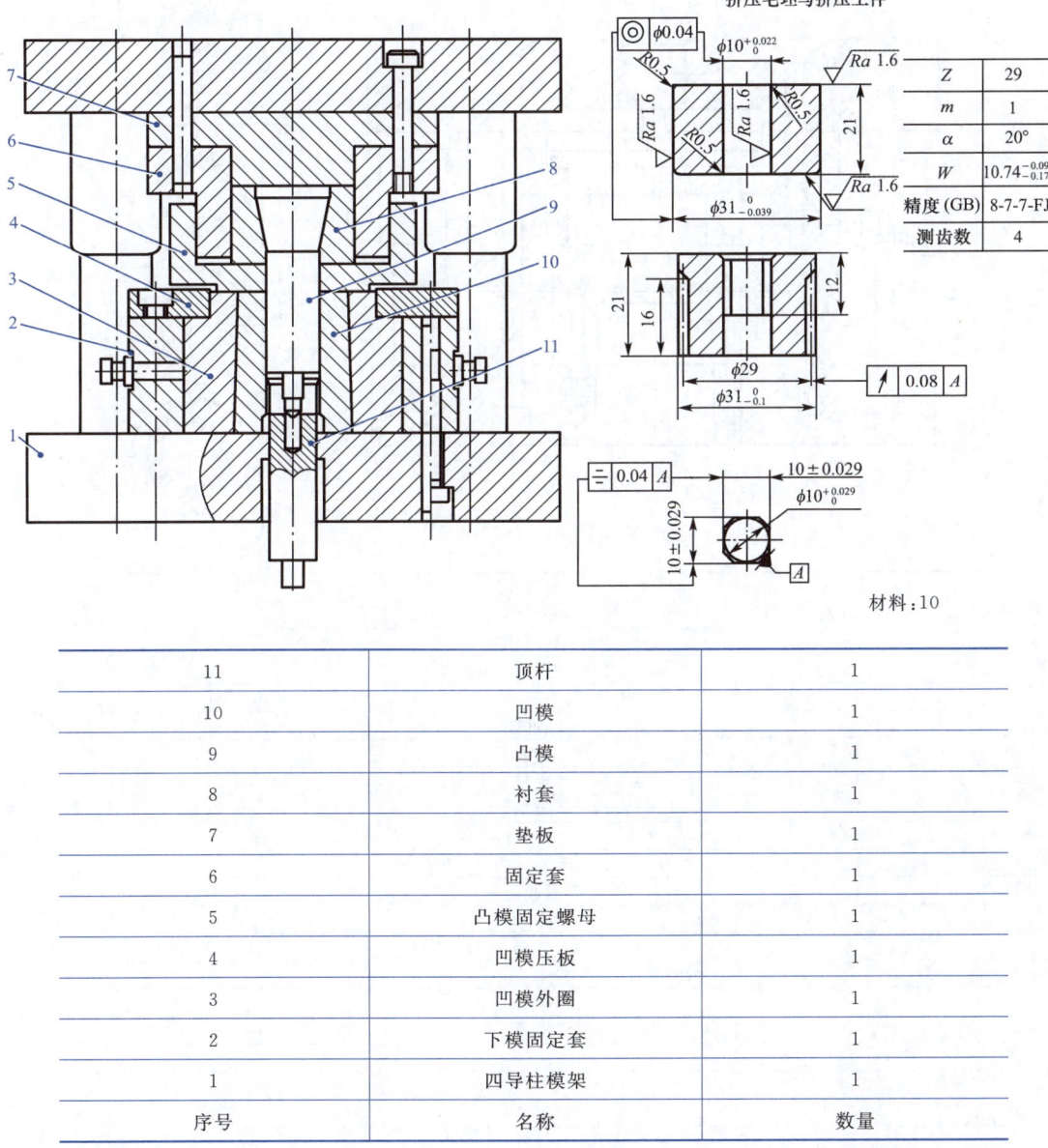

11	顶杆	1
10	凹模	1
9	凸模	1
8	衬套	1
7	垫板	1
6	固定套	1
5	凸模固定螺母	1
4	凹模压板	1
3	凹模外圈	1
2	下模固定套	1
1	四导柱模架	1
序号	名称	数量

图 2-19 挤压模

二十、电子转子落料冲孔模

图 2-20 所示为电机转子落料冲孔模,模具上模部分主要由上模座、垫板、凹模、凸模固定板及卸料板等组成。卸料方式采用弹性卸料,以弹簧为弹性元件。下模部分由下模座、凸凹模等组成。冲孔废料从凸凹模推出,成品件由上模推块从凹模中推出。

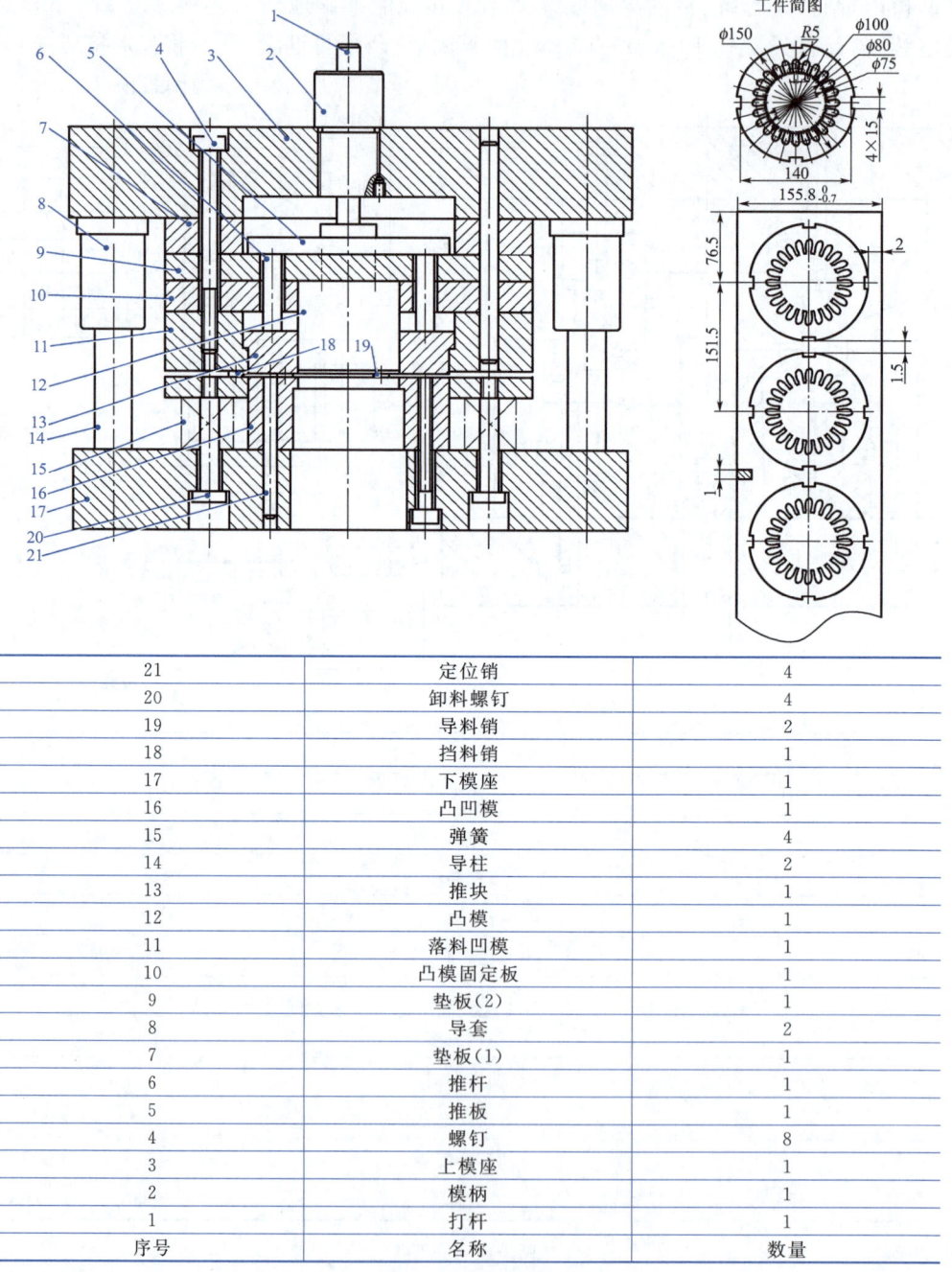

序号	名称	数量
21	定位销	4
20	卸料螺钉	4
19	导料销	2
18	挡料销	1
17	下模座	1
16	凸凹模	1
15	弹簧	4
14	导柱	2
13	推块	1
12	凸模	1
11	落料凹模	1
10	凸模固定板	1
9	垫板(2)	1
8	导套	2
7	垫板(1)	1
6	推杆	1
5	推板	1
4	螺钉	8
3	上模座	1
2	模柄	1
1	打杆	1
序号	名称	数量

图 2-20 电机转子落料冲孔模

(1)凸凹模(图 2-21)。凸凹模外形按凸模设计,内孔按凹模设计,结合工件外形并考虑加工,将落料凸模设计成直通式,最后用慢走丝精加工,将冲孔凹模设计成台阶孔形式。

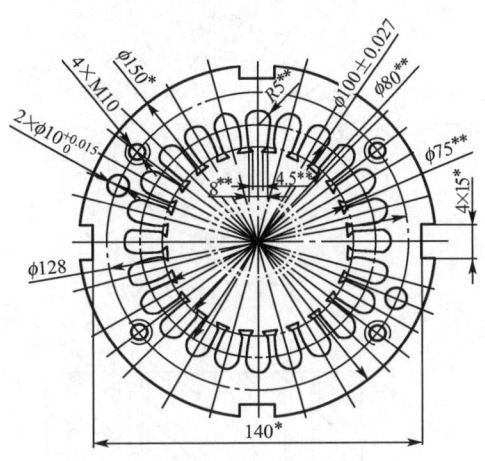

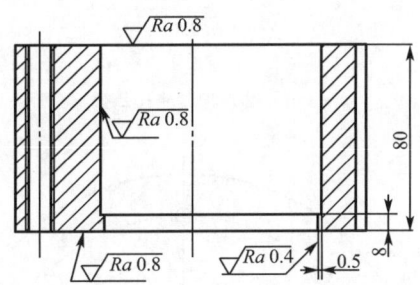

材料:Cr12MoV　热处理:(60～62)HRC

技术要求:有 * 尺寸与落料凹模对应尺寸配制,有 * * 尺寸与冲孔凸模对应尺寸配制,保证间隙为 0.07～0.09 mm。

图 2-21　凸凹模

(2)冲孔凸模(图 2-22)。所冲的孔为非圆形,而且都不属于需要特别保护的小凸模,所以冲孔凸模采用直通台阶式,一方面加工简单,另一方面又便于装配与更换。

(3)凹模(图 2-23)。凹模采用整体凹模,凹模内外均采用线切割机床加工。

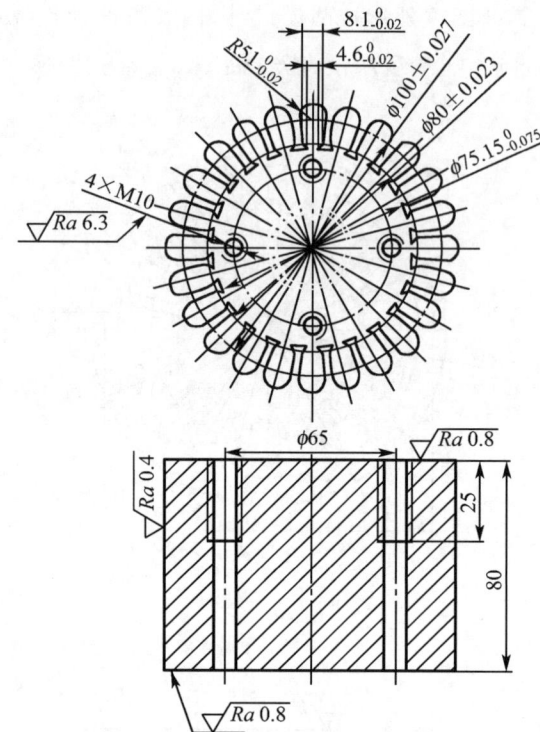

图 2-22 冲孔凸模

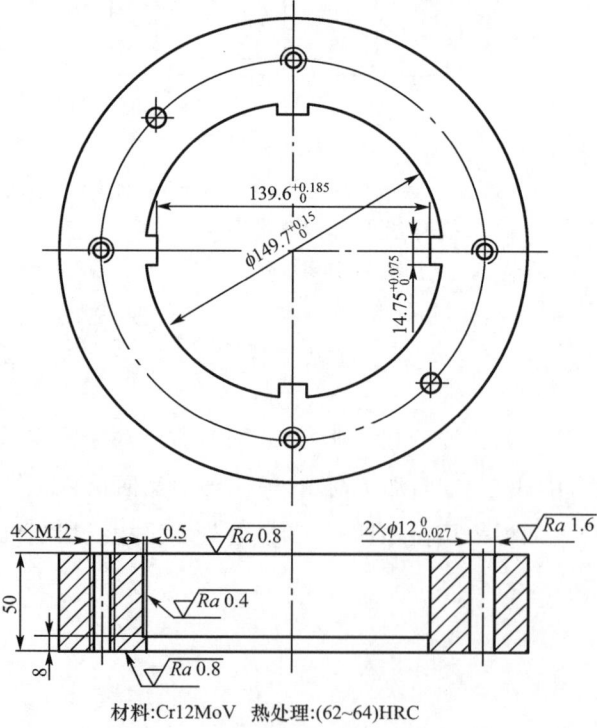

材料:Cr12MoV 热处理:(62~64)HRC

图 2-23 凹模

二十一、U 形件弯曲模

U 形件弯曲模及其零件图如图 2-24、图 2-25 所示。

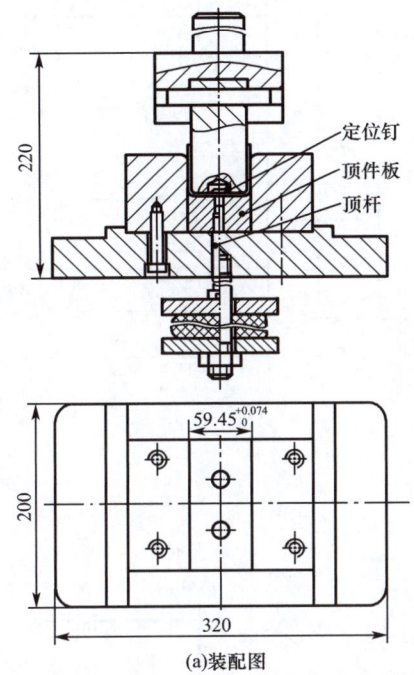

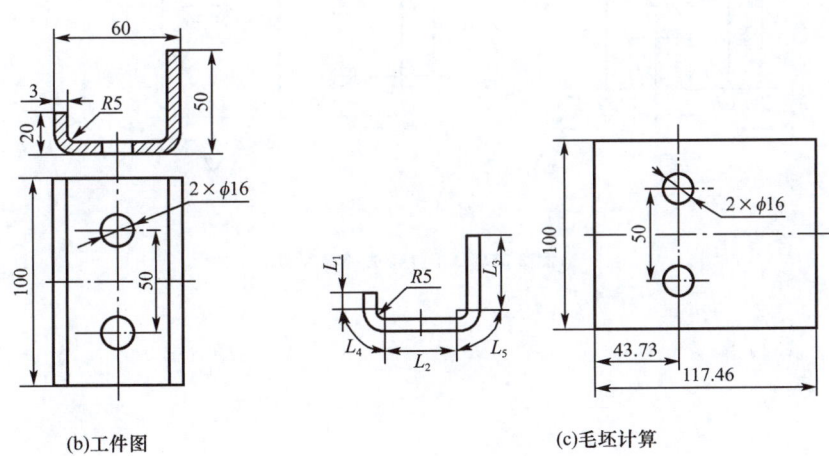

图 2-24　U 形件弯曲模

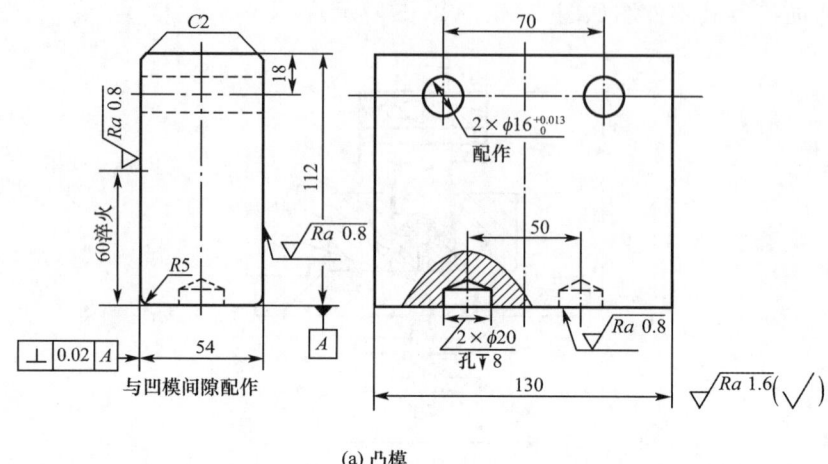

(a) 凸模

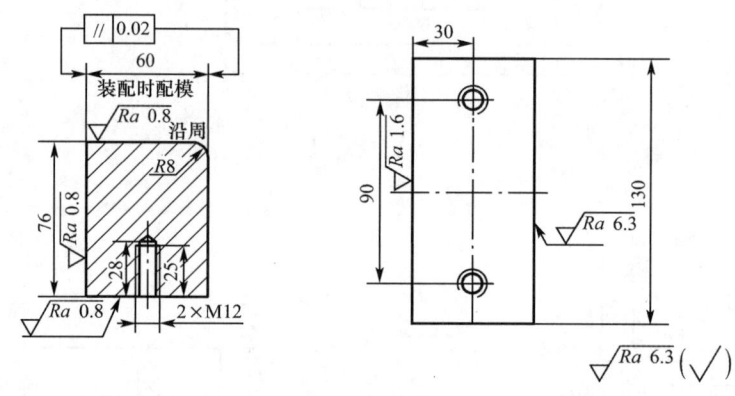

(b) 凹模

图 2-25　U 形件弯曲模零件图

二十二、几字形冲压级进模

几字形冲压级进模的排样图及零件图如图 2-26～图 2-47 所示。

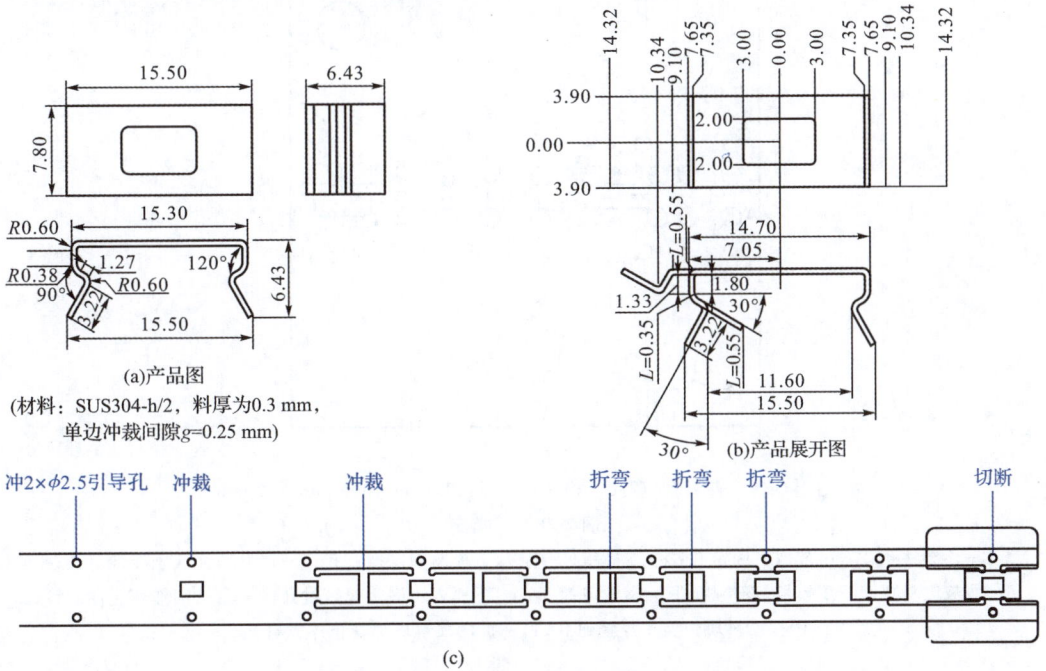

图 2-26 排样图

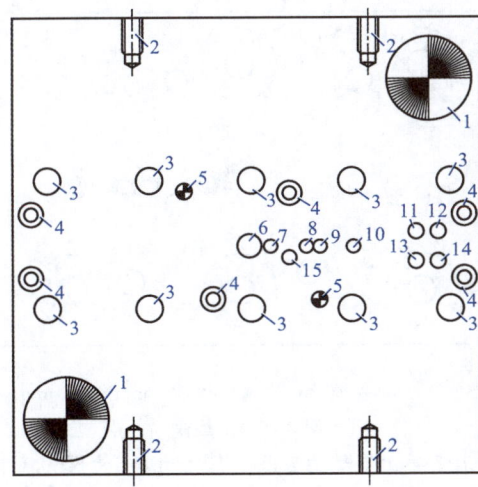

材料：55C 热处理：调质 长×宽×厚：300 mm×300 mm×40 mm

图 2-27 上模座

1—外导套孔；2—M12 挂环螺钉孔；3—卸料弹簧等高螺钉过孔；4—上模座、上垫板、上夹板固定螺钉孔；
5—上模座、上垫板、上夹板 φ10 mm 固定销孔；6—模柄固定螺钉孔；
7、8、9、10、11、12、13、14—凸模固定螺钉过孔；15—检测销弹簧止浮螺钉孔

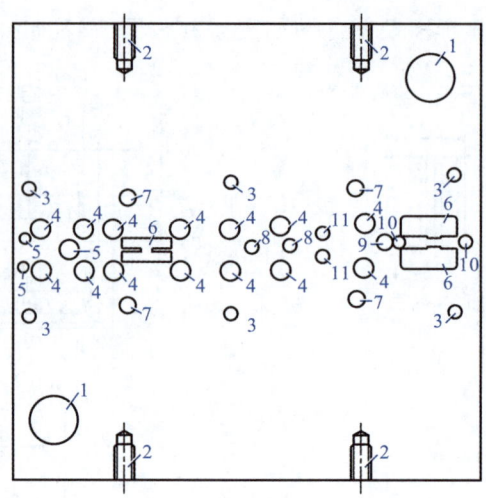

材料:55C　热处理:调质　长×宽×厚:300 mm×300 mm×50 mm

图 2-28　下模座

1—外导柱孔;2—吊环螺钉固定孔;3—下模板、下垫板、下模座固定螺钉孔;4—浮升销弹簧止浮螺钉孔;
5、6—冲裁废料孔;7—下模板、下垫板、下模座固定销孔;8—下模入块固定螺钉过孔;9—吹气销弹簧止浮螺钉孔;
10—顶料块弹簧止浮螺钉孔;11—折弯顶料块弹簧止浮螺钉孔

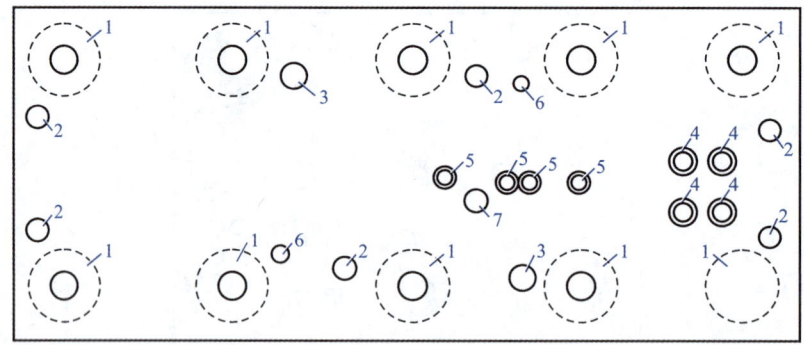

材料:SKS　热处理:调质　长×宽×厚:300 mm×125 mm×20 mm

图 2-29　上垫板

1—卸弹簧孔(背面);2—上模座、上垫板、上夹板固定螺钉孔;3—上模座、上垫板、上夹板固定销孔;
4—冲裁凸模固定螺钉孔;5—折弯凸模固定螺钉孔;6—上垫板、上夹板固定销孔;7—检测销孔

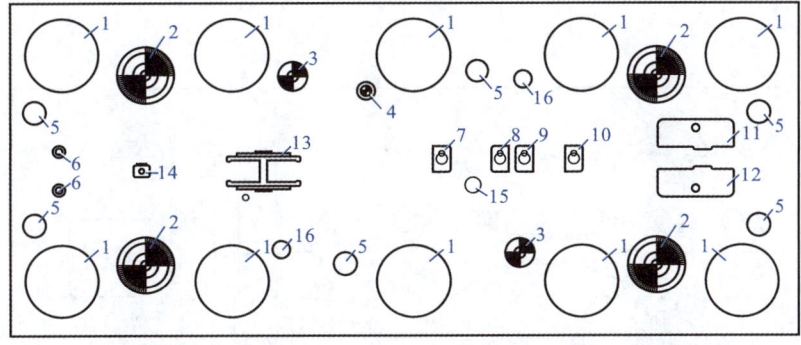

材料:55C　热处理:调质　长×宽×厚:300 mm×125 mm×20 mm

图 2-30　上夹板

1—卸料弹簧孔;2—内导柱孔;3—上模座、上垫板、上夹板固定销孔;4—线切割基准孔;
5—上模座、上垫板、上夹板固定螺钉孔;6—引导凸模孔;7、8、9、10—折弯凸模孔;
11、12、13、14—冲裁凸模孔;15—检测销孔;16—上垫板、上夹板固定销孔

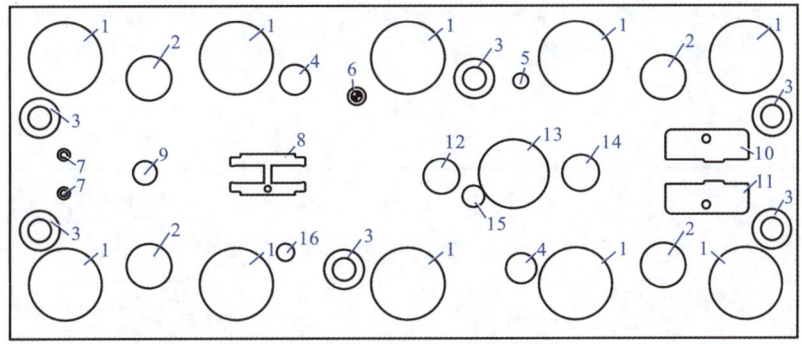

材料:SKS　热处理:调质　长×宽×厚:300 mm×125 mm×13 mm

图 2-31　卸料板垫板

1—卸料弹簧孔;2—内导柱孔;3—卸料板垫板、卸料板固定螺钉孔;4—上模座、上垫板、上夹板固定销过孔;
5—卸料板垫板、卸料板 φ6 mm 固定销孔;6—线切割基准孔;7—引导凸模孔;
8、9、10、11—冲裁凸模孔;12、13、14—折弯凸模孔;15—检测销孔;16—上垫板、上夹板固定销孔

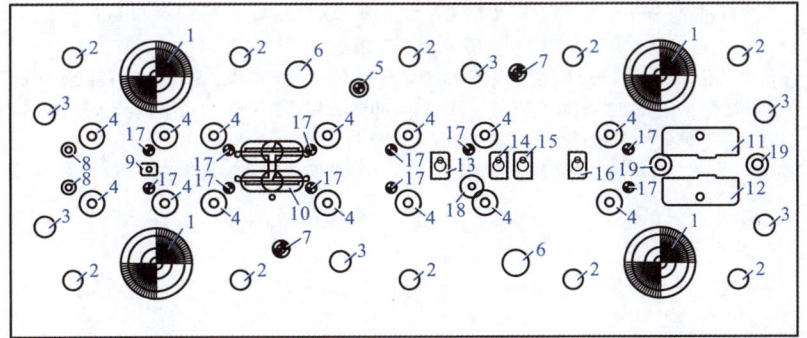

材料:KD11S　热处理:(61～63)HRC　长×宽×厚:300 mm×125 mm×25 mm

图 2-32　卸料板

1—内导套孔;2—卸料弹簧等高螺钉孔;3—卸料板垫板、卸料板固定螺钉孔;4—浮升销浮头孔;
5—线切割基准孔;6—上模座、上垫板、上夹板固定销孔;7—卸料板垫板、卸料板固定销孔;8—引导凸模孔;
9、10、11、12—冲裁凸模孔;13、14、15、16—折弯凸模孔;17—引导销孔;18—检测销孔;19—卸弹销孔

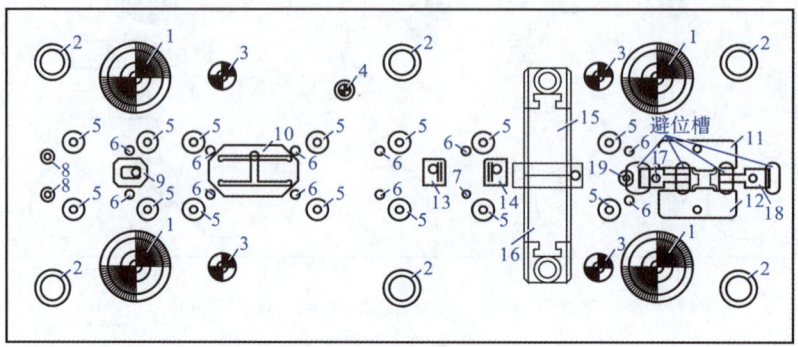

材料:KD11S　热处理:61～62HRC　长×宽×厚:300 mm×125 mm×25 mm

图 2-33　下模板

1—内导套孔;2—下模板、下垫板、下模座固定螺钉孔;3—下模块、下垫板、下模座固定销孔;
4—线切割基准孔;5—浮升销孔;6—引导销入孔;7—检测销入孔;8—引导孔凹模入块;9、10—冲裁凹模入块;
11、12—冲裁凹模孔;13、14—下模折弯入块;15、16—折弯滑块结构;17、18—顶料块;19—吹料销

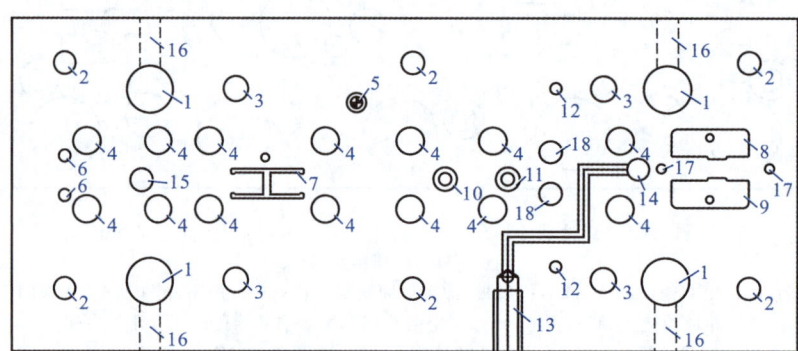

材料:SKS　热处理:调质　长×宽×厚:300 mm×125 mm×25 mm

图 2-34　下垫板

1—内导柱过孔;2—下模板、下垫板、下模座固定螺钉孔;3—下模块、下垫板、下模座固定销孔;
4—浮升销弹簧孔;5—线切割基准孔;6、7、8、9、15—冲裁废料落孔;10、11—下模板入块固定螺钉孔;
12—下模入块固定螺钉孔;13—吹气固定螺钉孔;14—吹气销孔;16—排气孔;
17—顶料块固定螺钉过孔;18—下模折弯滑块顶料销孔

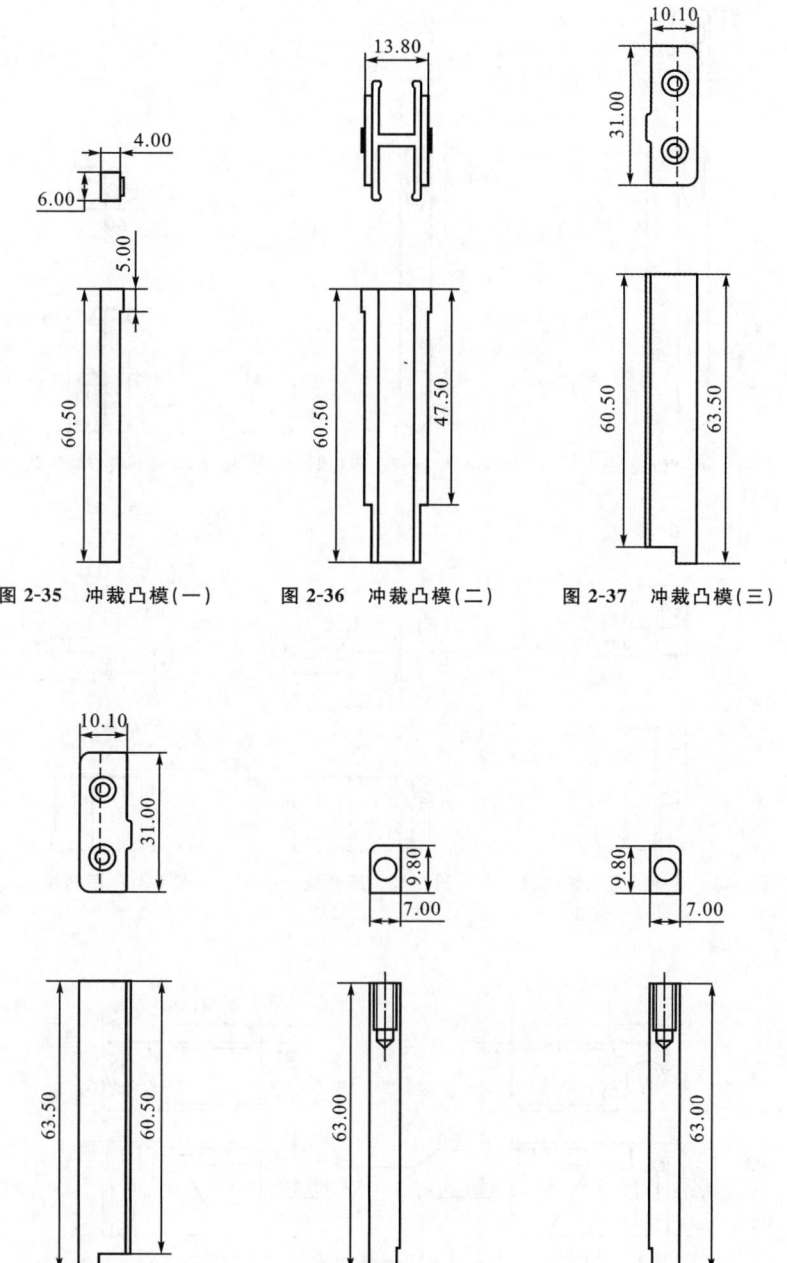

图 2-35 冲裁凸模(一)　　图 2-36 冲裁凸模(二)　　图 2-37 冲裁凸模(三)

图 2-38 冲裁凸模(四)　　图 2-39 折弯凸模(一)　　图 2-40 折弯凸模(二)

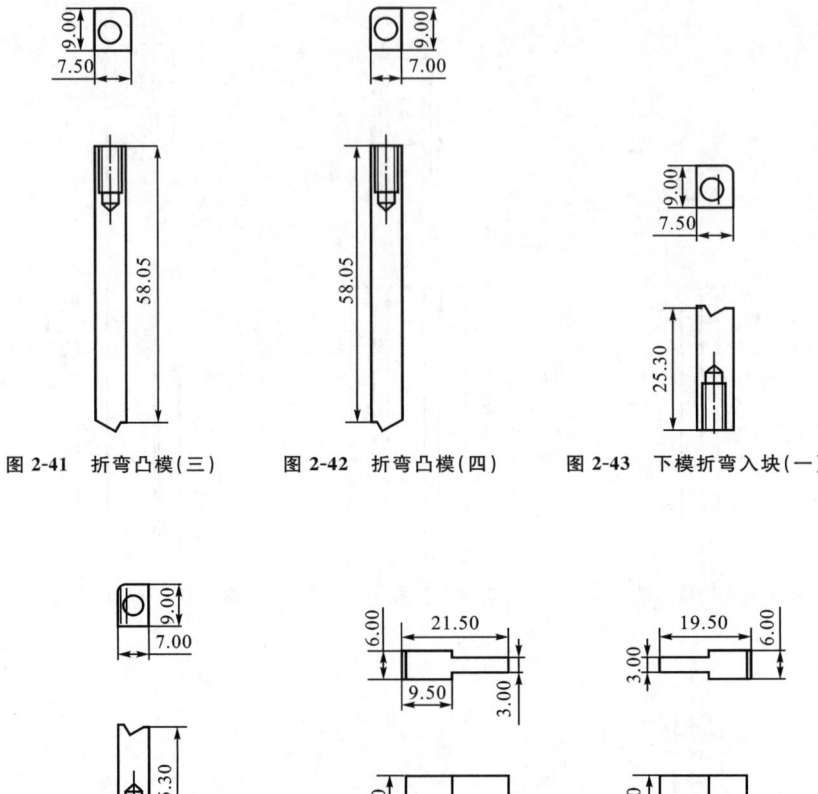

图 2-41　折弯凸模(三)　　图 2-42　折弯凸模(四)　　图 2-43　下模折弯入块(一)

图 2-44　下模折弯入块(二)　　图 2-45　顶料块(一)　　图 2-46　顶料块(二)

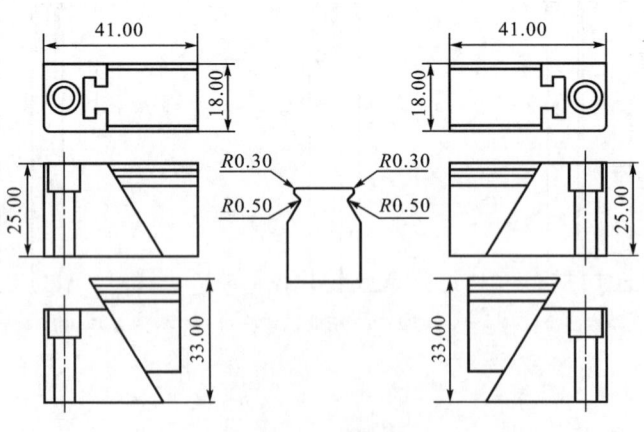

图 2-47　滑块结构

第三章
冷冲压工艺制定及模具设计实例

一、止动件冷冲压工艺制定及模具设计

【例 3-1】 如图 3-1 所示零件为止动件,材料为 Q235A,材料厚度 $t=2$ mm,大批量生产,试确定该零件的冲压工艺,并设计冲压工序所使用的模具。

1. 零件冲压工艺性分析

(1) 零件材料

该止动件选用的冲裁材料为 Q235A,该类钢属于普通碳素结构钢,具有比较优良的冲裁性能。

(2) 零件结构

从零件图可知,该零件结构简单,上下对称,在零件外形轮廓连接处使用了 R2 圆角光滑连接,因此较适合于冲裁。

(3) 零件尺寸精度

除尺寸 $12_{-0.11}^{0}$ mm 的公差等级为 IT11 级(查本书附录一)外,其余尺寸均为未注公差的自由尺寸,在冲压工序中一般按 IT14 级来确定。查附录一可得各零件尺寸的公差为:

外形尺寸:$65_{-0.74}^{0}$ mm,$24_{-0.52}^{0}$ mm,$30_{-0.52}^{0}$ mm,$R2_{-0.25}^{0}$ mm,$R30_{-0.52}^{0}$ mm;

内形尺寸:$\phi 10_{0}^{+0.36}$ mm;

孔中心距:(37 ± 0.31) mm。

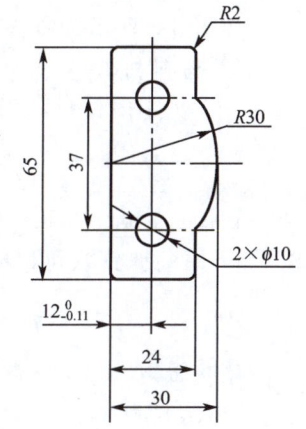

图 3-1 止动件

(4) 结论

以上零件各组成尺寸的精度要求,都满足冲裁工艺要求。

2. 冲压工艺方案

完成该零件的冲压加工所需要的工序只有冲孔、落料两道工序。从工序可能的集中与分散、工序间的组合来看,该零件的冲压可以有以下几种方案。

(1) 方案一

采用单工序模生产方式,先落料再冲孔。该方案模具结构简单,需要两道工序、两副模具才能完成零件的加工,生产率低,生产过程中由于零件较小,操作也很不方便。同时,孔边距尺寸 $12_{-0.11}^{0}$ mm 精度不易保证。

(2) 方案二

冲孔、落料连续冲压，采用级进模生产。

级进模生产适用于产品批量大，模具设计、制造与维修水平相对较高的外形较小零件的生产。

(3) 方案三

采用复合模生产，落料与冲孔复合。考虑到零件尺寸 $12_{-0.11}^{0}$ mm 精度较高，结构简单，为了提高生产率和保证零件的尺寸精度，决定采用复合模进行生产。由工件的尺寸可知，凸凹模壁厚大于最小壁厚，为便于操作，复合模采用倒装式结构以及弹性卸料、定位钉定位方式。

3. 排样

（1）确定搭边值

查与本教材配套的《冷冲压工艺与模具设计》教材表 2-8，两工件之间搭边 $a_1 = 2.2$ mm，工件边缘搭边 $a = 2.5$ mm，步距为 32.2 mm。

条料宽度 $B = (D+2a)_{-\delta}^{0} = (65+2 \times 2.5)_{-0.6}^{0} = 70_{-0.6}^{0}$ mm（查《冷冲压工艺与模具设计》教材表 2-9，得 $\delta = 0.6$ mm）。

如图 3-2 所示为零件排样图。

（2）材料利用率

一个步距内材料利用率为

$$\eta = \frac{A}{BS} \times 100\% = \frac{1\,550}{70 \times 32.2} \times 100\% = 68.8\%$$

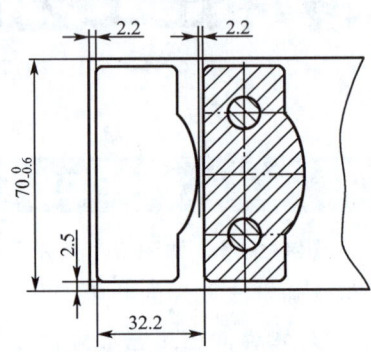

图 3-2 零件排样图

查钢板标准，选用 900 mm×1 000 mm 的钢板，每张钢板可以剪成 14 张条料（70 mm×900 mm），每张钢板可以冲 378 个零件，因此材料总利用率为

$$\eta_{总} = \frac{nA}{LM} \times 100\% = \frac{378 \times 1\,550}{900 \times 1\,000} \times 100\% = 65.1\%$$

4. 冲压力

（1）落料力

$$F_{落} = 1.3t L \tau = 1.3 \times 2 \times 215.96 \times 450 = 252.67 \text{ kN}$$

（2）冲孔力

$$F_{冲} = 1.3 t L \tau = 1.3 \times 2 \times 2 \times 3.14 \times 10 \times 450 = 73.48 \text{ kN}$$

（3）卸料力

$$F_{卸} = K_{卸} F_{落} = 0.05 \times 252.67 = 12.63 \text{ kN}$$

（4）推件力

$$F_{推} = n K_{推} F_{冲} = 6 \times 0.05 \times 73.48 = 22.04 \text{ kN}$$

（5）总冲压力

$$F_{总} = F_{落} + F_{冲} + F_{卸} + F_{推} = 252.67 + 73.48 + 12.63 + 22.04 = 360.82 \text{ kN}$$

5. 压力中心

压力中心如图 3-3 所示。

由于工件 x 方向对称，压力中心的 $x_0 = 32.5$ mm。

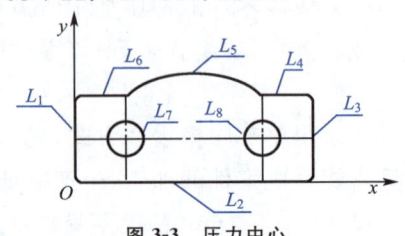

图 3-3 压力中心

$$y_0 = \frac{\sum_{i=1}^{n} L_i y_i}{\sum_{i=1}^{n} L_i}$$

$$= \frac{24 \times 12 + 65 \times 0 + 24 \times 12 + 14 \times 24 + 38.61 \times 27.97 + 14 \times 24 + 31.4 \times 12 + 31.4 \times 12}{24 + 65 + 24 + 14 + 38.61 + 14 + 31.4 + 31.4}$$

$$= 12.7 \text{ mm}$$

其中：$L_1 = 24$ mm，$y_1 = 12$ mm；$L_2 = 65$ mm，$y_2 = 0$ mm；$L_3 = 24$ mm，$y_3 = 12$ mm；$L_4 = 14$ mm，$y_4 = 24$ mm；$L_5 = 38.61$ mm，$y_5 = 27.97$ mm；$L_6 = 14$ mm，$y_6 = 24$ mm；$L_7 = 31.4$ mm，$y_7 = 12$ mm；$L_8 = 31.4$ mm，$y_8 = 12$ mm。

计算时，边缘 $4 \times R2$ 忽略不计。因此压力中心坐标为(32.5, 12.7)。

6. 凸、凹模刃口尺寸计算

凸、凹模刃口尺寸计算见表3-1。

表 3-1　　凸、凹模刃口尺寸计算　　mm

基本尺寸及分类		冲裁间隙	磨损系数	计算公式	制造公差	计算结果
落料凹模	$(D_{1\max})_{-\Delta}^{0}$ $= 65_{-0.74}^{0}$	$Z_{\min} = 0.246$ $Z_{\max} = 0.36$ $Z_{\max} - Z_{\min}$ $= 0.36 - 0.246$ $= 0.11$	工件公差为IT14级，故 $x = 0.5$	$D_d = (D_{\max} - x\Delta)_{0}^{+\Delta/4}$	$\Delta/4$	$D_{1d} = 64.63_{0}^{+0.185}$ 凸模配作保证双面间隙 0.246～0.36
	$(D_{2\max})_{-\Delta}^{0}$ $= 24_{-0.52}^{0}$					$D_{2d} = 23.74_{0}^{+0.13}$ 同上
	$(D_{3\max})_{-\Delta}^{0}$ $= 30_{-0.52}^{0}$					$D_{3d} = 29.74_{0}^{+0.13}$ 凸模配作保证双面间隙 0.123～0.18
	$R2_{-0.25}^{0}$					$D_d = 1.88_{0}^{+0.063}$ 同上
冲孔凸模	$(d_{\min})_{0}^{+\Delta}$ $= 10_{0}^{+0.36}$	同上	同上	$d_p = (d_{\min} + x\Delta)_{-\Delta/4}^{0}$	同上	$d_p = 10.18_{-0.09}^{0}$ 凹模配作保证双面间隙 0.246～0.36
孔边距	$L_1 {}_{-\Delta}^{0}$ $= 12_{-0.11}^{0}$	同上	工件公差为IT11级，故 $x = 0.75$	$L_p = (L_{1\min} + x\Delta)_{-\Delta/4}^{0}$	同上	$L_{1p} = 11.97_{-0.028}^{0}$
孔中心距	$L_2 \pm \Delta/2$ $= 37 \pm 0.31$	同上	$x = 0.5$	$L_d = (L_{2\min} + x\Delta) \pm \dfrac{\Delta}{8}$	$\Delta/8$	$L_{2d} = 37 \pm 0.078$

7. 工作零件结构设计

(1)凹模尺寸

凹模厚度为

$$H = Kb (\geqslant 15 \text{ mm}) = 0.28 \times 65 = 18.2 \text{ mm}$$

凹模边缘壁厚为

$$C \geqslant (1.5 \sim 2)H = (1.5 \sim 2) \times 18.2 = (27.3 \sim 36.4) \text{ mm}$$

实际取 $C = 30$ mm。

凹模边长为

$$L = b + 2C = 65 + 2 \times 30 = 125 \text{ mm}$$

查标准 JB/T 7643.1—2008，凹模宽为 125 mm。

因此确定凹模外形尺寸为 125 mm×125 mm×18 mm。将凹模板做成薄板形式并加空心垫板后，实际凹模尺寸为 125 mm×125 mm×14 mm。

(2) 凸凹模尺寸

凸凹模长度为

$$L = h_1 + h_2 + h = 14 + 10 + 24 = 48 \text{ mm}$$

式中　h_1——凸模固定板厚度；

　　　h_2——弹性卸料板厚度；

　　　h——增加高度（包括凸模进入凹模深度、弹性元件安装高度等）。

(3) 冲孔凸模尺寸

冲孔凸模长度为

$$L_凸 = h_1 + h_2 + h_3 = 14 + 12 + 14 = 40 \text{ mm}$$

式中　h_1——凸模固定板厚度；

　　　h_2——空心垫板厚度；

　　　h_3——凹模板厚度。

8. 其他模具结构零件

根据凹模零件尺寸，结合倒装式复合模结构特点，查标准 JB/T 7643.1—2008，确定其他模具结构零件，见表 3-2。

表 3-2　　　　　　　　　　其他模具结构零件

序号	名称	长×宽×厚/mm	材料	数量
1	上垫板	125×125×6	T8A	1
2	凸模固定板	125×125×14	45	1
3	空心垫板	125×125×12	45	1
4	卸料板	125×125×10	45	1
5	凸凹模固定板	125×125×16	45	1
6	下垫板	125×125×6	T8A	1

根据模具零件结构尺寸，查标准 GB/T 2855.1—2008 选取后侧导柱 125 mm×125 mm×(160～190) mm 标准模架一副。

9. 冲压设备选用

根据总冲压力 $F_总 = 360.82$ kN、模具闭合高度、冲床工作台面尺寸等，结合现有设备，选用 J23-63 开式双柱可倾冲床，并在工作台面上安装垫块。冲压设备的主要技术参数：公称压力为 630 kN，滑块行程为 130 mm，行程次数为 50 次/min，最大闭合高度为 360 mm，连杆调节长度为 80 mm，工作台尺寸（前后×左右）为 480 mm×710 mm。

10. 冲压工艺规程示例

表 3-3 为工艺流程卡片。

表 3-3　　　　　　　　　　　　　　　　工艺流程卡片

车间	工作程序	型别	材料	毛坯种类	零件名称		零件号		共　页
			Q235A	板料	止动件				第　页
工序号	工序名称		工作地	页次	设备名称	设备类型	工作等级	工时定额	附注
1	切料				剪床				
2	冲裁				压力机	J23-63			
3	去毛刺								
4	检验				游标卡尺				
更改单号	编号	签字	日期	更改单号	编号	签字	日期	工艺员	车间主任
								工艺组长	
								工艺室主任	

表 3-4 为冲压检验卡片。

表 3-4　　　　　　　　　　　　　　　　冲压检验卡片

车间	检验图表	型别	零件名称		零件号	工序号	共　页
			止动件				第　页
			材料		硬度		
			Q235A				
			项目号	检验内容		检验工具	
			1	各主要尺寸		游标卡尺	
更改单号	编号	签字	日期	更改单号	编号	签字	日期	工艺员	车间主任
								工艺组长	
								工艺室主任	

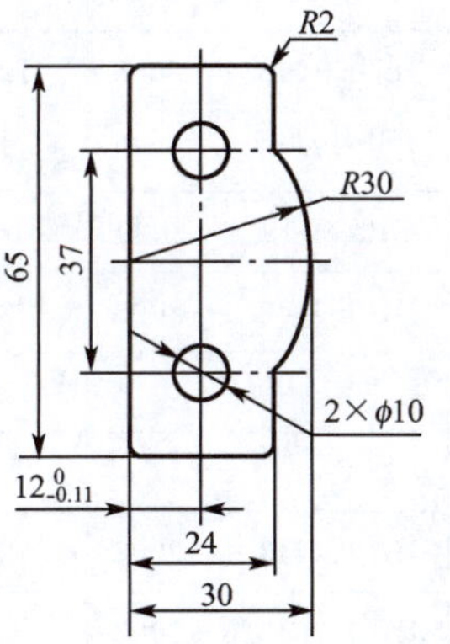

11. 模具总装配图

模具零件明细见表3-5。

表3-5　　　　　　　　　　　　　模具零件明细

序号	名称	数量	材料	热处理	标准代号	参考尺寸/mm	备注
1	下模座	1	HT200		GB/T 2855.2—2008	125×125×35	
2	螺钉(1)	4	45		GB/T 70.1—2008	M8×40	
3	圆柱销(1)	2	45		GB/T 119.1—2000	ϕ10×45	
4	凸凹模	1	T10A	(60~64)HRC			
5	导柱	2	GCr15	(60~64)HRC	GB/T 2861.1—2008	ϕ22×150	
6	挡料销	1	45	(43~48)HRC	JB/T 7649.10—2008		
7	导套	2	GCr15	(58~62)HRC	GB/T 2861.3—2008	ϕ22×80	
8	上垫板	1	T8A	(54~58)HRC		125×125×8	
9	导正销	2	45		GB/T 119.1—2000	ϕ10×35	
10	螺钉	2	45		GB/T 70.1—2008	M8×60	
11	推件块	1	45	(34~38)HRC			
12	凸模	2	T10A	(56~60)HRC	JB/T 5825—2008		
13	模柄	1	Q235A		JB/T 7646.1—2008		
14	推杆	1	45	(28~32)HRC			
15	骑缝销	1	45		GB/T 119.1—2000	ϕ4×14	
16	上模座	1	HT200		GB/T 2855.1—2008	125×125×35	
17	凸模固定板	1	45	(28~32)HRC	JB/T 7643.1—2008	125×125×14	
18	空心垫板	1	45	(28~32)HRC	JB/T 7646.3—2008	125×125×12	
19	圆柱销(2)	2	45		GB/T 119.1—2000	ϕ10×62	
20	凹模	1	Cr12	(60~64)HRC	JB/T 7643.1—2008	125×125×14	
21	卸料板	1	45	(28~32)HRC		125×125×10	
22	橡胶	1					
23	凸凹模固定板	1	45	(28~32)HRC	JB/T 7643.1—2008	125×125×14	
24	下垫板	1	T8A	(54~58)HRC	JB/T 7643.3—2008	125×125×6	
25	卸料螺钉	4	45	(24~28)HRC	JB/T 7650.5—2008		
26	导料销	2	45		JB/T 7649.10—2008		
27	螺钉(2)	1	45		GB/T 70.1—2008	M8×25	

模具总装配图如图3-4所示。

12. 模具零件图

模具零件图如图3-5~图3-16所示。

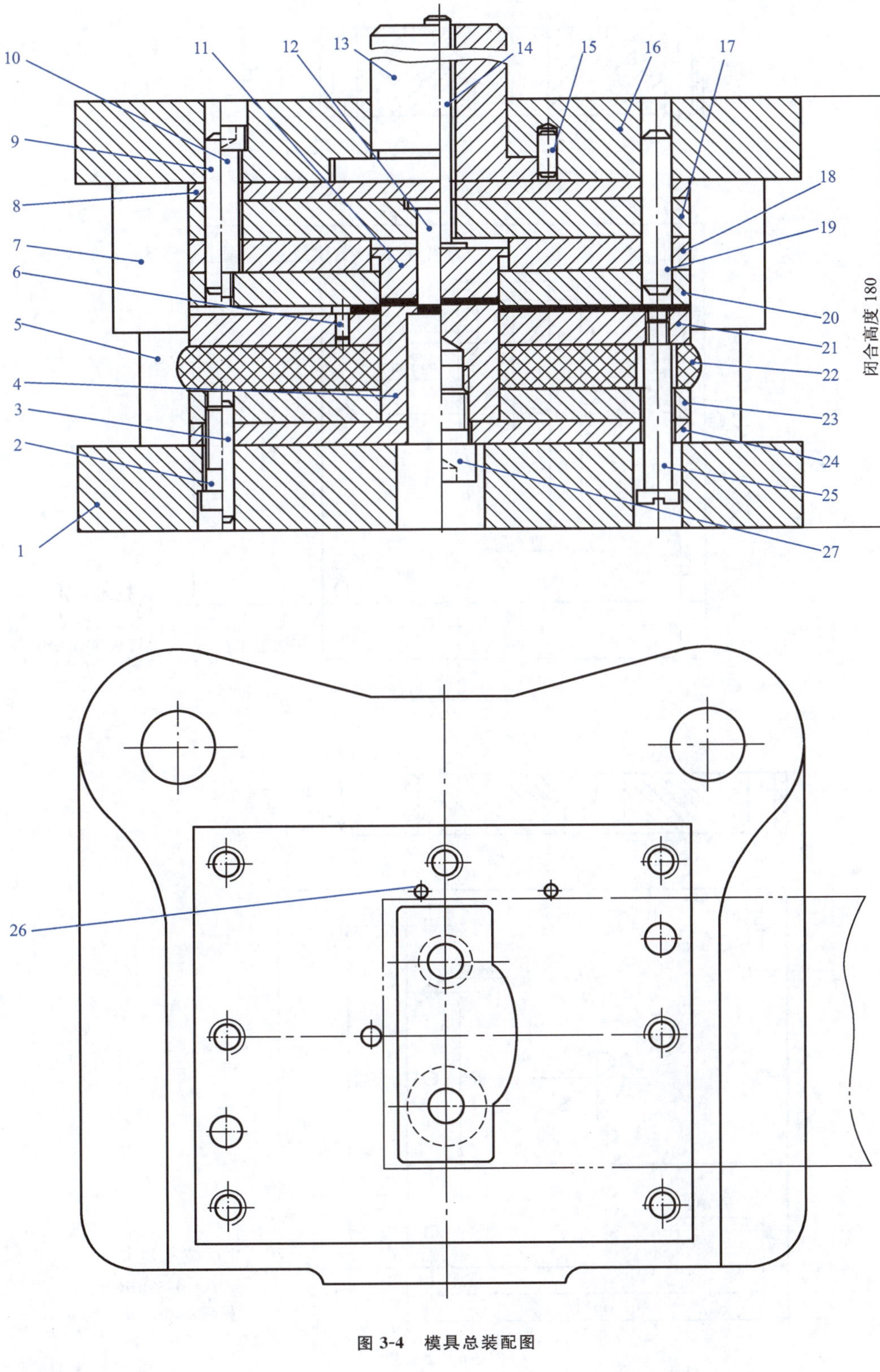

图 3-4 模具总装配图

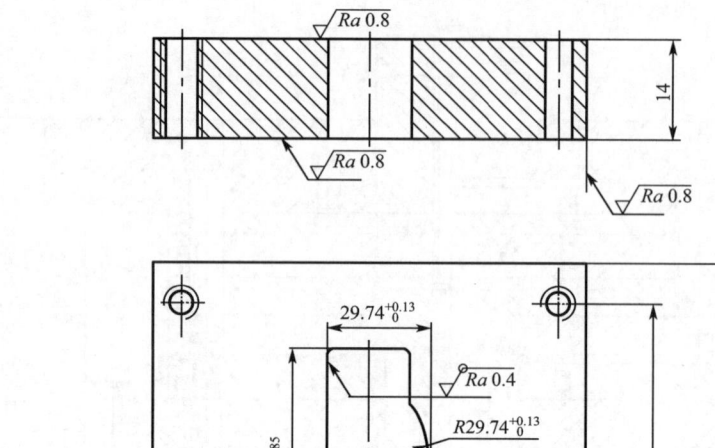
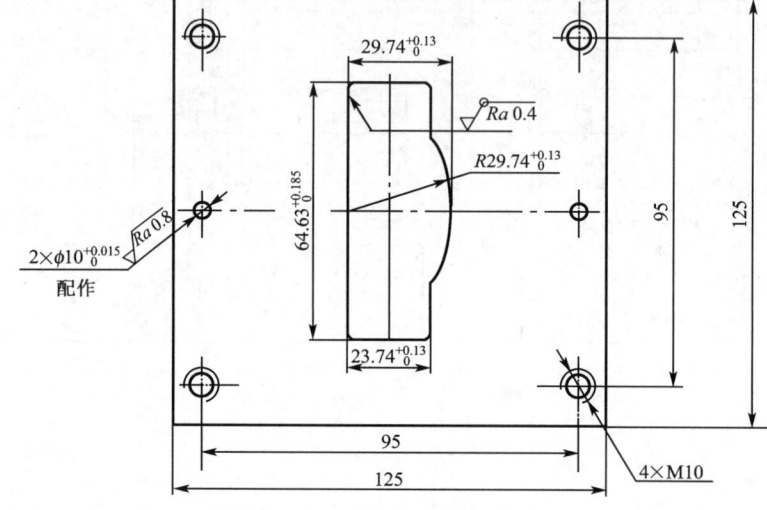

图 3-5 凹模

技术要求
1. 表面光滑无毛刺；
2. 淬火(60~64)HRC；
3. 材料为Cr12。

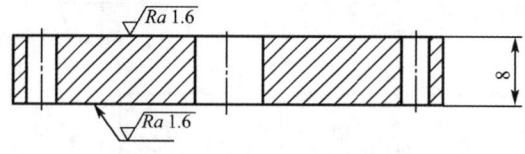
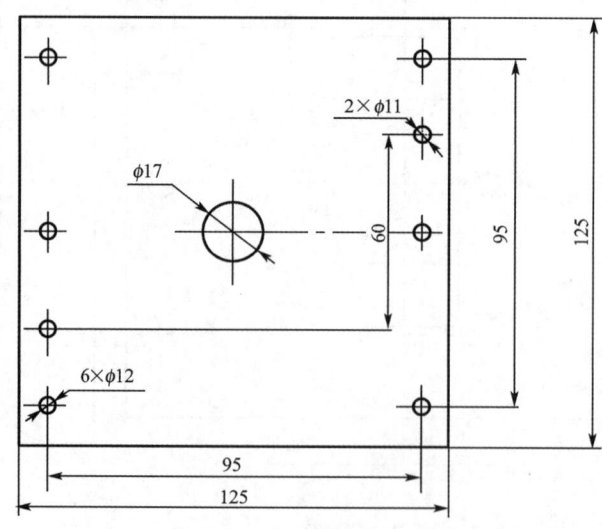

图 3-6 上垫板

技术要求
1. 淬火(54~58)HRC；
2. 材料为T8A。

第三章 冷冲压工艺制定及模具设计实例

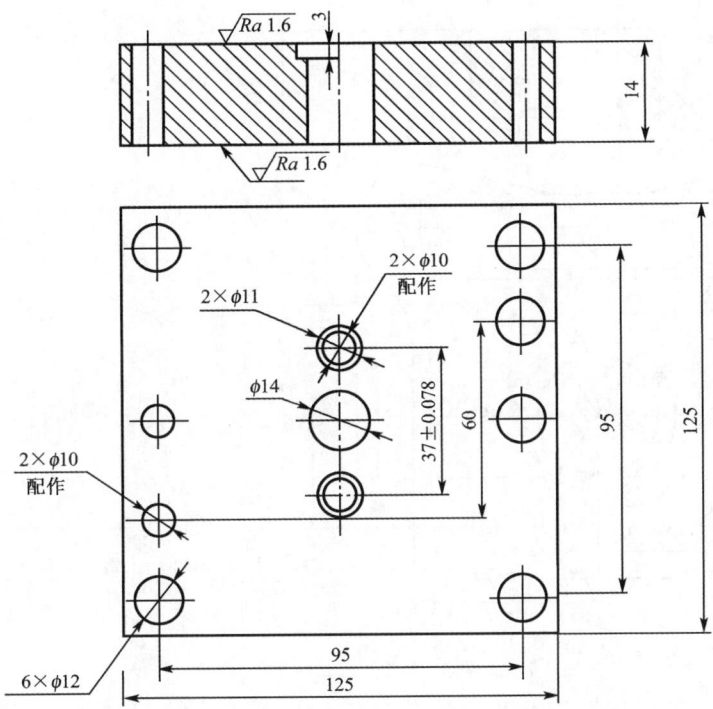

技术要求
1. 上、下面的平行度为0.02；
2. 材料为45，调质(28~32)HRC；
3. 与凸模配作，配合为H7/m6。

图3-7 凸模固定板

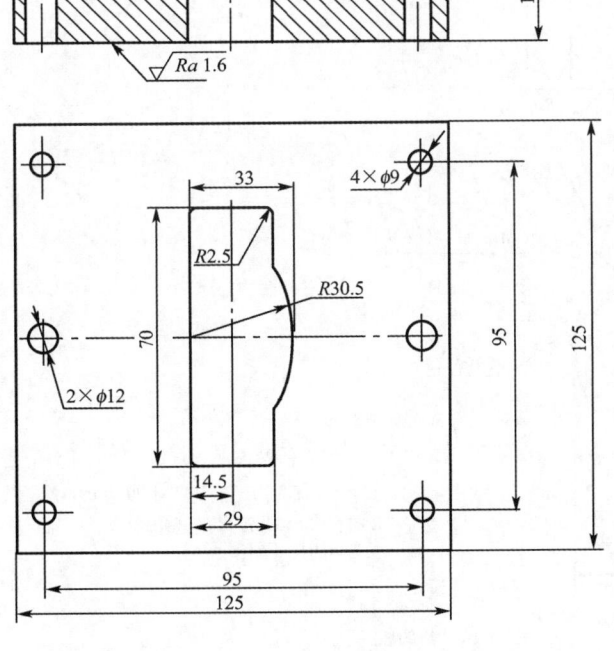

技术要求
1. 上、下面的平行度为0.02；
2. 材料为45，调质(28~32)HRC。

图3-8 空心垫板

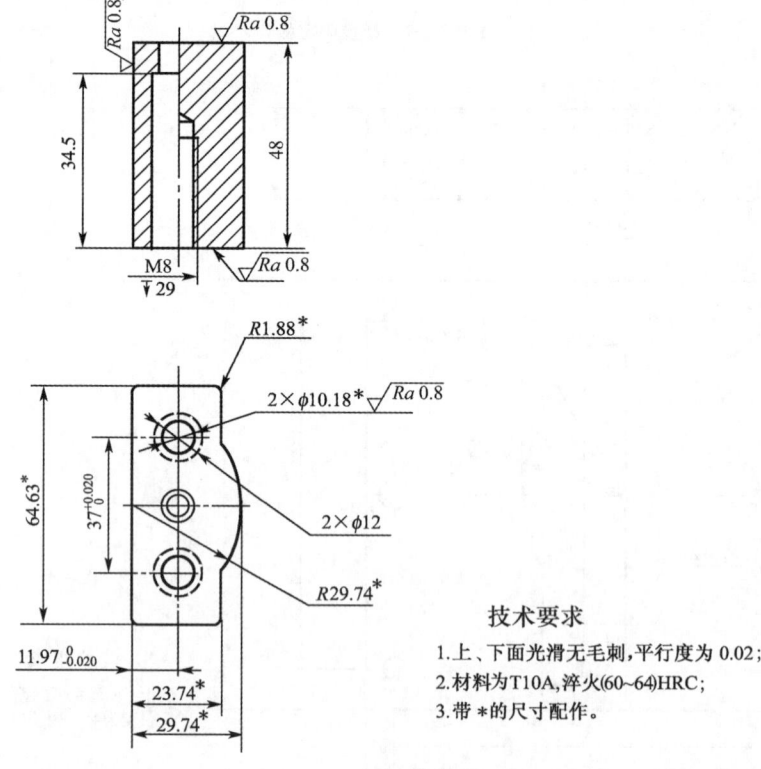

图 3-9 上模座

技术要求
1. 上、下面的平行度为 0.02;
2. 材料为 HT200。

图 3-10 凸凹模

技术要求
1. 上、下面光滑无毛刺,平行度为 0.02;
2. 材料为 T10A,淬火(60~64)HRC;
3. 带 * 的尺寸配作。

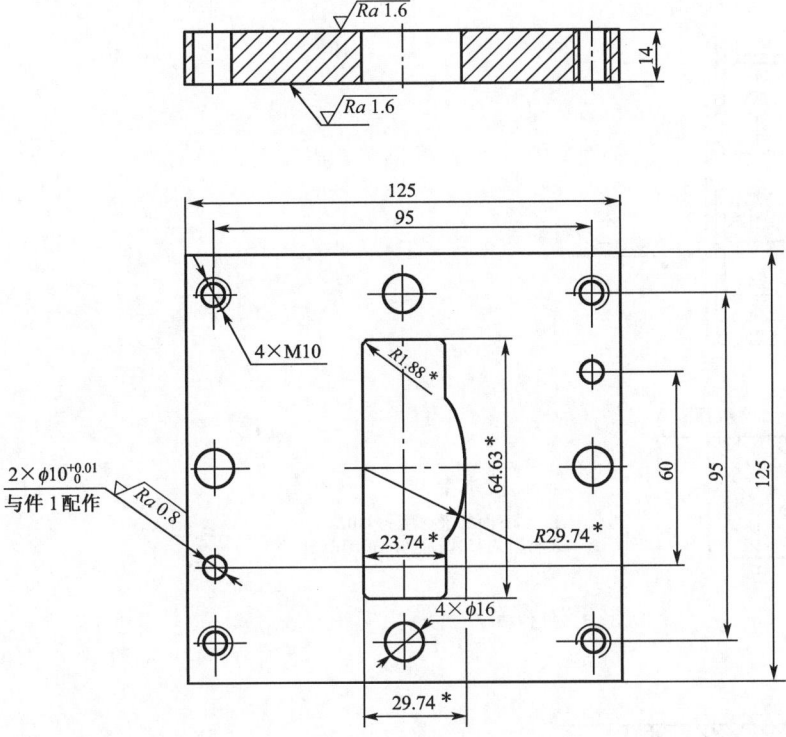

图 3-11 凸凹模固定板

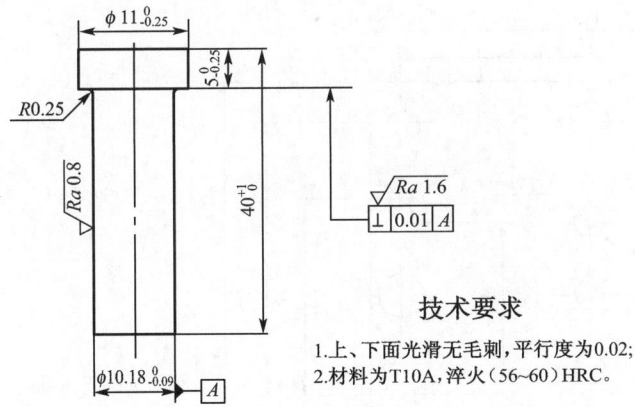

图 3-12 凸模

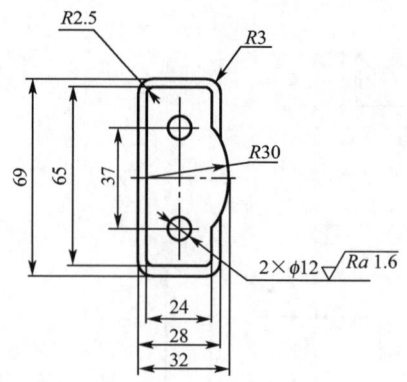

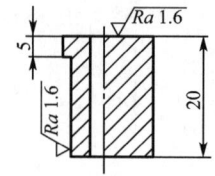

技术要求

1. 上、下面的平行度为 0.02；
2. 材料为45,调质(34~38)HRC。

图 3-13　推件块

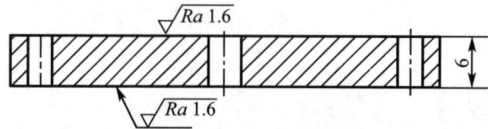

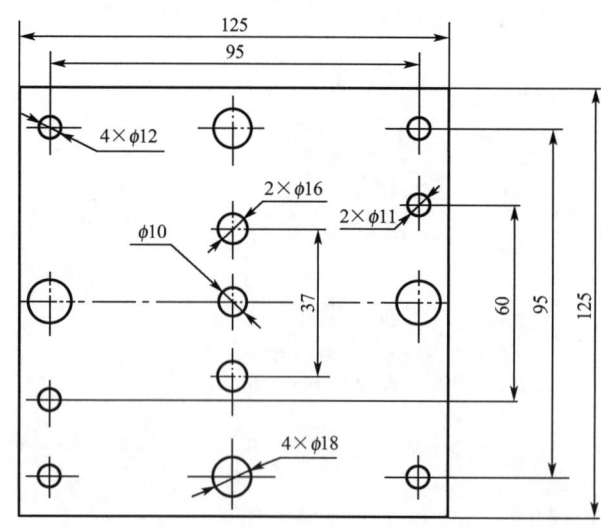

技术要求

1. 上、下面的平行度为 0.02；
2. 材料为T8A,淬火(54~58)HRC。

图 3-14　下垫板

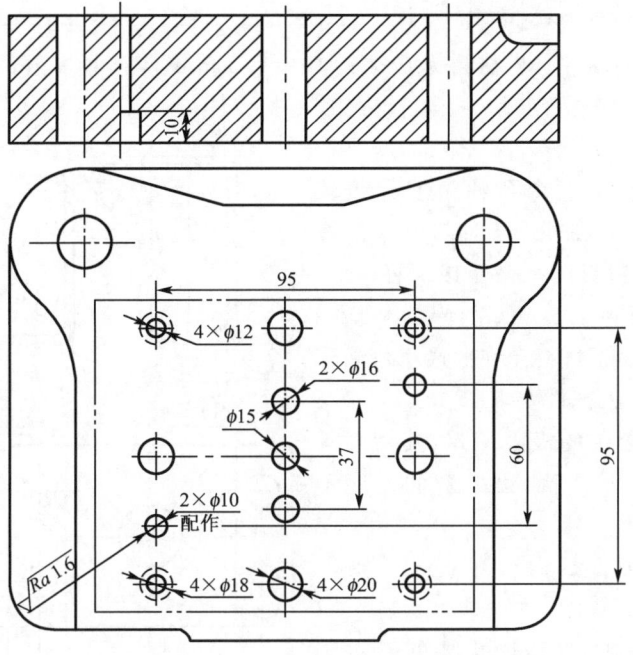

图 3-15 下模座

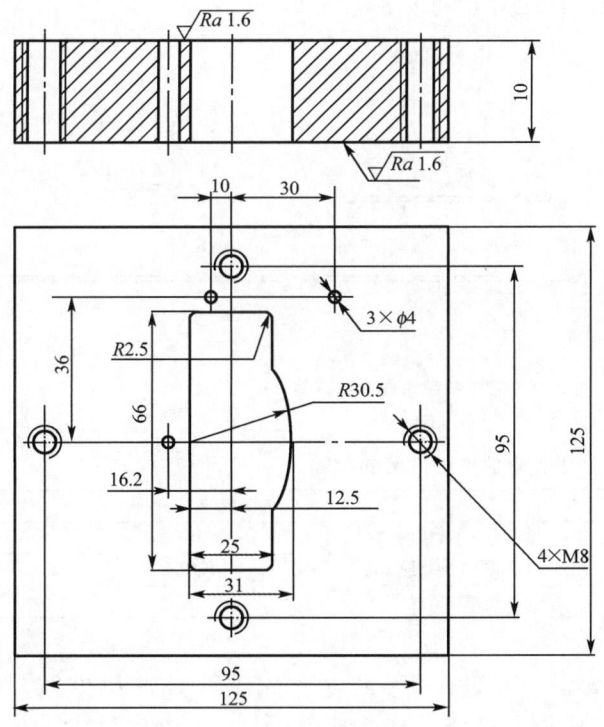

图 3-16 卸料板

二、芯轴托架冲压工艺方案制定

【例3-2】 图3-17所示为芯轴托架,材料为08,料厚$t=1.5$ mm,年产量2万件,技术要求为表面不允许有明显的划痕。试确定其冲压工艺方案。

1. 工艺分析

(1)从产品零件图可以看出,五个孔的精度等级较高,均为IT9级,可以用模具工作部分、导向部分零件按IT7级精度制造的高精度冲裁模具冲孔来予以保证。

(2)该零件最小弯曲半径$R=1.5$ mm,材料为08,$t=1.5$ mm,零件的最小弯曲半径大于材料允许的最小弯曲半径,因此零件弯曲半径满足冲压工艺性要求。

(3)零件其余尺寸为未注公差的极限偏差,其精度等级一般按IT14级选取,精度要求不高,因此弯曲工序不需要校形。

(4)零件表面不允许有划痕。

2. 工艺方案的确定

从零件的结构特征可以看出,冲压所需要的基本工序为落料、冲孔和弯曲。

(1)零件弯曲变形方案

零件可能的弯曲变形方案有三种,如图3-18所示。

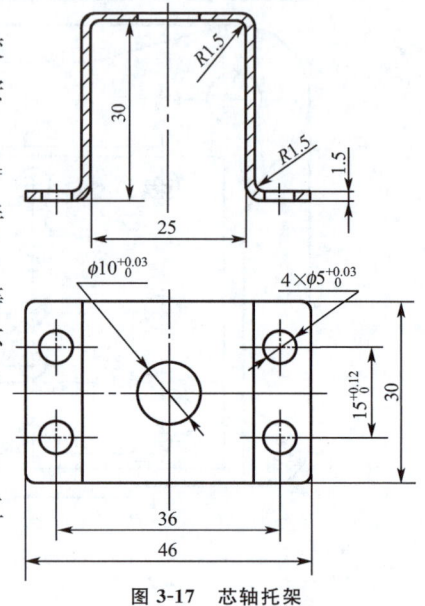

图3-17 芯轴托架

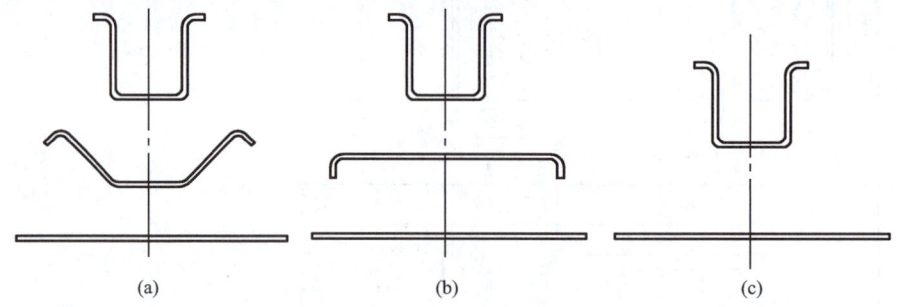

图3-18 芯轴托架弯曲变形方案

零件弯曲变形方案的比较见表3-6。

表3-6 零件弯曲变形方案的比较

序号	弯曲工序数	回弹与精度	模具寿命	生产率
a	2	回弹小、精度高	高	不高
b	2	有回弹、精度较高	较高	不高
c	1	回弹大、精度不高	不高	高

(2)零件冲压方案

根据零件弯曲变形方式,考虑工序组合等,可以有如下四种冲压方案(图3-19)。图3-20所示为冲压方案一的各工序模具工作部分原理图;图3-21所示为冲压方案二的两道弯曲模具工作部分原理图;图3-22所示为冲压方案三的四角一次弯曲成形模具工作部分原理图。

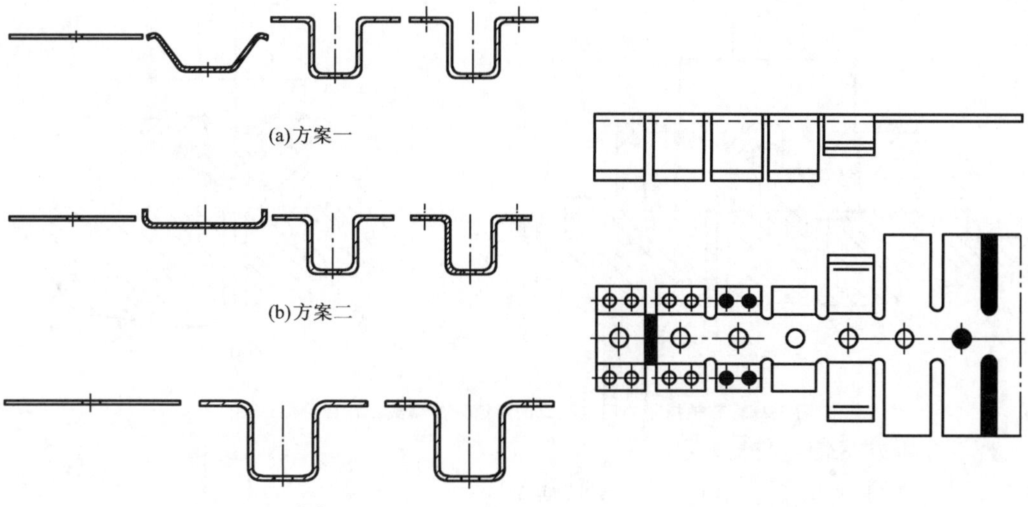

第三章 冷冲压工艺制定及模具设计实例

(a) 方案一

(b) 方案二

(c) 方案三

(d) 方案四

图 3-19 芯轴托架冲压方案

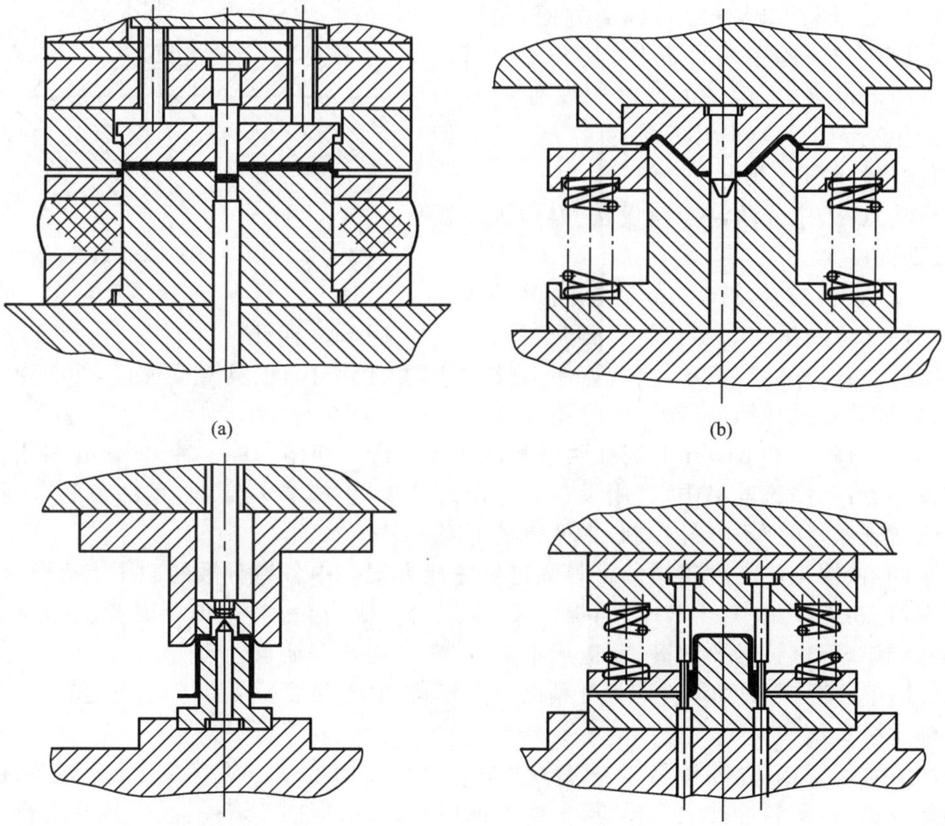

(a)　　　　　　　　　　　　　(b)

(c)　　　　　　　　　　　　　(d)

图 3-20 芯轴托架冲压方案一的各工序模具工作部分原理图

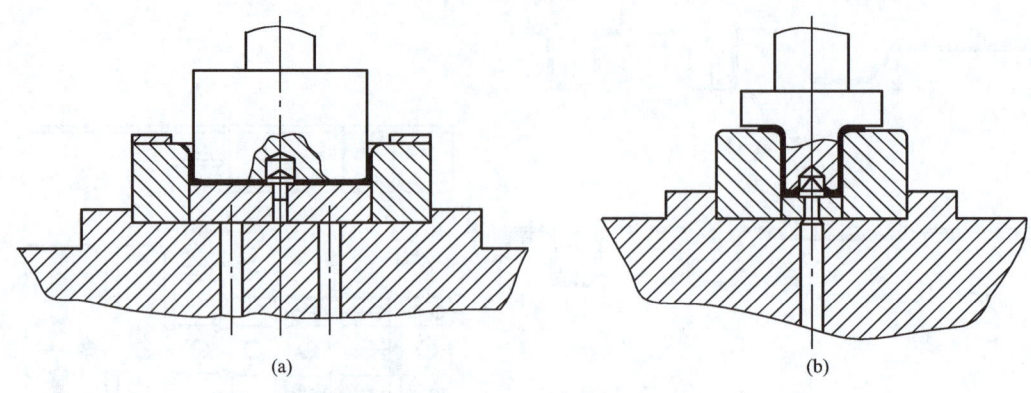

图 3-21　芯轴托架冲压方案二的两道弯曲模具工作部分原理图

(3)各冲压方案特点与比较

方案一:落料与冲 $\phi 10$ mm 底孔两道基本工序复合—弯曲外部两角并预弯中间两角呈 45°—弯中间两角—冲 $\phi 5$ mm 四孔。

方案优点:模具结构简单,制造方便,制造周期短,模具寿命长;除落料冲孔外,其余工序可以使用孔 $\phi 10$ mm 及侧面定位,定位基准统一且与设计基准重合;回弹较小并且容易控制,尺寸精度、表面质量均较高;操作也方便。

方案缺点:工序分散,模具、设备、操作人员需求多,劳动强度大。

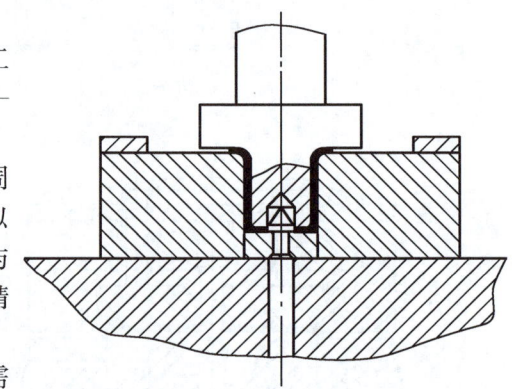

图 3-22　芯轴托架冲压方案三的四角一次弯曲成形模具工作部分原理图

方案二:落料与冲 $\phi 10$ mm 底孔两道基本工序复合—两端弯曲呈 90°—弯曲中间两角呈 90°—冲 $\phi 5$ mm 四孔。

方案特点:模具结构简单,制造方便,制造周期短、投产快,模具寿命长;零件回弹不容易控制,因此形状和尺寸精度较差,同时还具有方案一的缺点。

方案三:落料与冲 $\phi 10$ mm 底孔两道基本工序复合—四角弯曲—冲 $\phi 5$ mm 四孔。

方案特点:工序比较集中,占用设备和操作人员少;但模具寿命低,零件表面有划伤,厚度存在变薄现象;回弹不容易控制,零件质量下降。

方案四:使用工序高度集中的带料级进模完成方案一中各道分散的冲压工序。

方案特点:工序集中,生产率高,操作安全,适合于大批量生产;但同时存在模具结构复杂,安装、调试、维修技术要求高,制造成本高,制造周期长等缺点。

综合以上分析,考虑到零件的尺寸精度要求较高,生产批量不大的特点,确定选用方案一。

3. 确定模具结构

冲压方案确定以后,零件具体各工序使用的模具结构也就自然确定了。该芯轴托架确定使用的模具有:落料冲孔复合模、第一次弯曲模、第二次弯曲模、冲孔模。模具工作部分的结构形式如图 3-20 所示。

4. 选用冲压设备

根据计算的冲压力和工厂冲压设备的实际情况,初选冲压设备的类型和规格。在模具结构设计完成后,再对安装与配合尺寸进行校核。

5. 编写冲压工艺技术文件

表 3-7 所示为芯轴托架冲压工艺规程卡。

表 3-7　　　　　　　　　　　芯轴托架冲压工艺规程卡

标记	产品名称	冷冲压工艺规程卡		零件名称	托架	年产量	第　页
	产品图号			零件图号		2万件	共　页
材料牌号及技术条件	08	毛坯形状与尺寸/mm			板料 1 800×900×1.5 条料 1 800×108×1.5		
序号	工序名称	工序草图		模具	冲压力	检验要求	备注
1	落料冲孔	(图)		落料冲孔模	250 kN	按图检验	
2	一次弯曲	(图)		弯曲模	160 kN	按图检验	
3	二次弯曲	(图)		弯曲模	160 kN	按图检验	
4	冲底孔 4×φ5	(图)		冲孔模	160 kN	按图检验	
原底图总号		日期	更改标记			编制	校对　核对
			文件号			姓名	
总号		签字	签字			签字	
			日期			日期	

三、玻璃升降器外壳冷冲压工艺制定及模具设计

【例 3-3】 图 3-23 所示为玻璃升降器外壳零件图,材料为 08 钢,厚度 $t=1.5$ mm,中等批量生产。试确定其冷冲压工艺方案并设计模具。

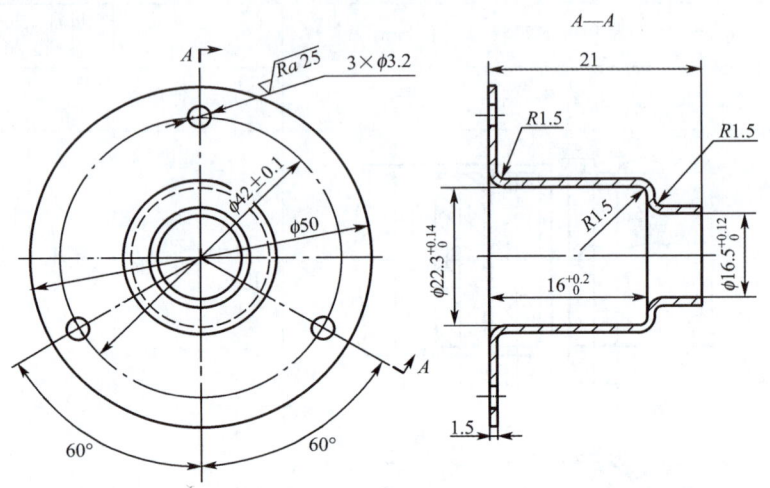

图 3-23 玻璃升降器外壳零件图

1. 零件冲压工艺性分析

(1)材料及其强度、刚度

该外壳零件的材料为厚度 $t=1.5$ mm 的 08 钢,具有优良的冲压性能。1.5 mm 的厚度以及冲压后零件强度和刚度的增加,都有助于使产品保证足够的强度和刚度。

(2)尺寸精度

该外壳零件主要的配合尺寸为 $\phi 16.5_{0}^{+0.12}$ mm、$22.3_{0}^{+0.14}$ mm、$16_{0}^{+0.2}$ mm,查表确定其精度等级为 IT11~IT13 级,属于正常冲压尺寸精度范围。为保证装配后零件的使用要求,必须保证三个小孔 $\phi 3.2$ mm 与内孔 $\phi 16.5_{0}^{+0.12}$ mm 之间有较高的同轴度要求。三个小孔 $\phi 3.2$ mm 分布在 $\phi(42\pm0.1)$ mm 的圆周上,$\phi(42\pm0.1)$ mm 为 IT10 级精度。

(3)零件工艺性

根据产品的技术要求,分析其冲压工艺性:从零件的结构特性以及冲压变形特点来看,该零件属于带宽凸缘的旋转体筒形件,并且凸缘相对直径($d_凸/d$)、相对高度(h/d)都比较合适,拉深工艺性较好。由于零件的圆角半径 $R1.5$ mm 较小,尺寸 $\phi 16.5_{0}^{+0.12}$ mm、$\phi 22.3_{0}^{+0.14}$ mm、$16_{0}^{+0.2}$ mm 的精度等级偏高(超过《冷冲压工艺与模具设计》教材表 4-2 和表 4-4 中的尺寸偏差),因此需要在末次拉深时采用精度较高、凸凹模间隙较小的模具,然后再安排整形工序来满足零件要求。

三个小孔 $\phi 3.2$ mm 分布的中心距要求较高,因此在冲三个小孔 $\phi 3.2$ mm 时,需要使用工作部分和导向部分精度等级为 IT7 级以上的高精度冲裁模,并且一次将三个小孔全部冲出,同时使用 $\phi 22.3_{0}^{+0.14}$ mm 的内孔来定位,以保证制造基准与装配基准重合。

(4)零件底部成形方案

针对零件底部具体结构,可能的成形方案有三种:先拉深成阶梯形圆筒件,再通过机械切削的方式,如车削除去底部;先拉深成阶梯形圆筒件,再采用冲切的方式除去底部;先拉深成底部带有预冲孔的阶梯形圆筒件,然后再翻边。外壳底部成形方案如图 3-24 所示。

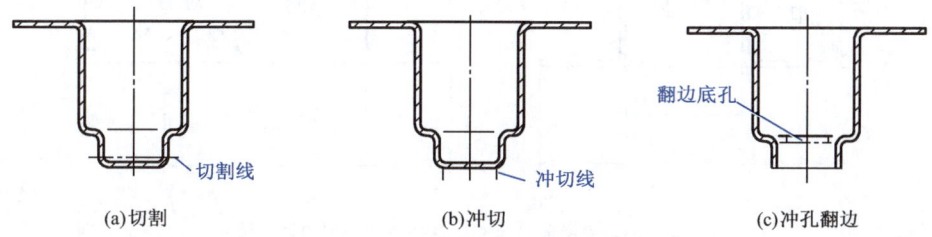

图 3-24 外壳底部成形方案

在以上三种底部成形方案中,第一种方案采用车削底部的方法,无疑零件的断面质量高,但生产率低,不适用于批量生产,并且产生废料,在零件底部要求不高的情况下不宜采用;第二种方案采用冲切方式,则要求零件底部的圆角半径在冲切前必须冲压成接近清角($R \approx 0$),因此在冲切前先要增加一道整形工序,并且清角的技术质量要求不易保证;第三种方案采用翻边,生产率高并且节省材料,翻边的孔口虽然没有以上两种好,但零件的高度尺寸 21 可以看作 IT14 级的未注公差,翻边方式可以满足零件技术要求。因此,零件的底部成形方案确定采用第三种方案,即拉深—预冲底孔—翻边。

2. 制定工艺方案

(1)毛坯直径计算

①核算翻边变形程度

零件底部 $\phi 16.5^{+0.12}_{0}$ mm 的翻边成形,可以有两种方式:相当于在预冲孔的平板上直接一次翻边成所需要的高度;一次翻边不能达到所需要的高度,因此需要先拉深到一定的高度,再冲孔翻边。因此在计算毛坯直径之前,先要确定翻边前的半成品尺寸,也就是确定零件底部 $\phi 16.5^{+0.12}_{0}$ mm 的高度尺寸能否一次翻边形成。

$\phi 16.5^{+0.12}_{0}$ mm 的高度尺寸:$h = 21 - 16 = 5$ mm。

根据翻边计算公式 $h = D(1-K)/2 + 0.43R + 0.72t$,求出:

$K = 1 - 2(h - 0.43R - 0.72t)/D = 1 - 2 \times (5 - 0.43 \times 1 - 0.72 \times 1.5)/18 = 0.61$

式中,$R = 1$ mm,$D = 18$ mm,为翻边工序尺寸,含义参见图 3-37。

即翻边高度 $h = 5$ mm 时,翻边系数 $K = 0.61$。

因此翻边时预冲底孔为

$$d = D \cdot K = 18 \times 0.61 = 11.0 \text{ mm}$$

由 $d/t = 11.0/1.5 = 7.3$,查《冷冲压工艺与模具设计》教材中的表 5-1,当采用圆柱形凸模,用冲孔模冲孔时,允许的极限翻边系数 $[K] = 0.50 < K = 0.61$,因此零件底部 $\phi 16.5^{+0.12}_{0}$ mm 的高度尺寸可以一次翻出。

②翻边前半成品尺寸

由 $d_凸/d = 50/22.3 = 2.24$,查《冷冲压工艺与模具设计》教材中的表 4-6,求得带凸缘筒形

件的修边余量 $\Delta d = 1.8$ mm，因此凸缘的实际直径 $d'_凸 = d_凸 + 2\Delta d = 50 + 2 \times 1.8 \approx 54$ mm。

图 3-25 所示为翻边前半成品尺寸以及按中线确定的计算尺寸。

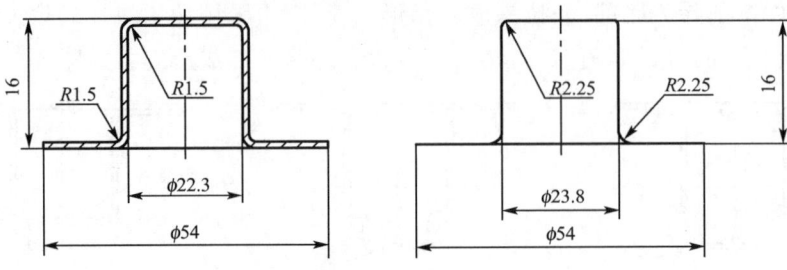

图 3-25　翻边前半成品尺寸以及按中线确定的计算尺寸

③毛坯直径

$$D = \sqrt{d_4^2 + 4d_2H - 3.44Rd_2} = \sqrt{54^2 + 4 \times 23.8 \times 16 - 3.44 \times 2.25 \times 23.8} \approx 65 \text{ mm}$$

(2)拉深次数计算

$d'_凸/d = 54/22.3 = 2.42 > 1.4$，因此该零件属于宽凸缘筒形件。$(t/D) \times 100 = (1.5/65) \times 100 = 2.3$，查《冷冲压工艺与模具设计》教材表 4-14 得 $h_1/d_1 = 0.28$，零件的 $h/d = 16/22.3 = 0.72 > 0.28$，因此一次拉深不出来。

由 $d/D = 54/65 = 0.83$ 及 $(t/D) \times 100 = 2.3$ 查本书附录六，可得 $m_1 = 0.45$。而

$$d_1 = m_1 D = 0.45 \times 65 = 29 \text{ mm}$$
$$m_2 = d/d_1 = 22.3/29 = 0.77$$

查《冷冲压工艺与模具设计》教材表 4-8 得极限拉深系数 $[m_2] = 0.75 < 0.77$，因此可以采用两次拉深成形。

由于上面两次拉深工序均采用了极限拉深系数，因此在拉深变形中，应该有比较好的成形条件，比如圆角较大。但对于零件本身厚度 $t = 1.5$ mm，零件直径又比较小时是难以做到两道工序均采用极限拉深系数的，况且该零件实际的圆角半径 $R = 1.5$ mm，因此需要在第二次拉深以后增加一道整形工序。

当然也可以采用三次拉深成形的工艺方法，这样增加了拉深次数，可以相应地减小各次拉深变形的变形程度，同时可以选用较小的圆角半径，与增加整形工序相比，没有增加模具的数量，既能保证零件的冲压质量，又能稳定生产。

零件总的拉深系数 $d/D = 23.8/65 = 0.366$，调整后的三次拉深工序的拉深系数为

$$m_1 = 0.56, m_2 = 0.805, m_3 = 0.81$$
$$m_1 \cdot m_2 \cdot m_3 = 0.56 \times 0.805 \times 0.81 = 0.365$$

(3)工序组合与工序顺序的确定

当零件比较复杂，冲压加工流程较长因而需要采用较多工序时，往往不容易很直观地确定出具体的冲压工艺方案，此时通常采取以下方法：先确定出工件所需要的基本工序（按工序性质划分），然后将基本工序按照冲压的先后顺序进行适当的集中与分散，确定各工序的具体内容，组合排列出可能的不同的工艺方案，再结合各种因素分析比较，找出最适合生产规模和适应现场具体生产条件的工艺方案。

① 外壳冲压基本工序

根据上面拉深次数分析和零件的具体结构,外壳冲压所需的基本工序有:落料、第一次拉深(俗称冲盂)、第二次拉深(俗称二引)、第三次拉深(俗称三引)、预冲翻边底孔 $\phi 11$ mm、翻边、冲三个小孔 $\phi 3.2$ mm、切边。

② 冲压方案

根据零件加工所需要的基本工序,将各工序进行适当的组合,可以有以下五种冲压方案:

方案一:落料与第一次拉深复合,其余各工序按照单工序进行。图 3-26 所示为方案一的冲压流程图,图 3-27 所示为各工序用模具结构工作原理图。

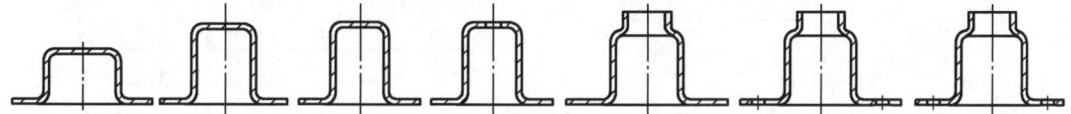

图 3-26 方案一的冲压流程图

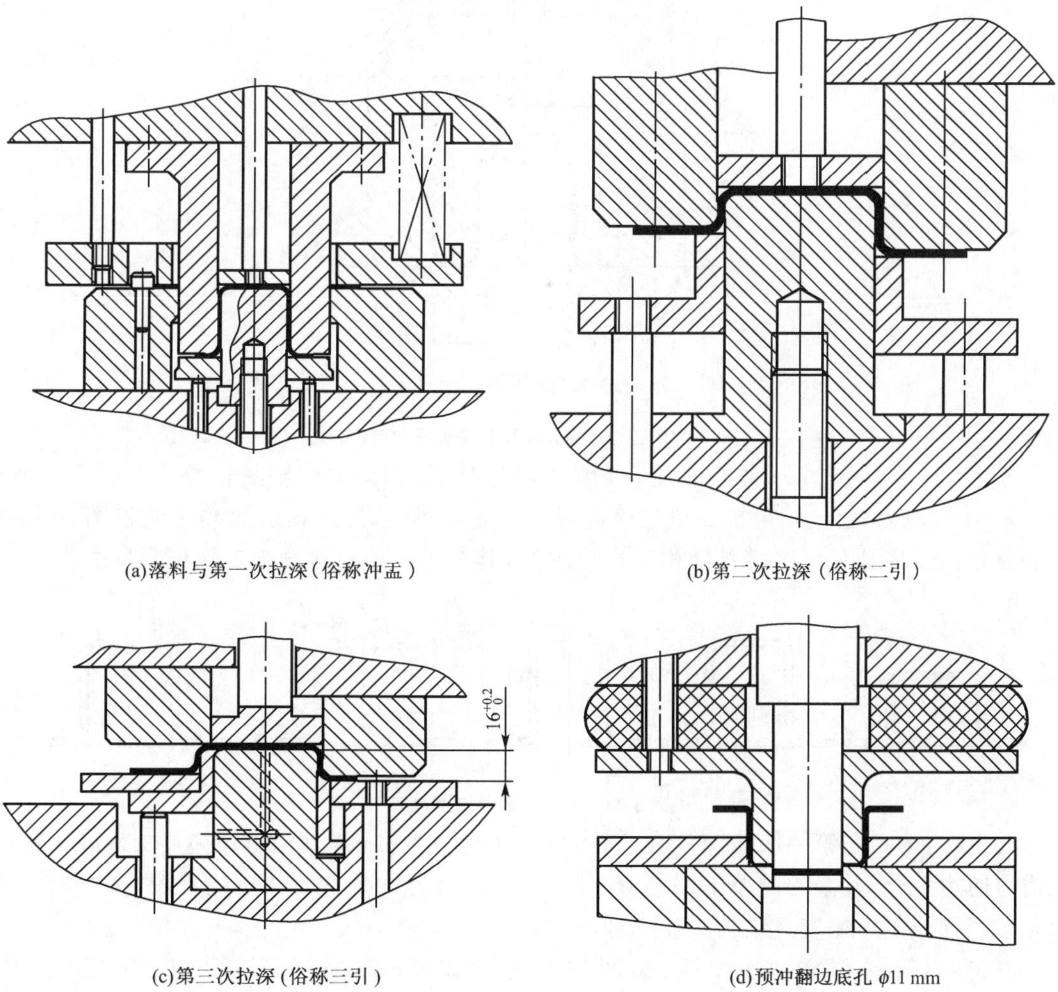

(a) 落料与第一次拉深(俗称冲盂)

(b) 第二次拉深(俗称二引)

(c) 第三次拉深(俗称三引)

(d) 预冲翻边底孔 $\phi 11$ mm

图 3-27 各工序用模具结构工作原理图

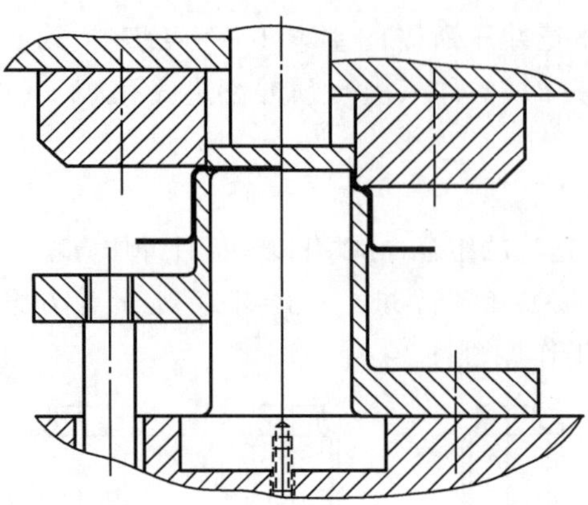

(e)翻边 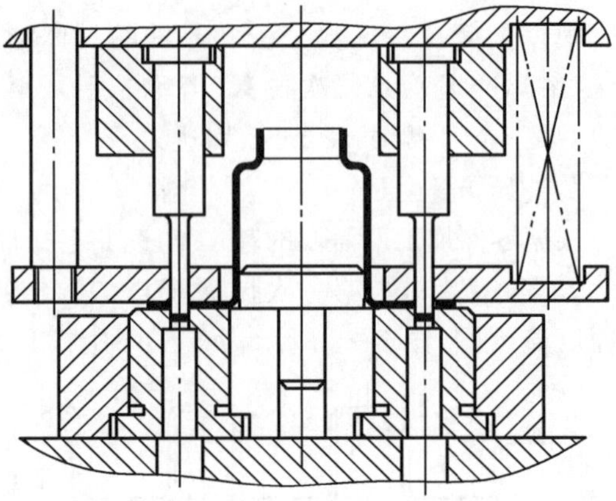　　　　　　　　　　　　(f)冲三个小孔φ3.2 mm

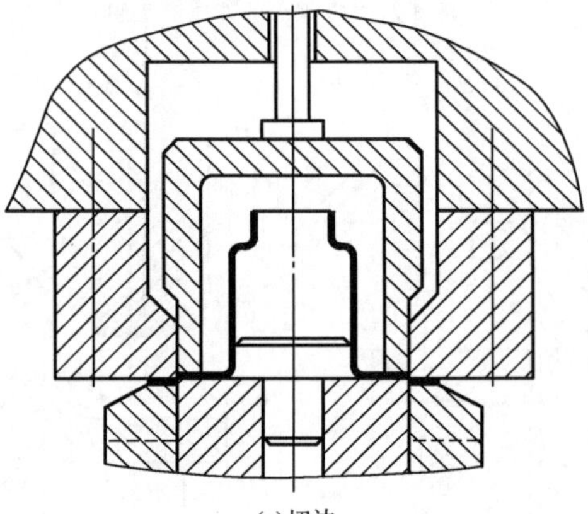

(g)切边

图3-27　各工序用模具结构工作原理图(续)

方案二：落料与第一次拉深复合，预冲翻边底孔φ11 mm与翻边复合，冲三个小孔φ3.2 mm与切边复合，其余按照单工序进行。图3-28所示为方案二的冲压流程图，图3-29所示为方案二部分工序用模具结构工作原理图，其余单工序模具结构工作原理同方案一。

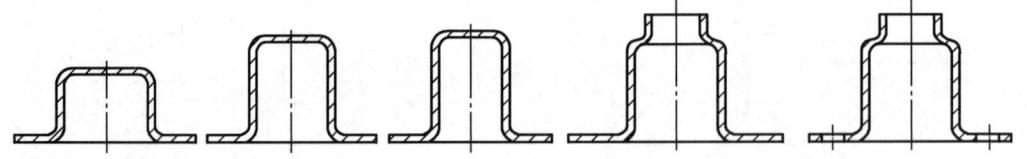

图3-28　方案二的冲压流程图

方案三：落料与第一次拉深复合，预冲翻边底孔φ11 mm与冲三个小孔φ3.2 mm复合，翻边与切边复合，其余按照单工序进行。图3-30所示为方案三的冲压流程图，图3-31所示为方案三部分工序用模具结构工作原理图。

方案四：落料与第一次拉深、预冲翻边底孔φ11 mm复合，其余按照单工序进行。图3-32所示为方案四的冲压流程图，图3-33所示为方案四第一道工序用复合模的模具结构工作原理图。

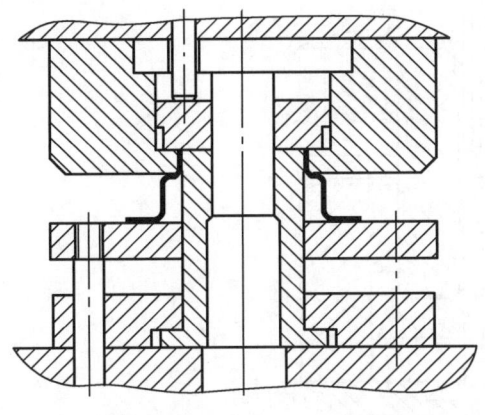
(a) 预冲翻边底孔 $\phi 11$ mm 并翻边

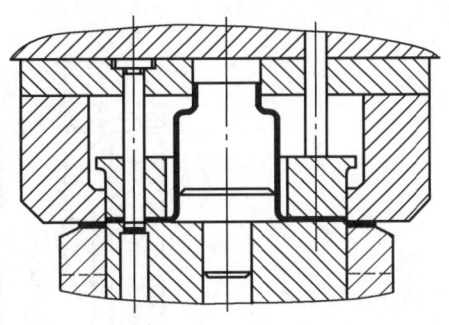
(b) 冲小孔与切边

图 3-29　方案二部分工序用模具结构工作原理图

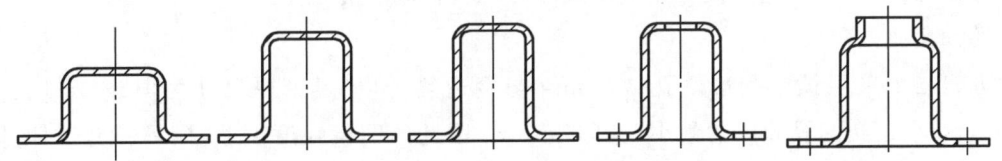

图 3-30　方案三的冲压流程图

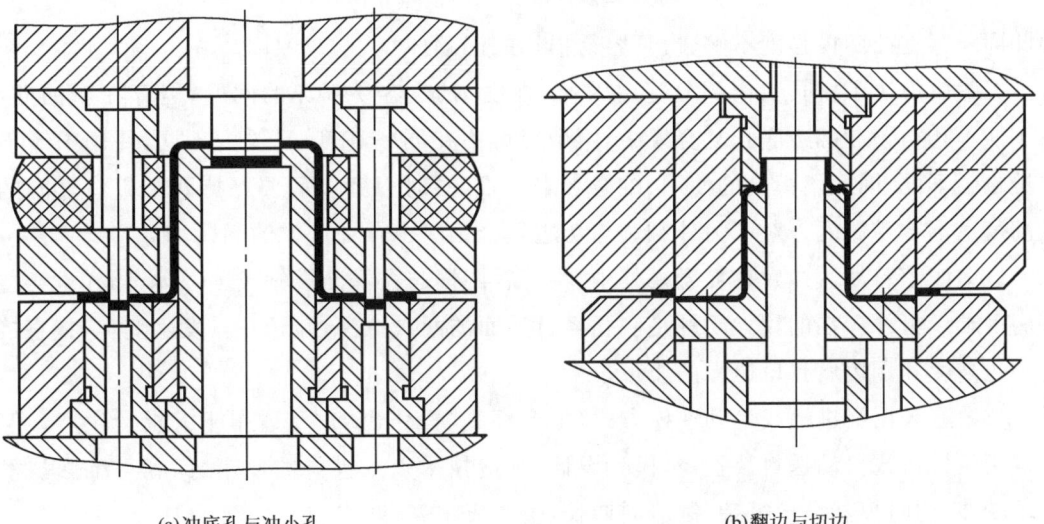
(a) 冲底孔与冲小孔　　　　　　　　　　(b) 翻边与切边

图 3-31　方案三部分工序用模具结构工作原理图

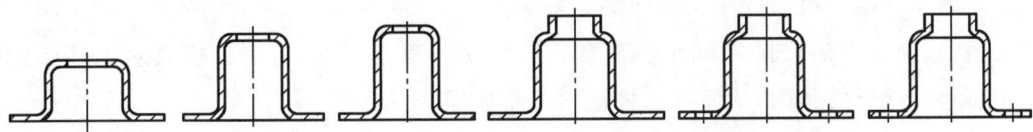

图 3-32　方案四的冲压流程图

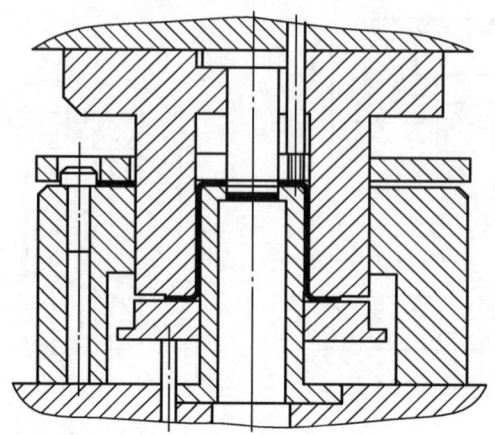

图 3-33　方案四第一道工序用复合模的模具结构工作原理图

方案五：采用带料连续拉深级进模或在多工位自动压力机上进行冲压。

③方案比较

方案二中采用预冲翻边底孔 $\phi 11$ mm 与翻边复合，模具壁厚尺寸为 $(16.5-11)/2=2.75$ mm，小于凸凹模允许的最小壁厚 3.8 mm，因此凸凹模强度不够，模具容易损坏；同样冲三个小孔 $\phi 3.2$ mm 与切边复合工序所使用的模具，其凸凹模的壁厚数值为

$$(50-42-3.2)/2=2.4 \text{ mm}$$

因此同样存在凸凹模强度不够，模具容易损坏的问题。

方案三解决了模具工作部分壁厚太薄、强度不够、容易损坏的问题，但存在新的问题。由于冲小孔与预冲翻边底孔复合模中，两个刃口不在同一高度，且受力不同，使用中磨损的快慢也会不同，因此给模具的使用、维修带来困难，同时刃磨以后要保持两个刃口之间的相对高度也不容易做到。对于另外翻边与切边复合工序也存在同样的问题。

方案四落料冲盂冲底孔复合模具中，将落料凹模与拉深凸模做成了一体，同样也会造成刃磨困难。另外存在的较大问题是底孔经过后面的两次拉深，孔径一旦发生变化，将直接影响翻边高度和翻边后孔口边缘的质量。

方案五采用级进模或自动冲模方式，生产率高，操作也安全，适用于大批量生产。但需要专用压力机或自动送料装置，对模具设计、制造技术以及模具的使用、保养与维修技术均要求较高，同时模具结构复杂，制造周期长，生产成本高。

方案一不存在上述缺点，除落料拉深工序外，均使用了单工序简单模具，具有工序组合少，生产率低的特点。但对于中小批量零件的生产，在缺少实践经验时，出于试生产的考虑，单工序简单模具生产风险较小。因此决定采用方案一，同时在方案一中的第三次拉深以及翻边工序中，通过正确控制模具闭合高度，在压力机行程终了时，可以使模具对工件产生刚性锤击而起到整形的作用，从而可以将整形工序去掉。

3. 工艺参数计算

(1)零件排样

由于毛坯直径为 $\phi 65$ mm，考虑到操作的安全与方便，采用单排方式。图 3-34 所示为外壳零件的排样图。

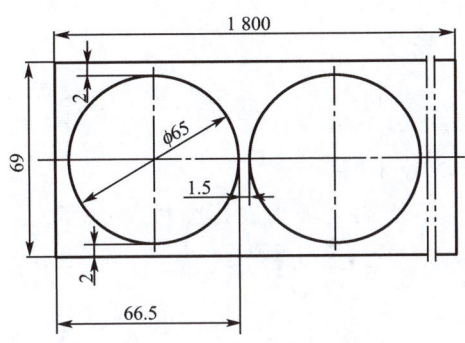

图 3-34 外壳零件的排样图

其中，搭边值根据《冷冲压工艺与模具设计》教材表 2-8 选取，$a=2$ mm，$a_1=1.5$ mm。

进距为
$$L=D+a_1=65+1.5=66.5 \text{ mm}$$

条料宽度为
$$b=D+2a=65+2\times 2=69 \text{ mm}$$

(2)条料尺寸

根据零件图和板料规格拟选用板料为 1.5 mm×900 mm×1 800 mm。

①板料纵裁利用率

条料数量为
$$n_1=B/b=900/69=13$$

每条零件数为
$$n_2=(A-a_1)/L=(1\ 800-1.5)/66.5=27$$

每张板料可冲零件总数为
$$n=n_1 n_2=13\times 27=351$$

材料利用率为
$$\eta=\frac{n\pi(D^2-d^2)/4}{AB}\times 100\%=\frac{351\times 3.14\times(65^2-11^2)/4}{1\ 800\times 900}\times 100\%=69.8\%$$

②板料横裁利用率

条料数量为
$$n_1=A/b=1\ 800/69=26$$

每条零件数为
$$n_2=(B-a_1)/L=(900-1.5)/66.5=13$$

每张板料可冲零件总数为

$$n = n_1 n_2 = 26 \times 13 = 338$$

材料利用率为

$$\eta = \frac{n\pi(D^2-d^2)/4}{AB} \times 100\% = \frac{338 \times 3.14 \times (65^2-11^2)/4}{1\,800 \times 900} \times 100\% = 67.2\%$$

因此板料采用纵裁的方式时,材料的利用率高。

(3) 材料消耗定额

零件净重为

$$m = st\rho = \frac{3.14 \times [65^2 - 11^2 - 3 \times 3.2^2 - (54^2 - 50^2)] \times 10^{-2} \times 1.5 \times 10^{-1} \times 7.85}{4}$$

$$= 33.8 \text{ g} = 0.034 \text{ kg}$$

式中,"[ ]"内第一项为毛坯尺寸;第二项为底孔废料尺寸;第三项为三个小孔尺寸;"( )"内为切边废料尺寸;低碳钢密度 $\rho = 7.85 \text{ g/cm}^3$。

材料消耗定额为

$$m_0 = ABt\rho/351 = (1\,800 \times 10^{-1} \times 900 \times 10^{-1} \times 1.5 \times 10^{-1} \times 7.85)/351 = 54 \text{ g} = 0.054 \text{ kg}$$

(4) 中间工序半成品尺寸

① 第一次拉深半成品尺寸

第一次拉深半成品直径为

$$d_1 = m_1 D = 0.56 \times 65 = 36.4 \text{ mm(中线尺寸)}$$

实际取 36.5 mm(中线尺寸),则工件内径为 35 mm,方便生产。

第一次拉深凹模圆角半径按教材表 4-22 应该选取 5.5 mm,由于增加了一道拉深工序,各道拉深变形程度有所减小,因此可以选用较小的圆角半径。取凹模圆角半径 $R_{凹} = 5$ mm,凸模圆角半径 $R_{凸} = 4$ mm。

第一次拉深后半成品高度尺寸为

$$h_1 = \frac{0.25}{d_1}(D^2 - d'^2_{凸}) + 0.43(R_{凹1} + R_{凸1}) - \frac{0.14}{d_1}(R^2_{凹1} - R^2_{凸1})$$

$$= \frac{0.25}{36.5} \times (65^2 - 54^2) + 0.43 \times (5.75 + 4.75) - \frac{0.14}{36.5} \times (5.75^2 - 4.75^2)$$

$$= 13 \text{ mm(实际生产中取 } h_1 = 13.8 \text{ mm)}$$

图 3-35(a)所示为第一次拉深后半成品的形状和尺寸,图 3-35(b)所示为中线计算尺寸。

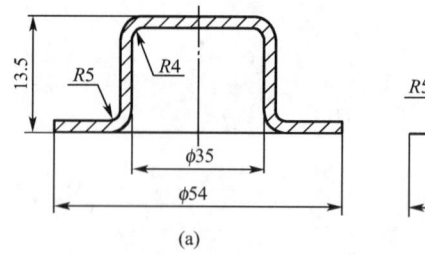
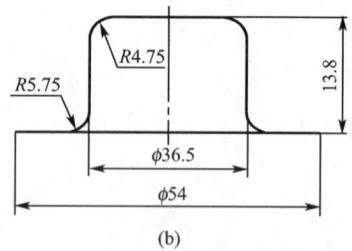

图 3-35 第一次拉深后半成品的形状和尺寸及中线计算尺寸

② 第二次拉深半成品尺寸

第二次拉深半成品直径(中线尺寸)为

$$d_2 = m_2 d_1 = 0.805 \times 36.5 = 29.4 \text{ mm(中线直径)}$$

为方便生产,实际取 29.5 mm。

选取 $R_{凸2}=R_{凹2}=2.5$ mm,中线尺寸为 $2.5+t/2=3.25$ mm。

$$h_2=\frac{0.25}{d_2}(D^2-d_{凸}'^2)+0.43(R_{凹2}+R_{凸2})$$
$$=\frac{0.25}{29.5}\times(65^2-54^2)+0.43\times(3.25+3.25)$$
$$=13.9 \text{ mm}$$

图 3-36(a)所示为第二次拉深后半成品的形状和尺寸,图 3-36(b)所示为中线计算尺寸。

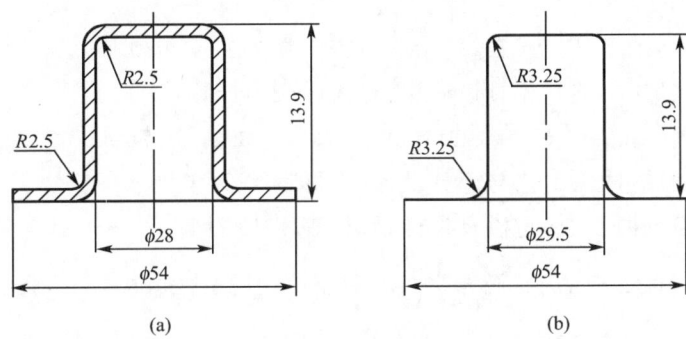

图 3-36　第二次拉深后半成品的形状和尺寸及中线计算尺寸

③第三次拉深半成品尺寸

第三次拉深半成品直径(中线尺寸)为

$$d_3=m_3d_2=0.81\times29.5=23.9 \text{ mm}$$

考虑到第三次拉深对零件有整形作用,故选取凸凹模圆角半径等于零件成品尺寸。取 $R_{凸3}=R_{凹3}=1.5$ mm,中线尺寸为 $1.5+t/2=2.25$ mm,高度尺寸等于零件成形尺寸,即取 $h_3=16$ mm,如图 3-37(c)所示。

根据以上计算结果以及产品零件图,各工序半成品形状和尺寸如图 3-37 所示。

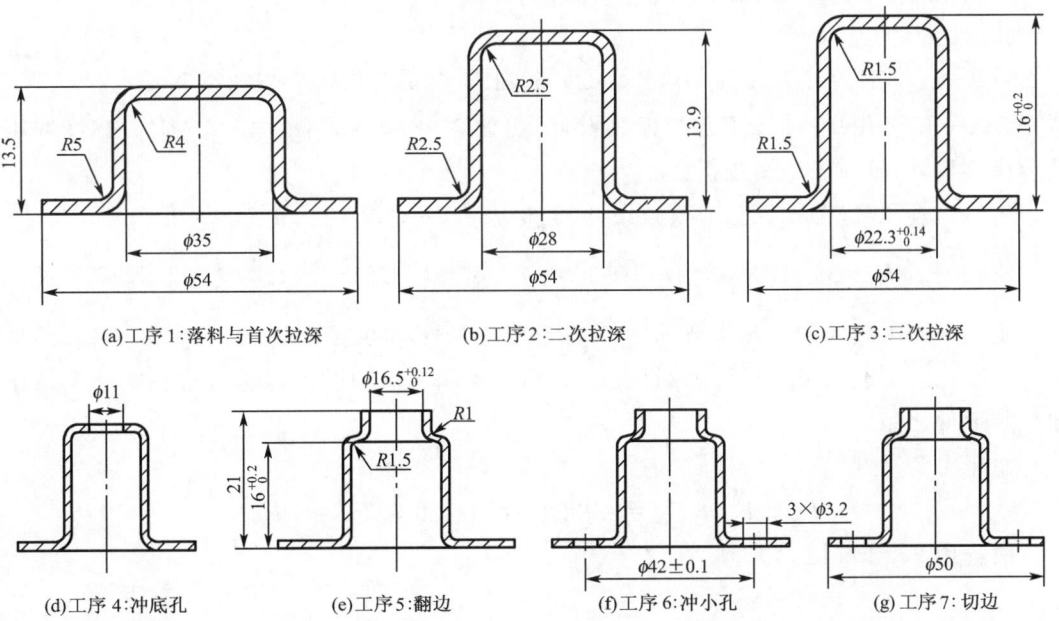

图 3-37　外壳冲压各工序半成品形状和尺寸

(5)各工序冲压力以及压力机选取

①落料拉深工序

模具结构工作原理图如图3-27(a)所示。

落料力为

$$F_{落}=1.3\pi Dt\tau=1.3\times3.14\times65\times1.5\times294=117\,011\text{ N}$$

式中，$\tau=294$ MPa 由《冷冲压工艺与模具设计》教材表1-2查得。

落料的卸料力为

$$F_{卸}=K_{卸}F_{落}=0.04\times117\,011=4\,680\text{ N}$$

拉深力按《冷冲压工艺与模具设计》教材式(4-20)计算：

$$F_{拉}=\pi d_1 t\sigma_b K_1=3.14\times36.5\times1.5\times392\times0.75=50\,543\text{ N}$$

式中，$K_1=0.75$ 由《冷冲压工艺与模具设计》教材表4-21查得。

压边力按照《冷冲压工艺与模具设计》教材表4-18计算：

$$F_{压}=\frac{\pi}{4}[D^2-(d_1+2R_{凹1})^2]p=\frac{3.14}{4}\times[65^2-(36.5+2\times5.75)^2]\times2.5=3\,770\text{ N}$$

式中，$p=2.5$ MPa 由《冷冲压工艺与模具设计》教材表4-19查得。

该工序所需要的最大总压力位于下止点13.8 mm稍后一点，其数值为

$$F_{总}=F_{落}+F_{卸}+F_{压}=125\,461\text{ N}\approx130\text{ kN}$$

在具体确定压力机吨位时，还必须核对压力机说明书中所给出的允许工作负荷曲线，即在整个冲压过程中所需要的冲压力都应在压力机的许可压力范围内。假设车间现有压力机的规格为250 kN、400 kN、630 kN、800 kN，如果选用250 kN的压力机，则冲压所需要的总压力只有压力机公称压力的52%。

②第二次拉深工序

模具结构工作原理图如图3-27(b)所示。

拉深力为

$$F_{拉}=\pi d_2 t\sigma_b K_2=3.14\times29.5\times1.5\times392\times0.52=28\,323\text{ N}$$

式中，$K_2=0.52$ 由《冷冲压工艺与模具设计》教材表4-22查得，$\sigma_b=392$ MPa 由《冷冲压工艺与模具设计》教材表1-2查得。

压边力按照《冷冲压工艺与模具设计》教材表4-18计算：

$$F_{压}=\frac{\pi}{4}[d_1^2-(d_2+2R_{凹2})^2]p=\frac{3.14}{4}\times[36.5^2-(29.5+2\times2.5)^2]\times2.5=279\text{ N}$$

由于采用了较大的拉深系数$m_2=0.805$，坯料的相对厚度$t/D=1.5/36.5=4.1\%$足够大，查《冷冲压工艺与模具设计》教材表4-1，可以不采用压边圈。这里压边圈实际上是作为定位与顶件之用。

总压力为

$$F_{总}=F_{拉}+F_{压}=28\,323+279=28\,602\text{ N}\approx29\text{ kN}$$

故选用250 kN压力机。

③第三次拉深兼整形

模具结构工作原理图如图 3-27(c)所示。

拉深力为

$$F_{拉}=\pi d_3 t\sigma_b K_2=3.14\times 23.9\times 1.5\times 392\times 0.52=22\,946\text{ N}$$

式中,$\sigma_b=392$ MPa 由《冷冲压工艺与模具设计》教材表 1-2 查得。

整形力为

$$F_{整}=Sp_1=\frac{3.14}{4}\times[54^2-(22.3+2\times1.5)^2+(22.3-2\times1.5)^2]\times 80=166\,320\text{ N}$$

式中,$p_1=80$ MPa 为在平面模上校平的单位面积压力,见《冷冲压工艺与模具设计》教材表 5-5;S 为工件的校平面积(不含圆角部分面积),单位为 mm²。

顶件力取拉深力的 10%,得

$$F_{顶}=0.1F_{拉}=0.1\times 22\,946=2\,295\text{ N}$$

由于整形力最大,并且是在临近下止点拉深工序接近完成时才发生,因此按整形力来选用压力机,即选取 250 kN 压力机。

④冲翻边底孔 $\phi 11$ 工序

模具结构工作原理图如图 3-27(d)所示。

冲孔力为

$$F_{冲}=1.3\pi dt\tau=1.3\times 3.14\times 11\times 1.5\times 294=19\,802\text{ N}$$

卸料力为

$$F_{卸}=K_{卸}F_{冲}=0.04\times 19\,802=792\text{ N}$$

推件力为

$$F_{推}=nK_{推}F_{冲}=5\times 0.055\times 19\,802=5\,446\text{ N}$$

式中,$K_{推}=0.055$ 按照《冷冲压工艺与模具设计》教材式(2-17)的注释选取;n 是同时留在凹模洞口里面的废料片数(设凹模洞口高度 $h=8$ mm,则 $n=h/t=8/1.5\approx 5$)。

冲压总压力为

$$F_{总}=F_{冲}+F_{卸}+F_{推}=19\,802+792+5\,446=26\,040\text{ N}\approx 30\text{ kN}$$

故选用 250 kN 压力机。

⑤翻边工序

模具结构工作原理图如图 3-27(e)所示。

翻边力为

$$F=1.1\pi(D-d)t\sigma_s=1.1\times 3.14\times(18-11)\times 1.5\times 196=7\,108\text{ N}$$

式中,$\sigma_s=196$ MPa 由《冷冲压工艺与模具设计》教材表 1-2 查得。

顶件力取翻边力的 10%,得

$$F_{顶}=0.1F=0.1\times 7\,108=711\text{ N}$$

整形力为

$$F_{整}=Sp=\frac{3.14}{4}\times(22.3^2-16.5^2)\times 80=14\,133\text{ N}$$

整形力最大,并且整形力是在压力机快接近下止点时产生,因此按整形力选择压力机,这里选取 250 kN 压力机。

⑥冲三个小孔 $\phi 3.2$ 工序

模具结构工作原理图如图 3-27(f)所示。

冲孔力为
$$F_{冲}=1.3\pi dt\tau\times 3=1.3\times 3.14\times 3.2\times 1.5\times 294\times 3=17\,282\text{ N}$$

卸料力为
$$F_{卸}=K_{卸}F_{冲}=0.04\times 17\,282=691\text{ N}$$

推件力为
$$F_{推}=nK_{推}F_{冲}=5\times 0.055\times 17\,282=4\,753\text{ N}$$

式中，$K_{推}=0.055$ 按照《冷冲压工艺与模具设计》教材式(2-17)的注释选取；n 是同时留在凹模洞口里面的废料片数(设凹模洞口高度 $h=8$ mm，则 $n=h/t=8/1.5\approx 5$)。

冲压总压力为
$$F_{总}=F_{冲}+F_{卸}+F_{推}=17\,282+691+4\,753=22\,726\text{ N}\approx 23\text{ kN}$$

选用 250 kN 压力机。

⑦切边工序

模具结构工作原理图如图 3-27(g)所示。
$$F=1.3\pi Dt\tau=1.3\times 3.14\times 50\times 1.5\times 294=90\,008\text{ N}$$

式中，D 为切边后工件的实际直径。

两把废料刀切断废料所需要的压力为
$$F_1=2\times 1.3\times (54-50)\times 1.5\times 294=4\,586\text{ N}$$

总压力为
$$F_{总}=F+F_1=90\,008+4\,586=94\,594\text{ N}\approx 95\text{ kN}$$

故选用 250 kN 压力机。

需要说明的是，以上选用的压力机只是初步根据冲压力条件选取的，还需要根据现有设备状况、模具的闭合高度、模具的外形与安装配合尺寸、零件加工的工艺流程、设备使用的负荷情况等因素进一步合理安排。

4. 填写冷冲压工艺卡片

按表 3-8 填写冷冲压工艺卡片。

表 3-8　　　　　　　　　　　　冷冲压工艺卡片

××××厂	冷冲压工艺卡片
××车间	

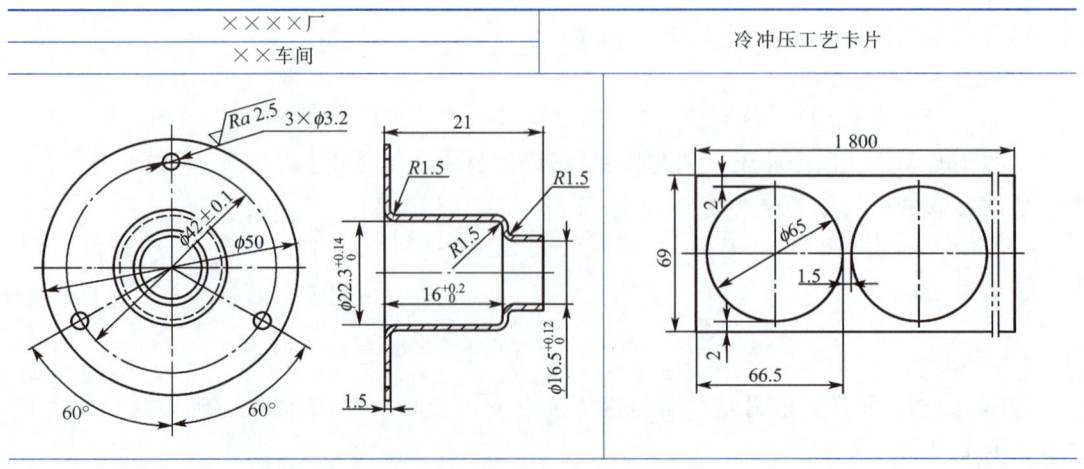

续表

工序	工序名称	工序件图	设备 型号名称
0	剪板下料		剪板机
1	落料与首次拉深	13.5, R5, R4, φ35, φ54	250 kN 压力机
2	二次拉深	R2.5, R2.5, 13.9, φ28, φ54	250 kN 压力机
3	三次拉深（兼整形）	R1.5, R1.5, $16_0^{+0.2}$, $φ22.3_0^{+0.14}$, φ54	250 kN 压力机
4	冲底孔 φ11		250 kN 压力机
5	翻边（兼整形）	φ11, $φ16.5_0^{+0.12}$, R1, R1.5, 21, $φ16_0^{+0.2}$	250 kN 压力机
6	冲三个小孔 φ3.2		250 kN 压力机
7	切边		250 kN 压力机
8	检验	3×φ3.2, φ42±0.1, φ50	

更改标记	处数	文件号	签字	日期	设计

续表

标记		产品名称	CA10B 载重汽车	文件代号		
		零件名称	玻璃升降器外壳	共 页	第 页	
	材料	名称牌号	08	剪后坯料	1.5×69×1 800	
				每条件数	27	
		形状尺寸	(1.5±0.11)× 1 800×900	每张件数	351	
				消耗定额	0.054 kg	
	零件送来部门		备料工段	工种	冲	钳	总计
	零件送往部门		装配工段				
	每产品件数		2	工时			
模具 名称图号	工量具 名称编号	每小时生产量	单件定额/min	工人数量	备注
落料拉深复合模					
拉深模					
拉深模					
冲孔模					
翻边模					
冲孔模					
切边模					

校对： 审核： 批准：

5. 模具结构设计

根据确定的冲压工艺方案，各工序半成品的形状、尺寸、精度要求，压力机的主要技术参数、模具的制造条件以及安全生产等因素，确定具体的各工序模具的结构类型和结构形式。本部分以第一道工序所使用的落料拉深复合模为例。

(1) 模具结构形式

采用落料拉深复合模时，模具的凸凹模壁厚不能太薄，否则其零件的强度不够。对于落料直径一定时，确定凸凹模壁厚的关键在于拉深件的高度，拉深件高度越大则说明拉深成形的直径比也越大（即细长），凸凹模壁厚就会越厚；而拉深件太浅时，凸凹模壁厚可能太薄。该模具凸凹模壁厚 $b=(65-38)/2=13.5$ mm，满足强度要求。

模具结构工作原理图如图 3-27 所示，采用了落料正装，拉深倒装的模具结构形式。模具结构特点：标准缓冲器位于模座下方，起压边和下顶件的作用，冲压后卡在凸凹模上的条料由上弹性卸料装置来卸料，而零件则由刚性推件装置推出。该副模具的优点是操作方便，出件可靠，生产率高；其缺点主要是采用了上弹性卸料装置而导致模具结构复杂，模具轮廓增大。拉深件外形尺寸、拉深高度和材料厚度越大，所需要的卸料力也越大，因此需要的弹簧越多、弹簧的长度越长，从而使得模架轮廓尺寸过分庞大，所以弹性卸料装置只适用于拉深件的深度不大、材料较薄、所需要的卸料力较小的情况。

为简化上模部分结构，也可以采用刚性卸料装置，如图 3-38 所示。刚性卸料装置固定在凹模上面，零件被刮出后容易留在刚性卸料板内，不易出件，操作不便，影响生产率，同时取件也存在安全隐患。这样的结构形式适合于拉深深度较大、材料较厚的情况。采用刚性卸料板时，也可以做成左右各一块呈悬臂式结构，采用前后送料，并且选用可倾式压力机。

本例中由于拉深深度不太大，材料不厚，采用弹性卸料还是比较合适的。

从装模方便的角度考虑，该副模具采用后侧导柱导向模架。

(2)卸料弹簧选取

弹簧选用与计算方法,可以按照机械设计中弹簧的计算内容和步骤进行,但是此方法一般比较烦琐,通常采用计算出弹簧相关参数以后,根据弹簧的相关标准直接选用的方法。

在前面工艺计算中已经计算出卸料力 $F_{卸}=4\,680\,\text{N}$,拟选用 8 根弹簧,因此每根弹簧负担的卸料力为 $4\,680/8=585\,\text{N}$。

①每根弹簧工作压缩量

弹簧工作压缩量计算示意图如图 3-39 所示。

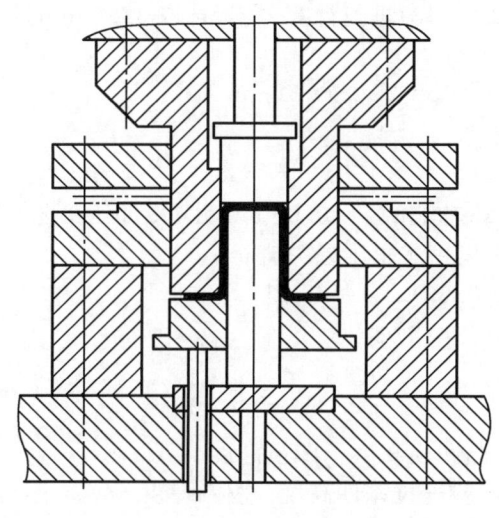

图 3-38 刚性卸料装置

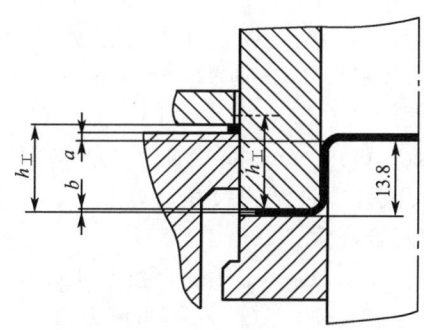

图 3-39 弹簧工作压缩量计算示意图

$$h_{工}=13.8+a+b=13.8+1+0.4=15.2\,\text{mm}$$

式中 a——落料凹模刃口平面高出拉深凸模上平面的高度,为保证先落料后拉深,取 $a=1\,\text{mm}$;

b——卸料时卸料板超过凸凹模刃口平面的距离,为保证零件彻底从凸凹模上卸掉,取 $b=0.4\,\text{mm}$。

②弹簧规格

根据每根弹簧承受的卸料力选取弹簧。查本书附录三,选取弹簧为:$D=35\,\text{mm}$,$d=6\,\text{mm}$,$H_0=80\,\text{mm}$,该弹簧最大工作负荷下的总变形量 $F_2=22.3\,\text{mm}$,最大工作负荷为 $1\,020\,\text{N}$。根据每根弹簧须承受 585 N 和弹簧的压力特性曲线,取弹簧的预压缩量等于 12 mm。

这里没有考虑凸模修磨后会增大弹簧的压缩量,可以采取挖深弹簧的沉孔或在凸凹模上增加垫片的方法以增大凸凹模高度。

(3)模具工作部分尺寸计算

①落料模

落料模采取凸模和凹模分开加工。

落料尺寸按未注公差计算,因此落料件尺寸为 $\phi 65_{-0.74}^{\ 0}\,\text{mm}$。

按《冷冲压工艺与模具设计》教材式(2-6)计算:

$$D_{凹} = (D_{max} - x\Delta)^{+\delta_{凹}}_{0} = (65 - 0.5 \times 0.74)^{+0.03}_{0} = 64.63^{+0.03}_{0} \text{ mm}$$

式中,$x = 0.5$ 由《冷冲压工艺与模具设计》教材表 2-5 查得,$\delta_{凹} = 0.03$ mm 按 IT7 级制造精度确定。

$$D_{凸} = (D_{max} - x\Delta - Z_{min})^{0}_{-\delta_{凸}} = (65 - 0.5 \times 0.74 - 0.132)^{0}_{-0.02} = 64.498^{0}_{-0.02} \text{ mm}$$

式中,$Z_{min} = 0.132$ mm 由《冷冲压工艺与模具设计》教材表 2-4 查得,$\delta_{凸} = 0.02$ mm 按 IT6 级制造精度确定,同时查得 $Z_{max} = 0.24$ mm。

验算:

$$|\delta_{凹}| + |\delta_{凸}| = 0.03 + 0.02 = 0.05 < (Z_{max} - Z_{min}) = 0.24 - 0.132 = 0.108$$

凹模壁厚按《冷冲压工艺与模具设计》教材式(2-43)进行计算,实际选取 32.5 mm。

② 拉深模

按标注内形尺寸及未注公差进行计算,工序件尺寸为 $\phi 35^{+0.62}_{0}$ mm。

按《冷冲压工艺与模具设计》教材式(4-37)计算:

$$d_{凹} = (d + 0.4\Delta + 2Z)^{+\delta_{凹}}_{0} = (35 + 0.4 \times 0.62 + 2 \times 1.8)^{+0.09}_{0} = 38.85^{+0.09}_{0} \text{ mm}$$

式中,$Z = 1.2t$ 由《冷冲压工艺与模具设计》表 4-25 查得;$\delta_{凹} = 0.09$ mm 由《冷冲压工艺与模具设计》教材表 4-26 查得;$\Delta = 0.62$ 按 IT14 级精度由本书附录一查得。

$$d_{凸} = (d + 0.4\Delta)^{0}_{-\delta_{凸}} = (35 + 0.4 \times 0.62)^{0}_{-0.06} = 35.25^{0}_{-0.06} \text{ mm}$$

式中,$\delta_{凸} = 0.06$ mm 由《冷冲压工艺与模具设计》表 4-26 查得。

(4) 其他零件结构尺寸计算

① 闭合高度

$$H_{闭} = 下模座厚度 + 上模座厚度 + 凸凹模高度 + 凹模高度 -$$
$$(凸模与凹模刃口上平面高度差 + 拉深件高度 - 材料厚度 t)$$
$$= 40 + 35 + 62 + 44 - (1 + 13.8 - 1.5)$$
$$= 167.7 \text{ mm}$$

根据设备的负荷状况,选用 JA23-35 型压力机,其闭合高度为 130~205 mm。

模具闭合高度满足 $(H_{max} - 5) \geqslant H_{闭} \geqslant (H_{min} + 10)$。

② 上模座弹簧沉孔深度

选取弹簧自由高度 $H = 80$ mm,预压缩量 12 mm,卸料板厚度 12 mm,卸料板上弹簧沉孔深度为 5 mm,因此上模座上弹簧的沉孔深度为

$$h_1 = 80 - 12 - (62 + 0.4 - 12 + 5) = 12.6 \text{ mm}$$

其中,取卸料后卸料板超出凸凹模下端面的距离为 0.4 mm。

③ 上模座卸料螺钉沉孔深度

$$h_2 \geqslant (卸料板工作行程 + 螺钉头部高度) = 15.2 + 8 = 23.2 \text{ mm}$$

实际选取 25.4 mm,预留有 2.2 mm 的安全余量,当凸凹模修磨量超过 2.2 mm 时,需要加深沉孔的深度。

④ 卸料螺钉长度

$$l_1 = 62 + 0.4 - 12 + (35 - 25.4) = 60 \text{ mm}$$

⑤ 推杆长度

$$l_2 > (模柄总长 + 凸凹模高度 - 推件块厚度) = 85 + 62 - 25 = 122 \text{ mm}$$

实际选取 $l_2 = 140$ mm。

6. 模具结构图

(1) 总装配图

落料拉深复合模总装配图如图 3-40 所示。

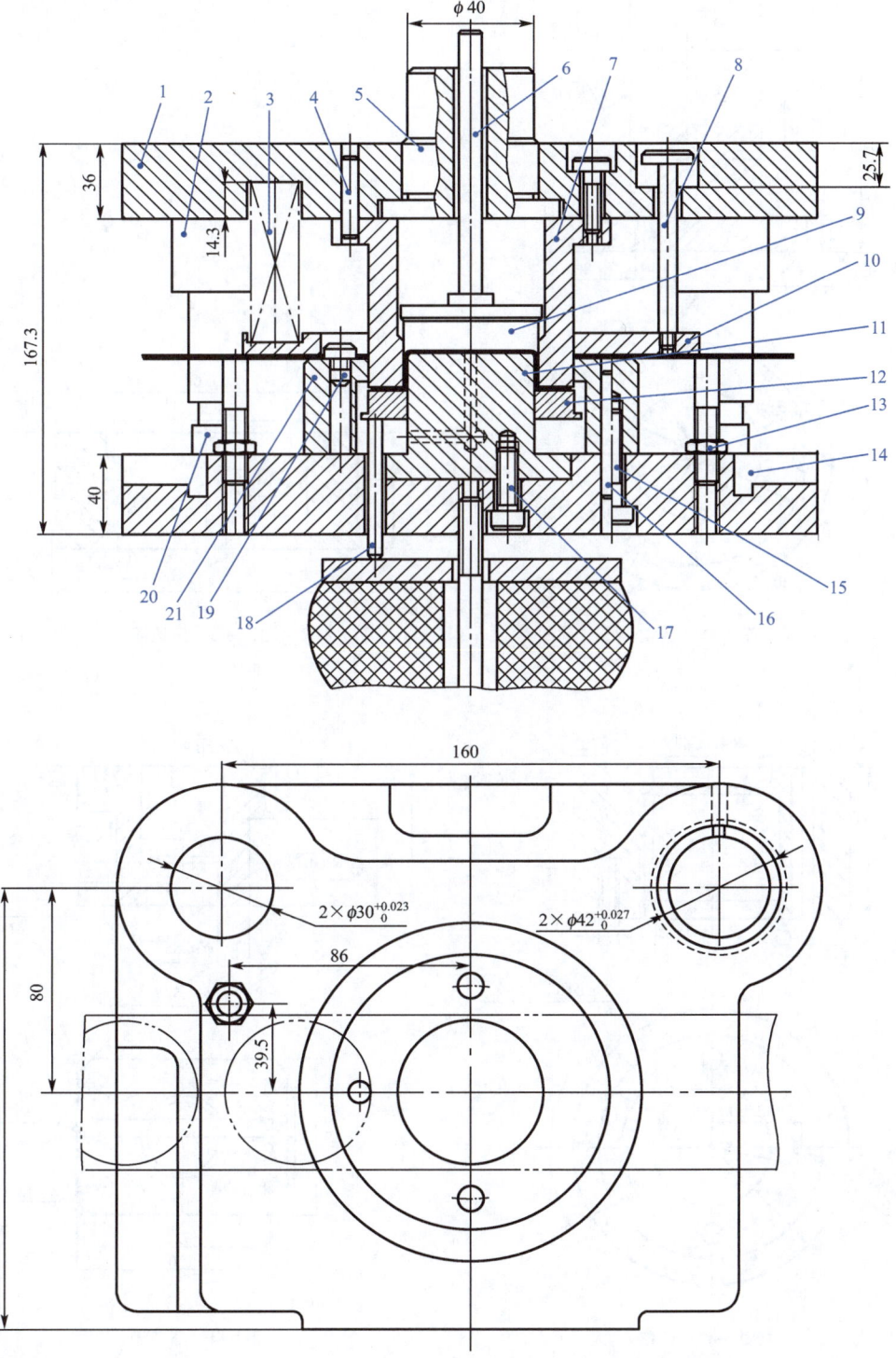

图 3-40　落料拉深复合模总装配图

（2）模具主要零件图

模具主要零件图如图 3-41～图 3-45 所示。

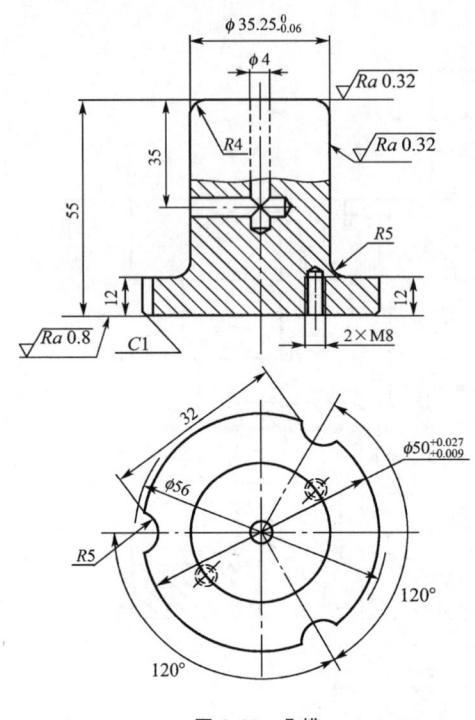

图 3-41 凸模

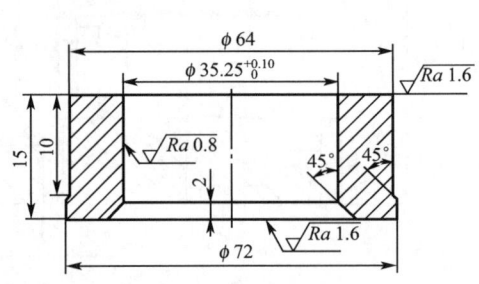

图 3-42 压边圈

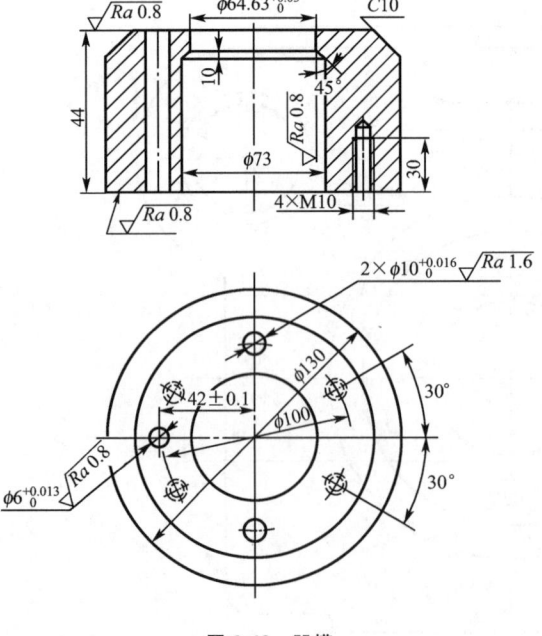

图 3-43 凹模

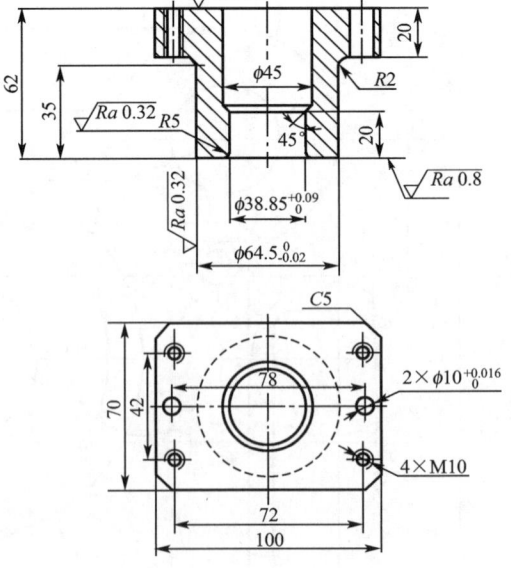

图 3-44 凸凹模

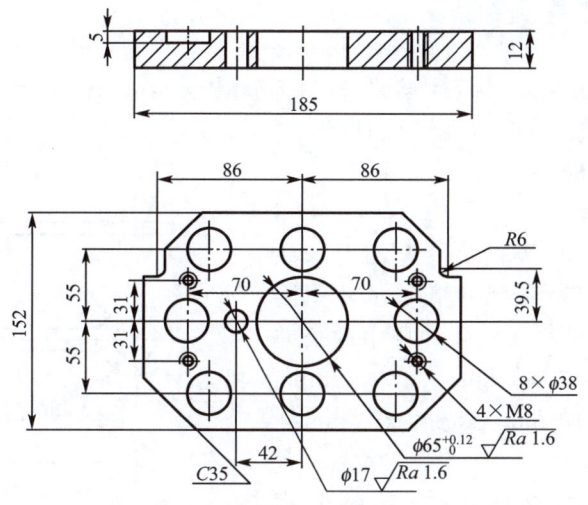

图 3-45 卸料板

(3)落料拉深模零件明细表(表 3-9)

表 3-9　　　　　　　　　　落料拉深模零件明细表

件号	名称	数量	材料	规格/mm	热处理
1	上模座	1	HT200	140×140×35	时效处理
2	导套	2	15	$\phi 30 \times 32$	渗碳(58～62)HRC
3	卸料弹簧	8	65Mn	35×6×80	(40～45)HRC
4	定位销	2	40Cr	$\phi 10 \times 50$	(40～45)HRC
5	模柄	1	40	$\phi 40 \times 85$	
6	推杆	1	40	$\phi 12 \times 140$	(40～45)HRC
7	凸凹模	1	Cr12	70×100×62	(60～62)HRC
8	卸料螺钉	4	40Cr	M8×60	(30～35)HRC
9	推件块	1	40	$\phi 38.5 \times 21$	(40～45)HRC
10	卸料板	1	Q255	185×152×12	
11	凸模	1	T10A	$\phi 50 \times 55$	(60～62)HRC
12	压边圈	1	T8A	$\phi 72 \times 15$	(56～58)HRC
13	螺栓	2	40Cr	$\phi 10 \times 70$	(40～45)HRC
14	下模座	1	ZG45	140×140×40	时效处理
15	螺钉	4	45	M10×50	(30～35)HRC
16	定位销	2	40Cr	$\phi 10 \times 70$	(40～45)HRC
17	螺钉	2	45	M8×30	(30～35)HRC
18	推杆	3	T8A	$\phi 8 \times 70$	(45～50)HRC
19	挡料销	1	T8A	A10×6×2	(50～54)HRC
20	导柱	2	15	$\phi 30 \times 160$	渗碳(58～62)HRC
21	凹模	1	T10A	$\phi 130 \times 44$	(60～62)HRC

四、簧片级进模设计

【例 3-4】 图 3-46 所示为簧片零件,材料为软黄铜 H62,厚度 $t=0.5$ mm,当生产批量较大时,设计零件冲裁工序所使用的模具。

1. 零件工艺性分析

(1) 零件尺寸精度

从产品图可以看出,零件尺寸全部为未注公差尺寸,均可按照 IT14 级尺寸精度,查本书附录一确定零件各构成尺寸在实际冲压中的公差为:$\phi(9\pm 0.18)$ mm、$\phi 6^{+0.30}_{\ 0}$ mm、$2.8^{\ 0}_{-0.25}$ mm、$1.8^{\ 0}_{-0.25}$ mm、(20 ± 0.26) mm、(25 ± 0.26) mm。

(2) 零件结构形状

零件的外形对称,结构简单;零件壁宽 $2.8>1.5t=1.5\times 0.5=0.75$;孔虽然是配合孔,但孔的尺寸精度和位置精度都只是一般要求,相对直径较大;孔壁尺寸也大于 $1.5t$。以上这些条件都适合于冲裁。

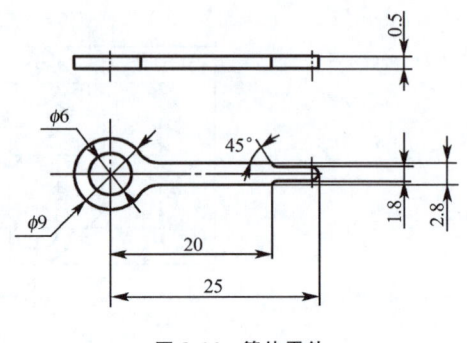

图 3-46 簧片零件

(3) 确定冲压工艺方案

零件冲压生产所需要的基本工序只有冲孔、落料两种性质工序。因此可能的冲压方案有:全部安排单工序生产;使用冲孔落料复合模生产;采用级进模生产。

由于零件尺寸小,生产批量又较大,从操作安全、方便、提高生产率的角度出发,很明显使用级进模的生产方式是最合适的;根据零件的外形和厚度,可采用双侧刃定距、横向送料的级进模冲压方式。

2. 排样

(1) 零件排样

该零件的结构特点是材料薄、尺寸小,形状类似于 T 形,因此用作图法取 50°的对排、侧刃定距、级进模冲压成形;考虑到零件太薄,其中侧刃的结构系采用双侧刃并列排列,如图 3-47(a) 所示。

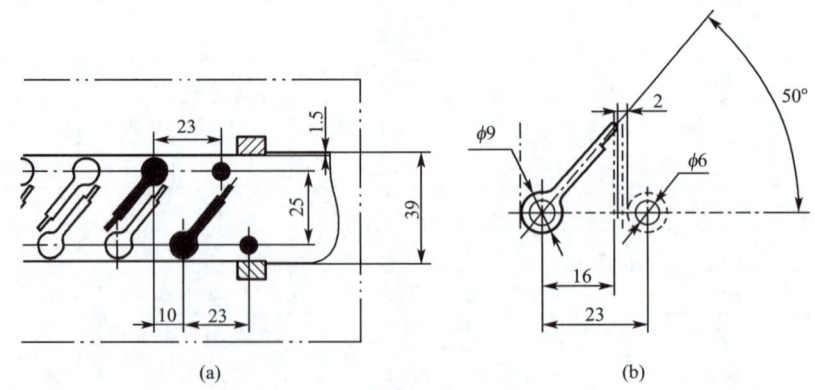

图 3-47 排样图及步距计算

根据排样图可以近似计算出两列对排零件的中心距为 25 mm。废料宽度=25+9+

$2\times1=36$ mm,其中搭边值由《冷冲压工艺与模具设计》教材表2-8查得 $a=1$ mm;条料宽度=$36+2\times1.5=39$ mm,其中侧刃余量查《冷冲压工艺与模具设计》教材式(2-31)的注释,选取 $b=1.5$ mm;步距计算后取 23 mm,如图 3-47(b)所示(搭边值取 $a=1$)。

(2)模具工作过程(图3-48)

第一步:条料送进至侧刃挡板,开始冲压,冲出一个小孔,在条料两侧分别裁去一个步距的窄条,使条料两侧边分别出现一个横肩。

第二步:推进条料,使条料紧靠侧刃挡板,进行第二次冲压,在条料上两侧分别再冲出一个小孔,两侧分别裁去一个步距的窄条,同时落下一个工件。

第三步:再次推进条料,使第二次冲出的横肩紧靠侧刃挡板,进行第三次冲压;同时冲出两个小孔,同时落下两个工件。

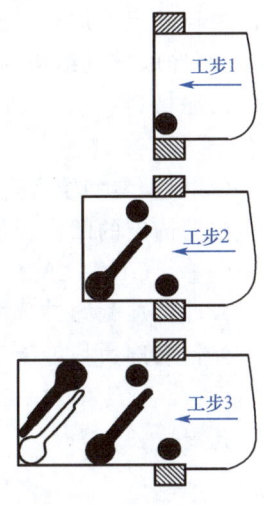

图 3-48 工作过程

由于该副模具采用了斜对排的排样方法,材料的利用率较高(见下面材料利用率计算),但斜排同时也带来了凸、凹模单边受力的缺陷,特别是采用硬质合金模具时,由于凸、凹模单边受力可能导致模具凸、凹模损坏,因此对于硬质合金模具,可以采用对直排,以避免损坏模具。

一般来讲侧刃可以安装一个,也可以安装两个,而双侧刃可以成对并列,也可以对角前后安装。双侧刃定距时比单侧刃准确,工位较多的级进模使用双侧刃呈对角排列还可以减小料尾长度,反而会省料。用侧刃定距准确、送料方便、精度较高,生产率提高显著,同时也便于实现机械化和自动化。因此在电子工业中,一般要求批量大的接触簧片、焊片等零件,大多采用此种类型的模具。侧刃装置的定位是利用裁切条料边缘(裁切的长度为步距A,而裁切的宽度为 1.5~2.5 mm)来控制步距(进距)和挡料的。

(3)材料利用率

材料利用率按《冷冲压工艺与模具设计》教材式(2-28)进行计算:

$F_1=(3.14\times9^2)/4+(20-9/2)\times2.8+(25-20)\times1.8-(3.14\times6^2)/4=88$ mm^2

$F_0=10\times39=390$ mm^2

$$\eta=\frac{nA}{LW}\times100\%=\frac{2F_1}{F_0}\times100\%=(2\times88/390)\times100\%=45\%$$

3. 凹模轮廓尺寸

(1)凹模计算尺寸

① 凹模厚度

$$H=Kb_1=0.3\times(36+2\times6)=14.4 \text{ mm}$$

取侧刃为标准宽度 6 mm,系数 K 查《冷冲压工艺与模具设计》教材表2-10 得 $K=0.3$。

② 凹模宽度

$$B=b_1+(2.5\sim4)H=48+2\times14.4=76.8 \text{ mm}$$

③ 确定凹模长度

$$L=L_1+2C=10\times6+2\times22=104 \text{ mm}$$

式中,C 为沿送料方向凹模洞口到边缘的最小距离,由《冷冲压工艺与模具设计》教材表2-11

选取 $C=22$ mm。

(2) 根据凹模轮廓尺寸选取标准凹模

根据凹模零件轮廓的计算尺寸($L×B×H$)为 104 mm×76.8 mm×14.4 mm,选取标准凹模板的尺寸规格($L×B×H$)为 100 mm×80 mm×16 mm。

(3) 选取模具结构的典型组合

根据材料状态、厚度以及零件的排样图,选定模具结构为"矩形横向送料弹压卸料典型组合"形式。

(4) 根据典型组合选取标准模架

根据选定的凹模板尺寸规格以及典型组合形式,选取对角导柱模架:100×80×(120～145) Ⅰ GB/T 2851.1。

4. 计算冲裁力并选取压力机吨位

外轮廓周边长度为

$$l_1=3.14×9-2.8+2×(20-9/2)+2×(5-0.9)+3.14×0.9=67.5 \text{ mm}$$

孔周边长度为

$$l_2=\pi d=3.14×6=18.8 \text{ mm}$$

侧刃冲切长度为

$$l_3=10+1.5=11.5 \text{ mm}$$

故冲裁一个零件的周边长度为

$$L_1=l_1+l_2+l_3=67.5+18.8+11.5=97.8 \text{ mm}$$

每步冲压两件,周边长为

$$L=2L_1=2×97.8=195.6 \text{ mm}$$

冲裁力为

$$F=1.3L\tau/1\,000=1.3×195.6×0.5×255/1\,000=3.24×10 \text{ kN}$$

式中,$\tau=255$ MPa 由《冷冲压工艺与模具设计》教材表 1-2 查得。

卸料力为

$$F_{卸}=KF=0.03×3.24=0.097×10 \text{ kN}$$

推件力为

$$F_{推}=KF(h/t)=0.04×3.24×(5/0.5)=1.3×10 \text{ kN}$$

式中,$K=0.04$ 按照《冷冲压工艺与模具设计》教材式(2-17)的注释选取,取凹模刃口工作高度为 5 mm。

因此,总冲裁力为

$$F_{总}=F+F_{卸}+F_{推}=(3.24+0.097+1.3)×10=4.64×10 \text{ kN}$$

5. 压力中心确定

由于冲裁力小,并且采用了对角导柱模架,受力平稳,同时根据零件的排样图可以看出,模具压力中心不会超出冲模模柄的投影面积之外,因此这里不做详细计算。

6. 凸、凹模刃口工作尺寸计算

(1) 冲孔凸模

$$d_{凸}=(d_{\min}+x\Delta)^{0}_{-\delta_{凸}}=(6+0.5×0.3)^{0}_{-0.01}=6.15^{0}_{-0.01} \text{ mm}$$

式中,$\delta_{凸}=0.01$ mm 按照《冷冲压工艺与模具设计》教材式(2-8)的注释选取。

(2) 冲孔凹模

$$d_凹 = (d_凸 + Z_{min})^{+\delta_凹}_{0} = (6.15 + 0.03)^{+0.016}_{0} = 6.18^{+0.016}_{0} \text{ mm}$$

式中,$Z_{min} = 0.03$ mm 由《冷冲压工艺与模具设计》表 2-4 查得,$\delta_凹 = 0.016$ 按照《冷冲压工艺与模具设计》教材式(2-9)的注释选取。

校核：$(\delta_凸 + \delta_凹) \leqslant (Z_{max} - Z_{min})$($Z_{max}$ 由《冷冲压工艺与模具设计》教材表 2-4 查得)

由于 $(0.01 + 0.016) \not< (0.05 - 0.03)$,因此在采取分别制造凸、凹模的方式时,应该缩小凸、凹模的制造公差,保证最小间隙 Z_{min}。选取 $\delta_凸 = 0.008, \delta_凹 = 0.012$,则分别制造凸、凹模时其公差为

$$d_凸 = 6.15^{0}_{-0.008} \text{ mm}, d_凹 = 6.18^{+0.012}_{0} \text{ mm}$$

此时 $0.008 + 0.012 = 0.05 - 0.03$,满足要求。

(3) 侧刃工作尺寸及公差

由于零件精度较低并且无导头装置,因此直接选取步距为侧刃公称尺寸,即

$$A = 10^{0}_{-0.01}(\text{制造精度公差按 2 级精度选取})$$

(4) 落料凹模刃口工作尺寸

从零件外形来看,对应于零件的各凹模型腔尺寸磨损以后均会导致零件尺寸增加,因此应该按《冷冲压工艺与模具设计》教材式(2-6)计算：

$$D_凹 = (D_{max} - x\Delta)^{+\delta_凹}_{0} = (9.18 - 0.5 \times 0.36)^{+0.25 \times 0.36}_{0} = 9^{+0.09}_{0} \text{ mm}$$

同理可得 $2.68^{+0.06}_{0}$、$1.68^{+0.06}_{0}$、20 ± 0.06、25 ± 0.06。

(5) 落料凸模刃口工作尺寸

落料凸模刃口工作尺寸按照《冷冲压工艺与模具设计》教材式(2-7)进行计算：

$$D_凸 = (D_凹 - Z_{min})^{0}_{-\delta_凸} = (9 - 0.03)^{0}_{-0.25 \times 0.36} = 8.97^{0}_{-0.09} \text{ mm}$$

同理可得 $2.65^{0}_{-0.06}$、$1.65^{0}_{-0.06}$。

对应于工件 25 ± 0.26 的落料凸模尺寸为

$$D_凸 = (D_凹 - 0.5 Z_{min}) \pm 0.06 = (25 - 0.5 \times 0.03) \pm 0.06 = 24.985 \pm 0.06 \text{ mm}$$

取 $D_凸 = 25 \pm 0.06$ mm。

对应于工件 20 ± 0.26 的落料凸模尺寸为

$$D_凸 = (D_凹 - \cos 45° \times 0.5 \times Z_{min}) \pm 0.06 = (20 - 0.0106) \pm 0.06 \approx 19.9 \pm 0.06 \text{ mm}$$

取 $D_凸 = 20 \pm 0.06$ mm。

上面计算结果表明,任何一个对应的凸、凹模制造公差之和都大于间隙公差,因此在采用分别制造凸、凹模的方式时,不能够获得所需要的模具间隙；如果缩小模具的制造公差来保证 $(\delta_凸 + \delta_凹) \leqslant (Z_{max} - Z_{min})$ 的要求,则必然会增加模具制造困难程度,提高了模具的制造成本,因此针对此种情况,应该采用配作的方法。配作时可以采用凹模按凸模配作,也可以采用凸模按凹模配作,一般按生产习惯和现场生产设备情况而定。在本例中采用凹模按照凸模配作。

7. 模具总装配图

按照选取的标准典型组合以及模架的有关尺寸绘制。为了避免下模的紧固螺钉与侧刃孔之间发生交叉(或是壁厚太小),为此将螺钉孔的位置做了适当的修改,如图 3-49 所示,模具零件明细见表 3-10。

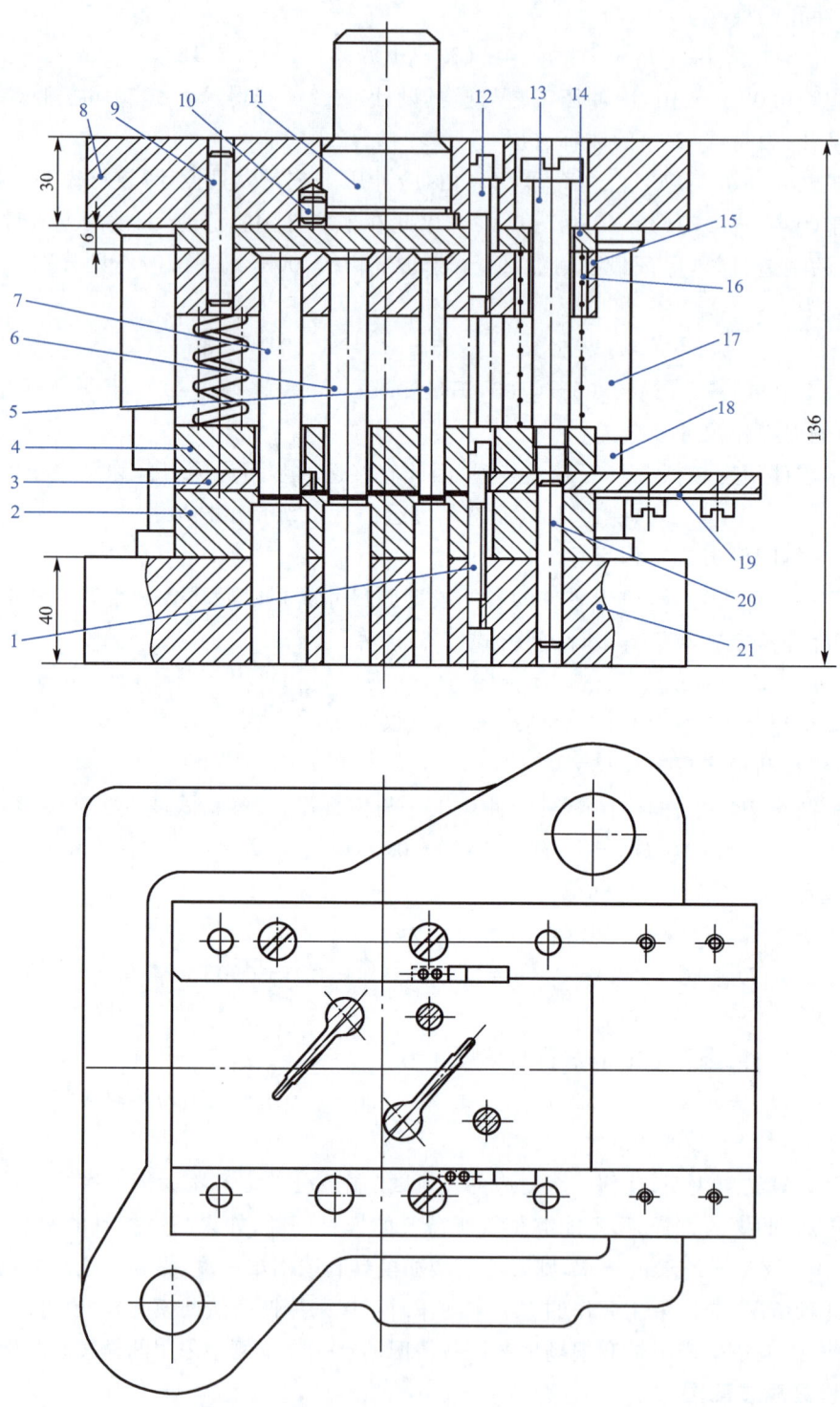

图 3-49 簧片冲孔落料级进模

表 3-10　　　　　　　　　　　簧片冲孔落料级进模零件明细

件号	零件名称	数量	材料	规格/mm	热处理
1	螺钉	4	45	M8	头部淬硬 43HRC
2	凹模	1	Cr12MoV	100×80×16	(62～64)HRC
3	侧面导板	2	Q235		
4	卸料板	1	Q235		
5	凸模	2	T10A		(58～62)HRC
6	凸模	2	Cr12MoV		(62～64)HRC
7	侧刃	2	T10A		(58～62)HRC
8	上模座	1	HT200	100×80×30	
9	定位销	3	45	$\phi 8$	(43～48)HRC
10	防转销	1	45	$\phi 4 \times 14$	
11	模柄	1	Q235	JB/T 7646.1—2008	
12	螺钉	4	45	M8	头部淬硬 43HRC
13	卸料螺钉	4	45	10	头部淬硬 43HRC
14	垫板	1	45		(43～48)HRC
15	凸模固定板	1	Q235		
16	弹簧	4	65Mn		(43～48)HRC
17	导套	2	20		(58～62)HRC
18	导柱	2	20		(60～64)HRC
19	承料板	1	Q235		
20	定位销	3	45	$\phi 8$	(43～48)HRC
21	下模座	1	HT200	100×80×40	

8. 模具零件图

(1)凹模

绘制凹模正式零件图,实际上是把排样图(图 3-47)和经过计算选取的标准凹模轮廓图形结合起来,具体凹模结构如图 3-50 所示。

凹模型腔位置尺寸,常以凹模轮廓的几何中心或以凹模互相垂直的两边为基准标准,视各厂的加工设备和加工习惯而定。本例中选取凹模中心线为设计基准。图中的尺寸 14±0.05 是根据排样后保证零件直壁部分两边均有 1 mm 的最小搭边值的前提下,由排样图的几何关系而求得。

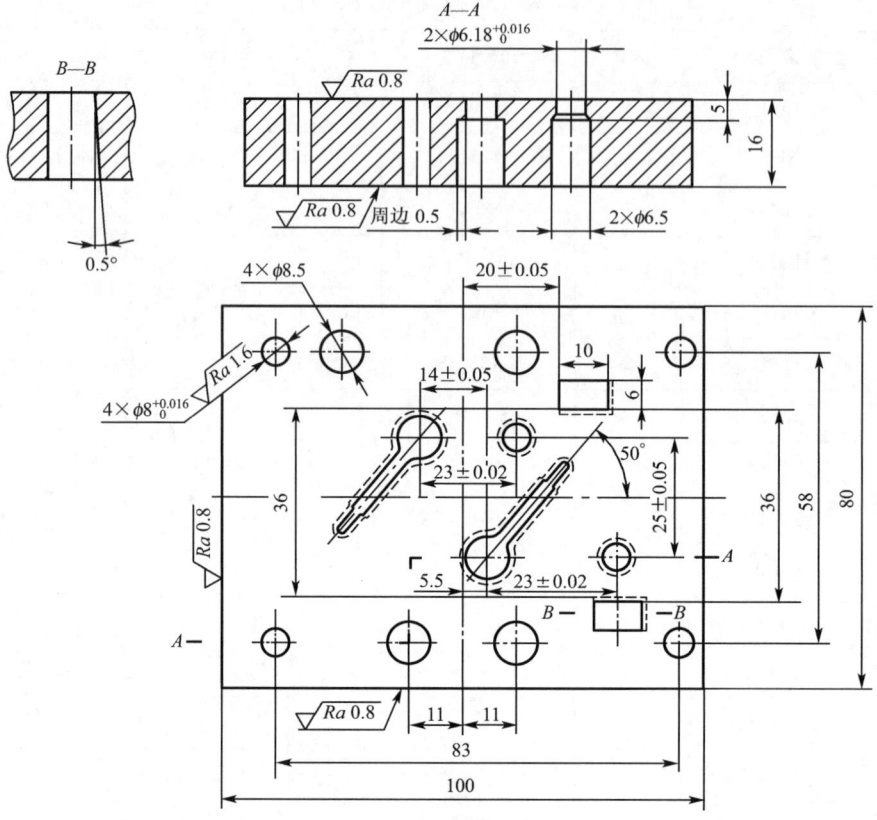

图 3-50 凹模

(2) 卸料板与固定板

设计时应注意卸料板与固定板型孔位置以及公差应该与凹模一致,分别如图 3-51 及图 3-52 所示。

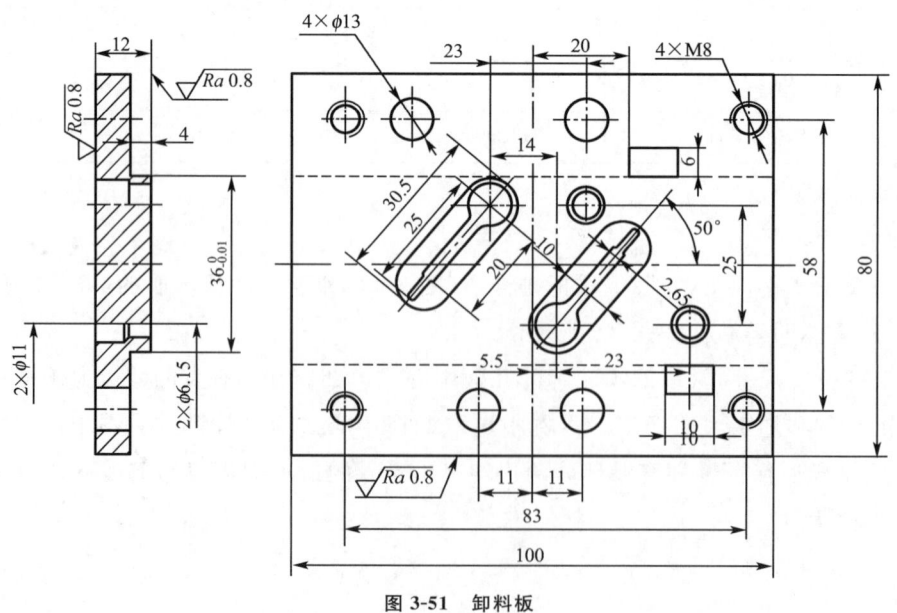

图 3-51 卸料板

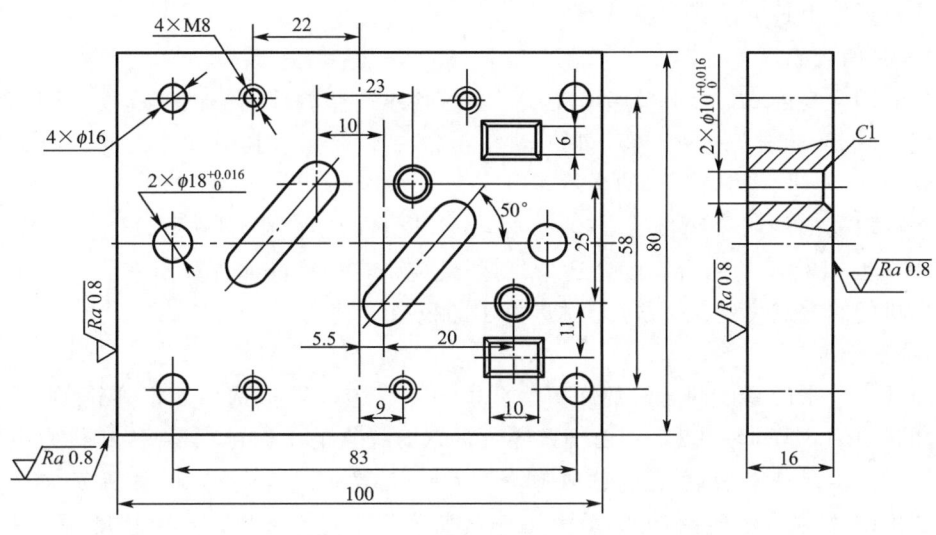

图 3-52　固定板

（3）凸模

侧刃、冲孔凸模和落料凸模分别如图 3-53、图 3-54 及图 3-55 所示。

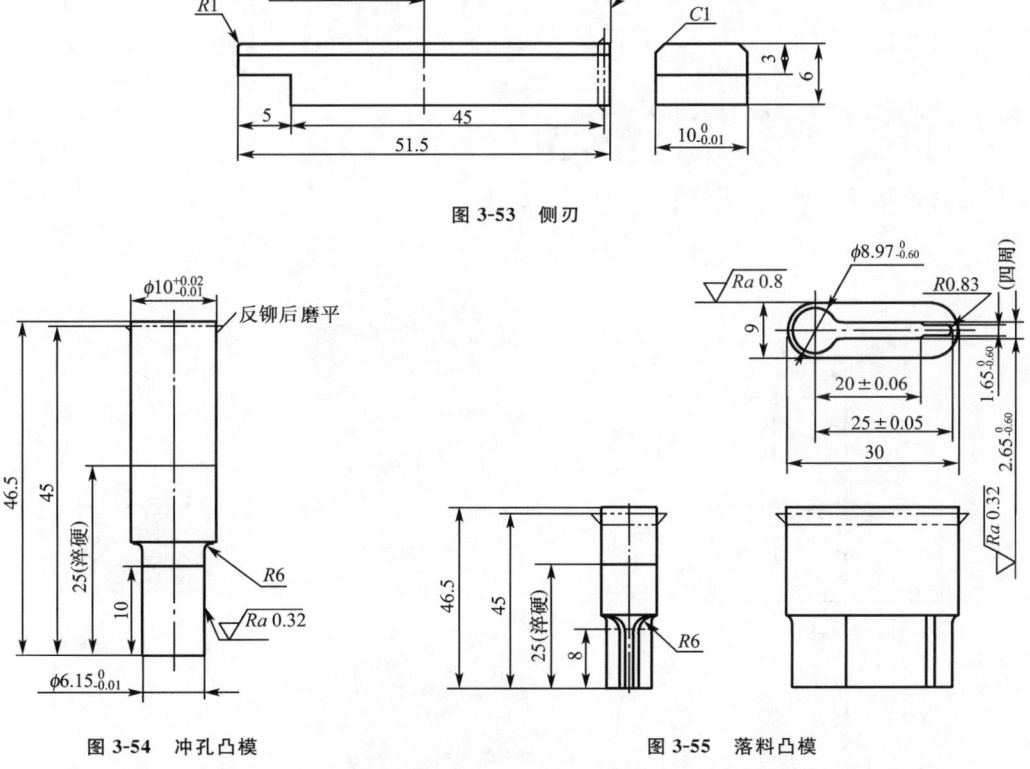

图 3-53　侧刃

图 3-54　冲孔凸模　　　　　图 3-55　落料凸模

当采取线切割或成形磨削加工时，落料凸模应设计成直通式凸模，落料凹模、卸料板和凸模固定板均采用线切割加工，从而可以大大缩短模具的制造周期。

9. 模具其他零件的结构尺寸计算

(1) 模具闭合高度

模具的闭合高度 $H_模$ = 上模座厚度 + 下模座厚度 + 垫板厚度 + 凸模高度 + 凹模高度 - 材料厚度 - 0.5 = 30 + 40 + 6 + 45 + 16 - 0.5 - 0.5 = 136 mm，其中 0.5 为冲裁时为保证材料完全分离，凸模进入凹模洞口的余量。

前面选取模架的闭合高度为 120~145 mm，模具的闭合高度满足 $(H_{max} - 5) \geqslant H_模 \geqslant (H_{min} + 10)$，因此模具的闭合高度合适。当然，还应该与根据前面计算出来的压力而选取的具体压力机的闭合高度、安装尺寸等做进一步的校核。

(2) 弹簧选取

前面计算出来的零件冲压时的卸料力为 0.082×10 kN，拟选用四根弹簧，则每根弹簧承担的卸料力为 820/4 = 205 N。由于该零件冲裁时弹簧的工作行程很短，卸料力主要靠弹簧预压缩时产生。查本书附录三，选取弹簧为 $D = 15, d = 2.5, H_0 = 40$，该弹簧在最大负荷条件下产生的总变形量 $F_2 = 10.8$，最大工作负荷为 247 N。该弹簧自由长度 40，最大负荷下长度 40 - 10.8 = 29.2 mm，为减小凸模长度，因此需要在凸模固定板上弹簧相对应的位置开设沉孔或通孔，以安放弹簧。图中凸模固定板与卸料板之间的距离为 45 - 12 - 16 + 0.5 = 17.5 mm，显然大于弹簧最大负荷下压缩后的长度。

(3) 卸料螺钉的长度

从装配图中可以看出，卸料螺钉的长度等于弹簧预压缩后的长度加上垫板的厚度。如果取弹簧的预压缩量等于 10 mm，则卸料螺钉的长度为 10 + 6 = 16 mm。

五、典型冲压模具三维设计

1. 垫片落料模设计（图 3-56）

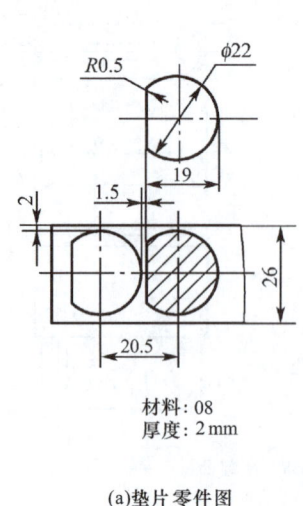

材料：08
厚度：2mm

(a) 垫片零件图

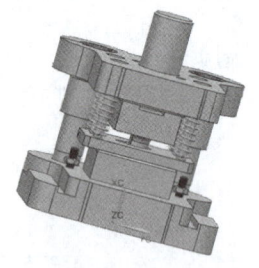

(b) 垫片模具装配图

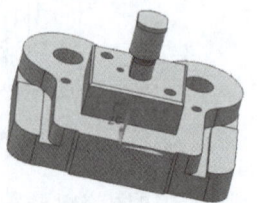

(c) 垫片模具部分零件图

垫片落料模装配

图 3-56　垫片落料模设计

2. 起子落料冲孔复合模设计（图3-57）

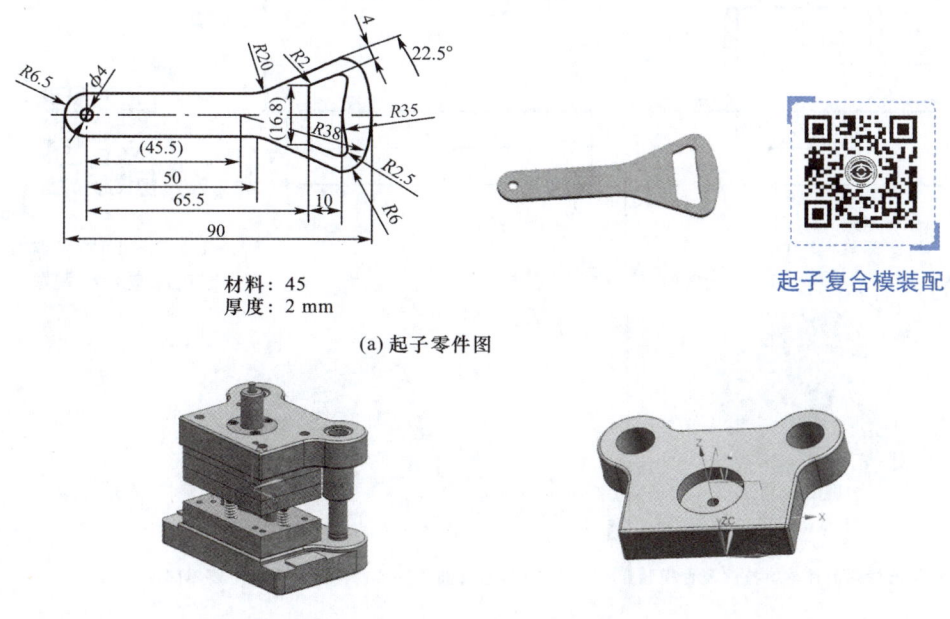

图 3-57 起子落料冲孔复合模设计

3. 支架弯曲模设计（图3-58）

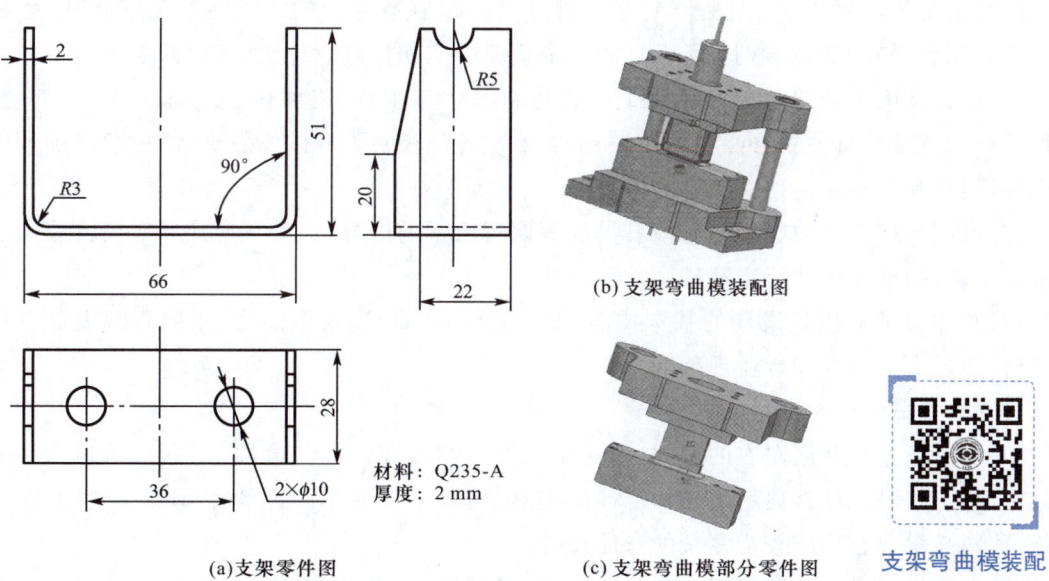

图 3-58 支架弯曲模设计

4. 带凸缘圆筒件落料拉深复合模设计（图3-59）

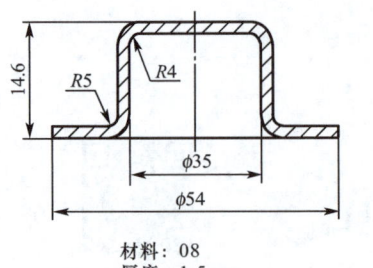

材料：08
厚度：1.5mm

(a) 带凸缘圆筒件零件图

带凸缘圆筒件落料
拉深复合模装配

(b) 带凸缘圆筒件落料拉深复合模装配

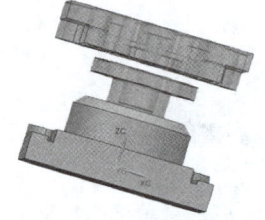

(c) 带凸缘圆筒件落料拉深复合模主要零部件

图3-59　带凸缘圆筒件落料拉深复合模设计

六、冷冲压工艺与模具设计课程设计

1. 课程设计目的

冷冲压工艺与模具设计课程设计是为模具设计与制造专业的学生在学完基础理论课、技术基础课和专业课的基础上，所设置的一个重要的实践性教学环节，其目的如下：

（1）综合运用机械制图、AutoCAD、工程材料及加工工程、机械设计基础、工程力学、互换性及技术测量等有关先修课程的知识，进行一次冲压模具设计的实际训练，树立正确的设计思想，培养和提高学生独立工作的能力。

（2）巩固与扩充冷冲压工艺与模具设计等课程所学的内容，初步掌握冷冲压模具设计的方法和步骤，为毕业设计奠定基础。

（3）掌握冷冲压模具设计的基本技能，如工艺计算，CAD绘图能力，正确查阅设计资料和手册，熟悉有关标准和行业规范等。

2. 课程设计的内容和具体要求

（1）要求学生在两周左右的时间内，在正确拟定冲压零件工艺流程的基础上，独立完成一套中等复杂程度、具有典型结构的冷冲压模具的设计，如简单的连续冲裁模、落料冲孔复合模、落料拉深复合模或较为复杂的弯曲模等。

（2）要求完成模具总装配图一张（一般为1号图纸）。总装配的绘制应符合国家标准及行业规范，为说明模具结构，应有足够的视图及必要的剖视图，并注明主要尺寸和完整的零件明细表，标明每个零件的序号、名称、数量、材料、热处理要求及标准件规格。总装配图右上方应绘制冲压零件的零件图,落料工序应绘出排样图。

(3)要求完成模具零件图 5~8 张(上模或下模部分的零件图)。零件图的绘制应符合国家制图标准,应有足够的视图和必要的剖视图,并注明所有的尺寸,必要的公差及表面粗糙度要求,热处理要求。不经过加工,直接装配的模具标准件可以不绘制零件图,但应在零件明细表中标明标准号及规格。

(4)根据自己的设计内容,详细编写设计说明书一份。设计说明书应书写整洁或打印成册,一般情况下不少于 6 000 字(含必要的结构草图)。设计说明书主要包括以下内容:简述设计的任务与要求;零件工艺性分析;模具结构与工序组合、零件质量、批量的关系;排样与模具结构、材料利用率的关系;模具结构及排样对生产率、操作安全、方便及成本的关系;模具结构设计的分析过程;冲压力、推件力、卸料力的计算过程及选择冲压设备类型和规格的依据;压力中心的计算过程;凹模轮廓尺寸计算过程和典型组合的选择;小凸模的刚度及强度的校核过程;凸、凹模工作刃口尺寸计算的过程;其他计算过程及需要说明的内容;该设计的优缺点及改造措施;设计所使用的参考文献;设计的感想。

(5)时间允许,应组织一次典型答辩,每组推荐一名学生,通过教师提问,学生回答的形式检查学生对冲压工艺知识、冲压模具设计能力掌握的情况。

3. 课程设计的具体步骤

一般可以按照以下顺序进行:设计准备工作—总体方案的确定—结构设计—工艺计算—压力机的选择—装配草图的绘制—装配图的绘制—零件图的绘制—编写设计说明书—答辩。主要内容及时间安排见表 3-11。

表 3-11 课程设计的具体步骤

阶段名称	主要内容	时间/d
设计准备工作	1.熟悉设计任务书,明确设计的内容和具体要求 2.熟悉设计指导书及有关设计资料,准备绘图仪器及图纸;必要时可进行同类模具拆装,了解模具的结构特点,熟悉模具零件的功能	0.5
总体方案的确定,结构设计	1.依照任务书给定的冲压零件的形状、尺寸、公差等级、材料、生产批量,确定冲压工序,并进行工艺组合方案比较,确定冲模类型(单工序模、复合模、连续模) 2.按照设计要求,确定模具结构形式(正装、倒装),确定定位形式,确定导向形式、卸料、推件方式	1
工艺计算	1.冲裁模应计算冲裁力、推件力、卸料力,确定冲裁力中心,确定排样方案、送料间距、条料宽度及长度 2.弯曲模应计算弯曲件展开长度,校核最小相对弯曲半径,确定压料、顶件形式,必要时计算回弹补偿角 3.拉深模应计算毛坯展开尺寸,确定修边余量,计算并确定拉深次数,校核极限变形量,确定压边形式,计算拉深力 4.计算模具工作部分尺寸及公差,确定凸、凹的固定形式,根据凹模尺寸,选取标准模架	1.5

续表

阶段名称	主要内容	时间/d
压力机的选择	1. 根据冲压工艺性质、生产批量、工艺力计算的结果、模具外形尺寸,初步确定压力机类型及规格 2. 校核模具的闭合高度,拉深模还应校核压力机行程 3. 根据压力机规格,确定模柄尺寸	0.5
装配草图的绘制	1. 根据模具结构,确定视图数量 2. 徒手绘制模具装配图,模具零件在结构草图中不得遗漏并初步列出零件明细,经指导教师确认后,方能转入装配图的正式绘制	1
装配图的绘制	1. 画底线图,加剖面线 2. 标注安装尺寸,模具闭合高度 3. 编写零件序号,列出零件明细表,绘出冲压零件图,排样图 4. 加深线条,整理图面 5. 书写技术要求	2
零件图的绘制	1. 按指导教师要求,绘制 5～8 张零件图 2. 标注尺寸、公差及表面粗糙度要求,需热处理的零件应注明其硬度要求	2
编写设计说明书	1. 整理设计任务书,明确设计具体要求,简要介绍设计思路 2. 整理工艺计算,并附有必要的简图,明确所选设备的型号及规格 3. 写出设计总结,浅谈设计的收获,体会其不足之处	1
答辩	1. 认真做好答辩准备 2. 参加答辩	0.5

4. 课程设计成绩评定

设计结束后,可以指导教师为主,吸收专业教研室及其他教师或技术基础课教师参加组成答辩小组,各学生小组推荐代表自述设计思路、设计总结并回答教师提问。指导教师根据学生出勤情况、设计态度、图面质量及说明书编写,对基本知识和基本方法掌握的情况,结合答辩情况做出公正、合理的成绩评定。课程设计的成绩一般按优秀、良好、及格及不及格四个等级评定。能独立完成设计任务,模具结构合理,并有一定的独创性,总装配图无原则性错误,图面整洁,符合机械制图标准,工艺计算基本正确,答辩中能正确回答教师提问,设计态度端正,设计说明书编写认真者评定为优秀。具有下列情况之一者,课程设计成绩评定为不及格:设计任务非独立完成,全部抄袭他人者;装配图出现原则错误,经教师指正,坚持不予更改者;出勤率低于 50%,答辩中不能正确回答教师提问且学习态度不端正者。

第四章
冷冲模设计常用标准摘录

一、冲模技术条件

《冲模技术条件》(GB/T 14662—2006)中规定了冲模的零件要求、验收、标志、包装、运输和贮存。本标准适用于冲模的设计、制造和验收。

1. 冲模零件要求

(1)设计冲模宜选用 GB/T 2851~2852、JB/T 8049、JB/T 7181~7182 和 GB/T 2855~2856、GB/T 2861、JB/T 5825~5830、JB/T 7184~7187、JB/T 8054、JB/T 8057 规定的标准模架和零件。

(2)模具工作零件和模具一般零件所选用的材料应符合相应牌号的技术标准。

(3)模具零件常用材料及硬度见表 4-1、表 4-2。

表 4-1　　　　　　　　　模具工作零件常用材料及硬度

模具类型	冲件与冲压工艺情况	材料	硬度	
			凸模	凹模
冲裁模	Ⅰ	形状简单,精度较低,材料厚度小于或等于 3 mm,中小批量	T10A、9Mn2V	(56~60)HRC	(58~62)HRC
	Ⅱ	材料厚度小于或等于 3 mm,形状复杂;材料厚度大于 3 mm	9CrSi、CrWMn Cr12、Cr12MoV W6Mo5Cr4V2	(58~62)HRC	(60~64)HRC
	Ⅲ	大批量	Cr12MoV、Cr4W2MoV	(58~62)HRC	(60~64)HRC
			YG15、YG20	≥86HRA	≥84HRA
			超细硬质合金	—	
弯曲模	Ⅰ	形状简单、中小批量	T10A	(56~62)HRC	
	Ⅱ	形状复杂	CrWMn、Cr12、Cr12MoV	(60~64)HRC	
	Ⅲ	大批量	YG15、YG20	≥86HRA	≥84HRA
	Ⅳ	加热弯曲	5CrNiMo 5CrNiTi、3CrMnMo	(52~56)HRC	
			4Cr5MoSiV1	(40~45)HRC,表面渗氮≥900HV	

续表

模具类型		冲件与冲压工艺情况	材料	硬度	
				凸模	凹模
拉深模	Ⅰ	一般拉深	T10A	(56～60)HRC	(58～62)HRC
	Ⅱ	形状复杂	Cr12、Cr12MoV	(58～62)HRC	(60～64)HRC
	Ⅲ	大批量	Cr12MoV、Cr4W2MoV	(58～62)HRC	(60～64)HRC
			YG10、YG15	≥86HRA	≥84HRA
			超细硬质合金	—	
	Ⅳ	变薄拉深	Cr12MoV	(58～62)HRC	—
			W18Cr4V W6Mo5Cr4V2、Cr12MoV	—	(60～64)HRC
			YG10、YG15	≥86HRA	≥84HRA
	Ⅴ	加热拉深	5CrNiTi、5CrNiMo	(52～56)HRC	
			4Cr5MoSiV1	(40～45)HRC,表面渗氮≥900HV	
大型拉深模	Ⅰ	中小批量	HT250、HT300	(170～260)HB	
			QT600-20	(197～269)HB	
	Ⅱ	大批量	镍铬铸铁	火焰淬硬(40～45)HRC	
			钼铬铸铁、钼钒铸铁	火焰淬硬(50～55)HRC	

表 4-2　　模具一般零件常用材料及硬度

零件名称	材料	硬度
上、下模座	HT200	(170～220)HB
	45	(24～28)HRC
导柱	20Cr	(60～64)HRC(渗碳)
	GCr15	(60～64)HRC
导套	20Cr	(58～62)HRC(渗碳)
	GCr15	(58～62)HRC
凸模固定板、凹模固定板、螺母、垫圈、螺塞	45	(28～32)HRC
模柄、承料板	Q235A	—
卸料板、导料板	45	(28～32)HRC
	Q235A	—
导正销	T10A	(50～54)HRC
	9Mn2V	(56～60)HRC
垫板	45	(43～48)HRC
	T10A	(50～54)HRC
螺钉	45	头部(43～48)HRC
销钉	T10A、GCr15	(56～60)HRC
挡料销、抬料销、推杆、顶杆	65Mn、GCr15	(52～56)HRC
推板	45	(43～48)HRC
压边圈	T10A	(54～58)HRC
	45	(43～48)HRC
定距侧刃、废料切断刀	T10A	(58～62)HRC
侧刃挡块	T10A	(56～60)HRC
斜楔与滑块	T10A	(54～58)HRC
弹簧	50CrVA、55CrSi、65Mn	(44～48)HRC

(4)模具零件不允许有裂纹,工作表面不允许有划痕、机械损伤、锈蚀等缺陷。

(5)模具零件中螺纹的公称尺寸应符合 GB/T 196—2003 的规定,选用的公差与配合应符合 GB/T 197—2018 中 6 级的规定。

(6)零件除刃口外所有棱边均应倒角或倒圆。

(7)经磁性吸力磨削后的模具零件应退磁。

(8)零件上销钉与孔的配合长度应大于等于销钉直径的 1.5 倍;螺纹孔的深度应大于或等于螺纹直径的 1.5 倍。

(9)零件图中未注公差尺寸的极限偏差应符合 GB/T 1804—2000 中 m 级的规定。

(10)零件图中未注的形状和位置公差应符合 GB/T 1184—1996 中 K 级的规定。

2. 装配技术要求

(1)装配时应保证凸、凹模之间的间隙均匀一致。

(2)推料、卸料机构必须灵活,卸料板或推件器在模具开启状态时,一般应凸出凸、凹模表面 0.5～1 mm。

(3)模具所有活动部分的移动应平稳灵活,无阻滞现象,滑块、斜楔在固定滑动面上移动时,其最小接触面积应大于其面积的 75%。

(4)紧固用的螺钉、销钉装配后不得松动,并保证螺钉和销钉的端面不凸出上、下模座的安装平面。

(5)凸模装配后的垂直度应符合表 4-3 的规定。

表 4-3 垂直度公差等级

间隙值/mm	垂直度公差等级	
	单凸模	多凸模
≤0.02	5	6
0.02～0.06	6	7
>0.06	7	8

(6)凸模、凸凹模等与固定板的配合一般按 GB/T 1800.2—2020 中的 H7/n6 或 H7/m6 选取。

(7)质量超过 20 kg 的模具应设吊环螺钉或起吊孔,确保安全吊装。起吊时模具应平稳,便于装模。吊环螺钉应符合 GB 825—1988 的规定。

3. 检验和验收技术条件

(1)验收应包括以下内容:

①外观检查;

②尺寸检查;

③模具材质和热处理要求检查;

④试模和冲件质量符合性检查;

⑤质量稳定性检查。

(2)模具供方应按模具图和技术条件对模具零件和模具进行外观与尺寸检查。

(3)经(2)检查合格的模具可进行试模,试模用的冲压设备应符合要求,试模所用的材质应与冲件材质相符。

(4)冲压工艺稳定后,应连续提取 20～1 000 件(精密多工位级进模必须试冲 1 000 件以上)冲件,对于大型覆盖件模具要求连续提取 5～10 件冲件进行检验。模具供方与顾客确认冲件合格后,由模具供方开具合格证并随模具交付顾客。

(5)模具质量稳定性检查应为在正常生产条件下连续批量生产 8 h,或由模具供方与顾客协商确定。

(6)顾客在验收期间应按图样和技术条件要求对模具主要零件的材质、热处理、表面处理情况进行检查或抽查。

4. 标志、包装、运输及贮存

(1)在模具非工作面的明显处应做出标志。标志一般包含以下内容:模具号、出厂日期、供方名称。

(2)模具交付前应擦洗干净,表面应涂覆防锈剂。

(3)出厂模具根据运输要求进行包装,应防潮、防止磕碰,保证在正常运输中模具完好无损。

二、滑动导向对角导柱模架（表 4-4～表 4-6）

表 4-4　　　　对角导柱模架（GB/T 2851—2008）　　　　mm

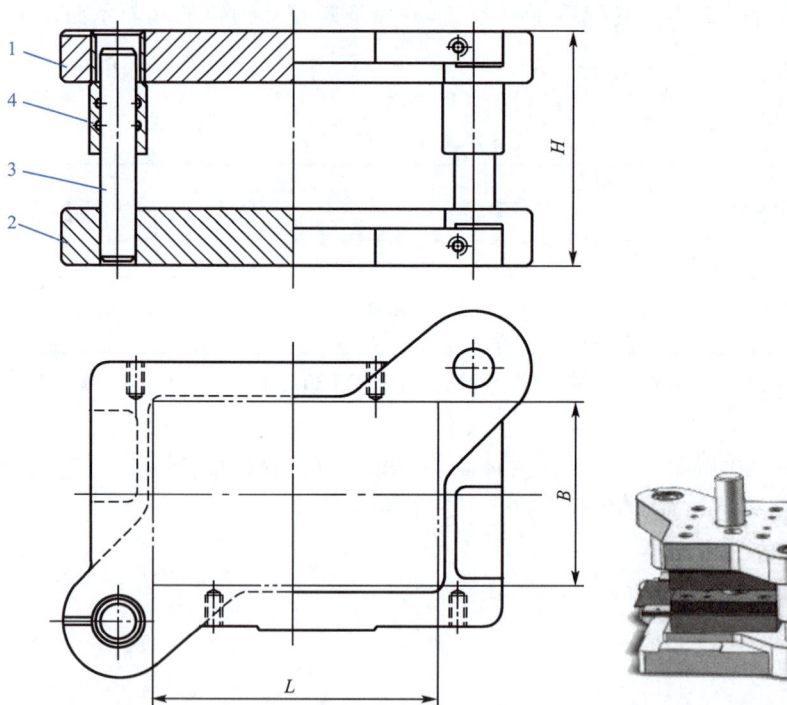

1—上模座;2—下模座;3—导柱;4—导套

标记示例:
　　凹模周界 L=200 mm、B=125 mm、模架闭合高度 H=170～205 mm、Ⅰ级精度的冲模滑动导向对角导柱模架:
　　　　滑动导向模架　对角导柱　200×125×(170～205)　Ⅰ　GB/T 2851—2008
技术条件:应符合 JB/T 8050 的规定。

续表

凹模周界		闭合高度（参考）H		零件件号、名称及标准编号			
				1	2	3	4
				上模座 GB/T 2855.1	下模座 GB/T 2855.2	导柱 GB/T 2861.1	导套 GB/T 2861.3
				数量			
L	B	最小	最大	1	1	1	1	1	1
				规格			
63	50	100	115	63×50×20	63×50×25	16×90	18×90	16×60×18	18×60×18
		110	125			16×100	18×100		
		110	130	63×50×25	63×50×30	16×100	18×100	16×65×23	18×65×23
		120	140			16×110	18×110		
63	63	100	115	63×63×20	63×63×25	16×90	18×90	16×60×18	18×60×18
		110	125			16×100	18×100		
		110	130	63×63×25	63×63×30	16×100	18×100	16×65×23	18×65×23
		120	140			16×110	18×110		
80	63	110	130	80×63×25	80×63×30	18×100	20×100	18×65×23	20×65×23
		130	150			18×120	20×120		
		120	145	80×63×30	80×63×40	18×110	20×110	18×70×28	20×70×28
		140	165			18×130	20×130		
100	63	110	130	100×63×25	100×63×30	18×100	20×100	18×65×23	20×65×23
		130	150			18×120	20×120		
		120	145	100×63×30	100×63×40	18×110	20×110	18×70×28	20×70×28
		140	165			18×130	20×130		
80	80	110	130	80×80×25	80×80×30	20×100	22×100	20×65×23	22×65×23
		130	150			20×120	22×120		
		120	145	80×80×30	80×80×40	20×110	22×110	20×70×28	20×70×28
		140	165			20×130	22×130		
100	80	110	130	100×80×25	100×80×30	20×100	22×100	20×65×23	22×65×23
		130	160			20×120	22×120		
		120	145	100×80×30	100×80×40	20×110	22×110	20×70×28	20×70×28
		140	165			20×130	22×130		
125	80	110	130	125×80×25	125×80×30	20×100	22×100	20×65×23	22×65×23
		130	150			20×120	22×120		
		120	145	125×80×30	125×80×40	20×110	22×110	20×70×28	20×70×28
		140	165			20×130	22×130		

续表

凹模周界		闭合高度（参考）H		零件件号、名称及标准编号					
				1 上模座 GB/T 2855.1	2 下模座 GB/T 2855.2	3 导柱 GB/T 2861.1		4 导套 GB/T 2861.3	
				数量					
L	B	最小	最大	1	1	1	1	1	1
				规格					
100	100	110	130	100×100×25	100×100×30	20×100	22×100	20×65×23	22×65×23
		130	150			20×120	22×120		
		120	145	100×100×30	100×100×40	20×110	22×110	20×70×28	22×70×28
		140	165			20×130	22×130		
125	100	120	150	125×100×30	125×100×35	22×110	25×110	22×80×28	25×80×28
		140	165			22×130	25×130		
		140	170	125×100×35	125×100×45	22×130	25×130	22×80×33	25×80×33
		160	190			22×150	25×150		
160	100	140	170	160×100×35	160×100×40	25×130	28×130	25×85×33	28×85×33
		160	190			25×150	28×150		
		160	195	160×100×40	160×100×50	25×150	28×150	25×90×38	28×90×38
		190	225			25×180	28×180		
200	100	140	170	200×100×35	200×100×40	25×130	28×130	25×85×33	28×85×33
		160	190			25×150	28×150		
		160	195	200×100×40	200×100×50	25×150	28×150	25×90×38	28×90×38
		190	225			25×180	28×180		
125	125	120	150	125×125×30	125×125×35	22×110	25×110	22×80×28	25×80×28
		140	165			22×130	25×130		
		140	170	125×125×35	125×125×45	22×130	25×130	22×85×33	25×85×33
		160	190			22×150	25×150		
160	125	140	170	160×125×35	160×125×40	25×130	28×130	25×85×33	28×85×33
		160	190			25×150	28×150		
		170	205	160×125×40	160×125×50	25×160	28×160	25×95×38	28×95×38
		190	225			25×180	28×180		
200	125	140	170	200×125×35	200×125×40	25×130	28×130	25×85×33	28×85×33
		160	190			25×150	28×150		
		170	205	200×125×40	200×125×50	25×160	28×160	25×95×38	28×95×38
		190	225			25×180	28×180		

续表

凹模周界		闭合高度（参考） H		零件件号、名称及标准编号					
				1	2	3		4	
				上模座 GB/T 2855.1	下模座 GB/T 2855.2	导柱 GB/T 2861.1		导套 GB/T 2861.3	
				数量					
L	B	最小	最大	1	1	1	1	1	1
				规格					
250	125	160	200	250×125×40	250×125×45	28×150	32×150	28×100×38	32×100×38
		180	220			28×170	32×170		
		190	235	250×125×45	250×125×55	28×180	32×180	28×110×43	32×110×43
		210	255			28×200	32×200		
160	160	160	200	160×160×40	160×160×45	28×150	32×150	28×100×38	32×100×38
		180	220			28×170	32×170		
		190	235	160×160×45	160×160×55	28×180	32×180	28×110×43	32×110×43
		210	255			28×200	32×200		
200	160	160	200	200×160×40	200×160×45	28×150	32×150	28×100×38	32×100×38
		180	220			28×170	32×170		
		190	235	200×160×45	200×160×55	28×180	32×180	28×110×43	32×110×43
		210	255			28×200	32×200		
250		170	210	250×160×45	250×160×50	32×160	35×160	32×105×43	35×105×43
		200	240			33×190	35×190		
		200	245	250×160×50	250×160×50	32×190	35×190	32×115×48	35×115×48
		220	265			32×210	35×210		
200		170	210	200×200×45	200×200×50	32×160	35×160	32×105×43	35×105×43
		200	240			32×190	35×190		
		200	245	200×200×50	200×200×60	32×190	35×190	32×115×48	35×115×48
		220	265			32×210	35×210		
250	200	170	210	250×200×45	250×200×50	32×160	35×160	32×105×43	35×105×43
		200	240			32×190	35×190		
		200	245	250×200×50	250×200×60	32×190	35×190	32×115×48	35×115×48
		220	265			32×210	35×210		
315		190	230	315×200×45	315×200×55	35×180	40×180	35×115×43	40×115×43
		220	260			35×210	40×210		
		210	255	315×200×50	315×200×65	35×200	40×200	35×125×48	40×125×48
		240	285			35×230	40×230		

续表

凹模周界		闭合高度（参考）H		零件件号、名称及标准编号					
				1	2	3	4		
				上模座 GB/T 2855.1	下模座 GB/T 2855.2	导柱 GB/T 2861.1		导套 GB/T 2861.3	
				数量					
L	B	最小	最大	1	1	1	1	1	1
				规格					
250		190	230	250×250×45	250×250×55	35×180	40×180	35×115×43	40×115×43
		220	260			35×210	40×210		
		210	255	250×250×60	250×250×65	35×200	40×200	35×125×48	40×125×48
		240	285			35×230	40×230		
315	250	215	250	315×250×50	315×250×60	40×200	45×200	40×125×48	45×125×48
		245	280			40×230	45×230		
		245	290	315×250×55	315×250×70	40×230	45×230	40×140×53	45×140×53
		275	320			40×260	45×260		
400		215	250	400×250×50	400×250×60	40×200	45×200	40×125×48	45×125×48
		245	280			40×230	45×230		
		245	280	400×250×55	400×250×70	40×230	45×230	40×140×53	45×140×53
		275	320			40×260	45×260		

表 4-5　　滑动导向对角导柱上模座（GB/T 2855.1—2008）　　mm

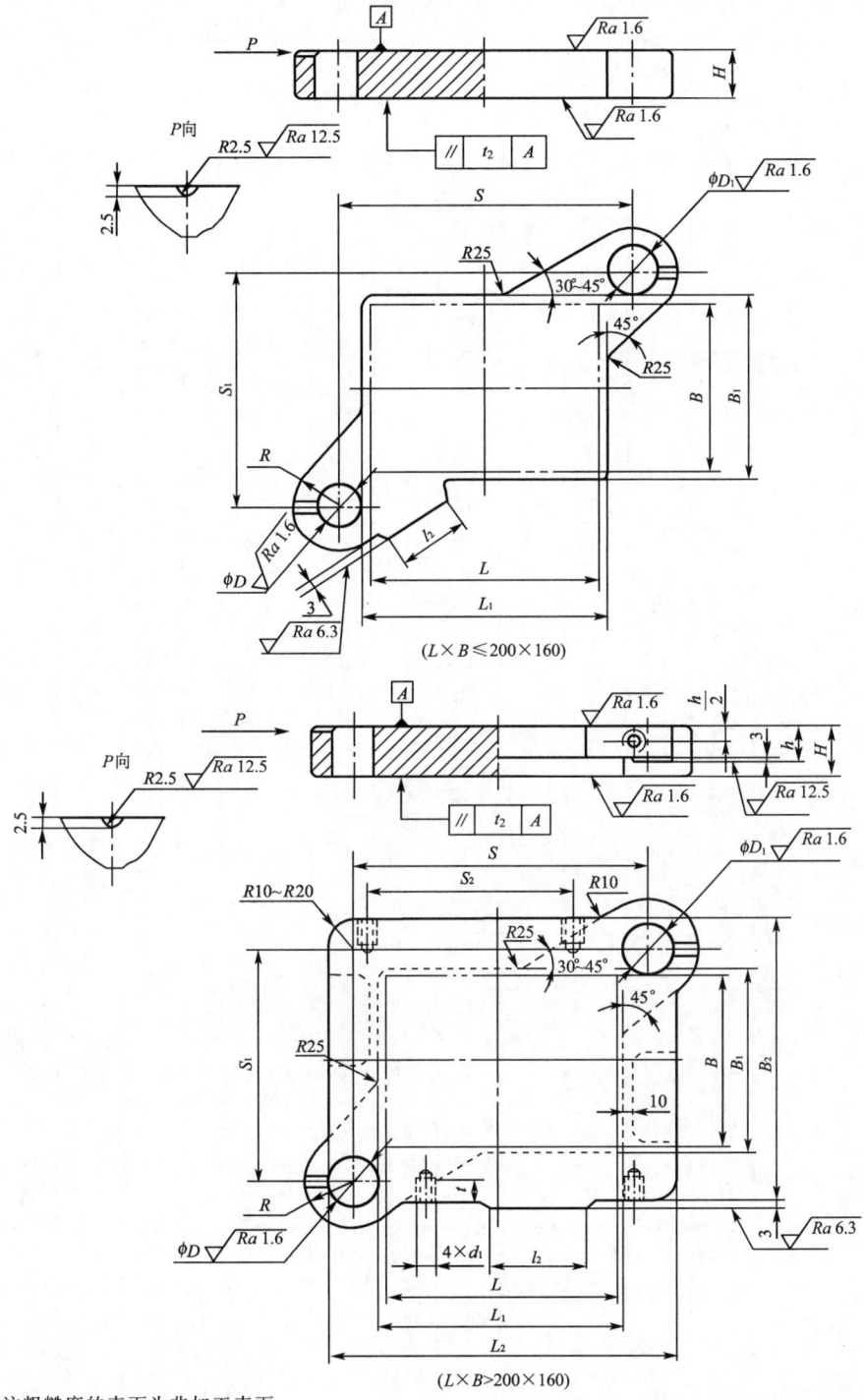

未注粗糙度的表面为非加工表面。
标记示例：
　　凹模周界 $L=200$ mm、$B=160$ mm、模架闭合高度 $H=45$ mm 的滑动导向对角导柱上模座：
　　　　　　滑动导向上模座　对角导柱　200×160×45　GB/T 2855.1—2008
材料：由制造者选定，推荐采用 HT200。
技术条件：t_2 应符合 JB/T 8070 中表 2 的规定，其余应符合 JB/T 8070 的规定。

续表

凹模周界		H	h	L_1	B_1	L_2	B_2	S	S_1	R	l_2	D H7	D_1 H7	d_1	t	S_2
L	B															
63	50	20		70	60			100	85	28	40	25	28			
		25														
63		20		70					95							
		25														
80	63	25		90	70			120	105	32		28	32			
		30														
100		25		110				140								
		30														
80	80	25		90				125	125	35	60	32	35			
		30														
100		25		110	90			145								
		30														
125		25		130				170								
		30														
100	100	25	—	110		—	—	145	145					—	—	—
		30														
125		30		130	110			170		38		35	38			
		35														
160		35		170				210	150	42	80	38	42			
		40														
200		35		210				250								
		40														
125	125	30		130				170		38	60	36	38			
		35														
160		35		170	130			210	175	42	80	38	42			
		40														
200		35		210				250								
		40														
250		40		260				305	180	45	100	45				
		45														
160	160	40		170				215	215		80	42	45			
		45														
200		40		210	170			255	215	45	80		45	—	—	—
		45														
250	200	45	30	260		360	230	310	220	50	10	45	50	M14-6H	28	210
		50														
200		45		210	210	320	270	260	260		80					180
		50														
250	200	45	30	260	210	370	270	310	260	50		45	50	M14-6H	28	220
		50														
315		45		325		435		380	265	55	100	50	55			280
		50														
250	250	45		260		380		315	315							210
		50														
315		50	35	325	260	446	330	385		60		55	60	M16-6H	32	290
		55														
400		50		410		540		470	320							350
		55														

注：压板台的形状、位置尺寸和标记面的位置尺寸由制造者确定。

表 4-6　滑动导向对角导柱下模座（GB/T 2855.2—2008）　　　　mm

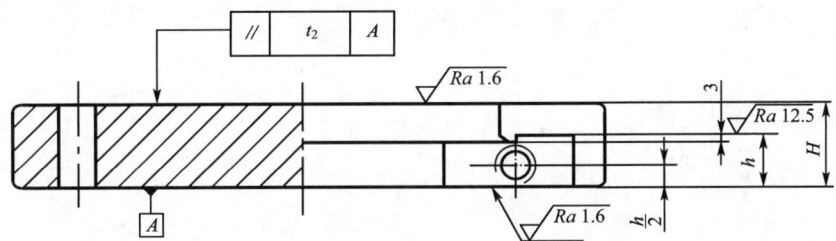

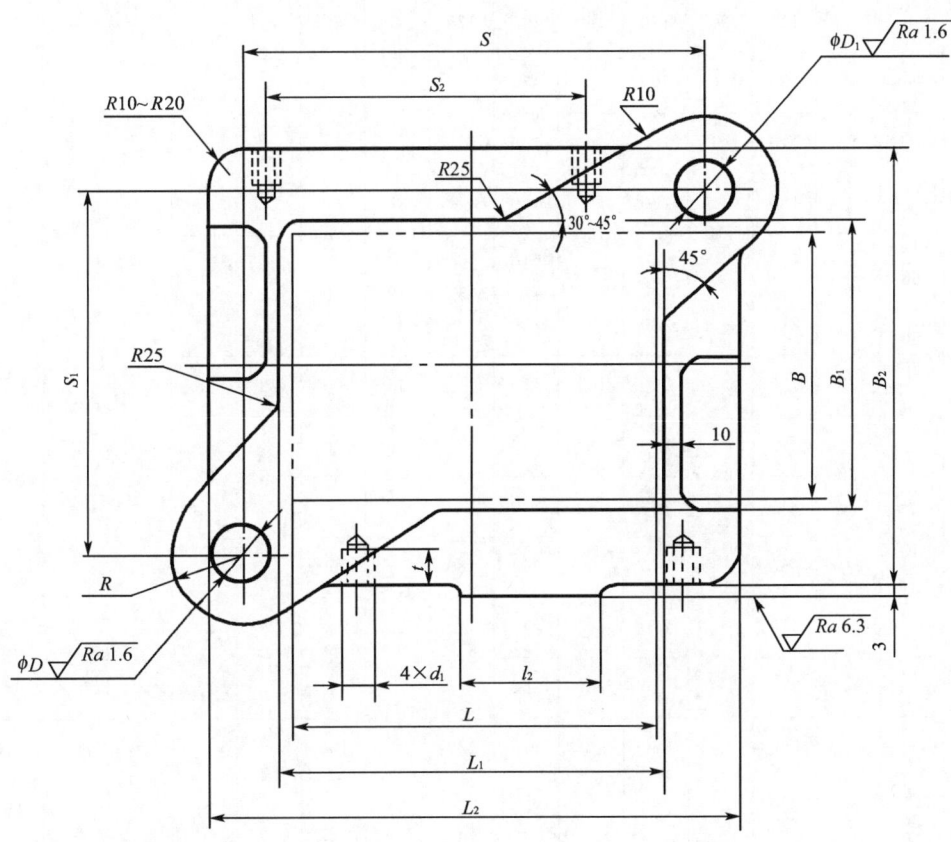

未注粗糙度的表面为非加工表面。

标记示例：

凹模周界 $L=250$ mm、$B=200$ mm、模架闭合高度 $H=60$ mm 的滑动导向对角导柱下模座：

滑动导向下模座　对角导柱　250×200×60　GB/T 2855.2—2008

材料：由制造者选定，推荐采用 HT200。

技术条件：t_2 应符合 JB/T 8070 中表 2 的规定，其余应符合 JB/T 8070 的规定。

续表

凹模周界		H	h	L_1	B_1	L_2	B_2	S	S_1	R	l_2	D R7	D_1 R7	d_1	t	S_2
L	B															
63	50	25	20	70	60	125	100	100	85	28	40	16	18			
		30														
63		25		70		130	110		95							
		30														
80	63	30		90	70	150	120	120	105	32		18	20			
		40														
100		30		110		170			140							
		40														
80		30		90		150			125							
		40														
100	80	30		110	90	170	140	145	125	35	60	20	22			
		40														
125		30		130		200		170								
		40														
100		30	25	110		180		145								
		40							145							
125	100	35		130	110	200	160	170		38		22	25	—	—	—
		45														
160		40	30	170		240		210	150	42	80	25	28			
		50														
200		45		210		280		250								
		50														
125		35	25	130		200		170		38	60	22	25			
		45														
160	125	40	30	170	130	250	190	210	175	42	80	25	28			
		50														
200		40		210		290		250								
		50														
250		45		260		340		305	180		100					
		55														
160		45	35	170		270		215	215	45	80	28	32			
		55														
200	160	45		210	170	310	230	255								
		50														
250		50		260		360		310	220		100					210
		60														
200		50		210		320		260	260	50	80	32	35	M14-6H	28	180
		60														
250	200	50	40	260	210	370	270	310								220
		60														
315		55		325		435		380	265	55	100	35	40			280
		65														
250		55		260		380		315	315							210
		65														
315	250	60	45	325	260	445	330	385		60		40	45	M16-6H	32	290
		70														
400		60		410		540		470	320							350
		70														

注：1. 压板台的形状、位置尺寸和标记面的位置尺寸由制造者确定。
　　2. 安装 B 型导柱时，D R7、D_1 R7 改为 D H7、D_1 H7。

三、滑动导向后侧导柱模架（表 4-7～表 4-9）

表 4-7　　后侧导柱模架（GB/T 2851—2008）　　mm

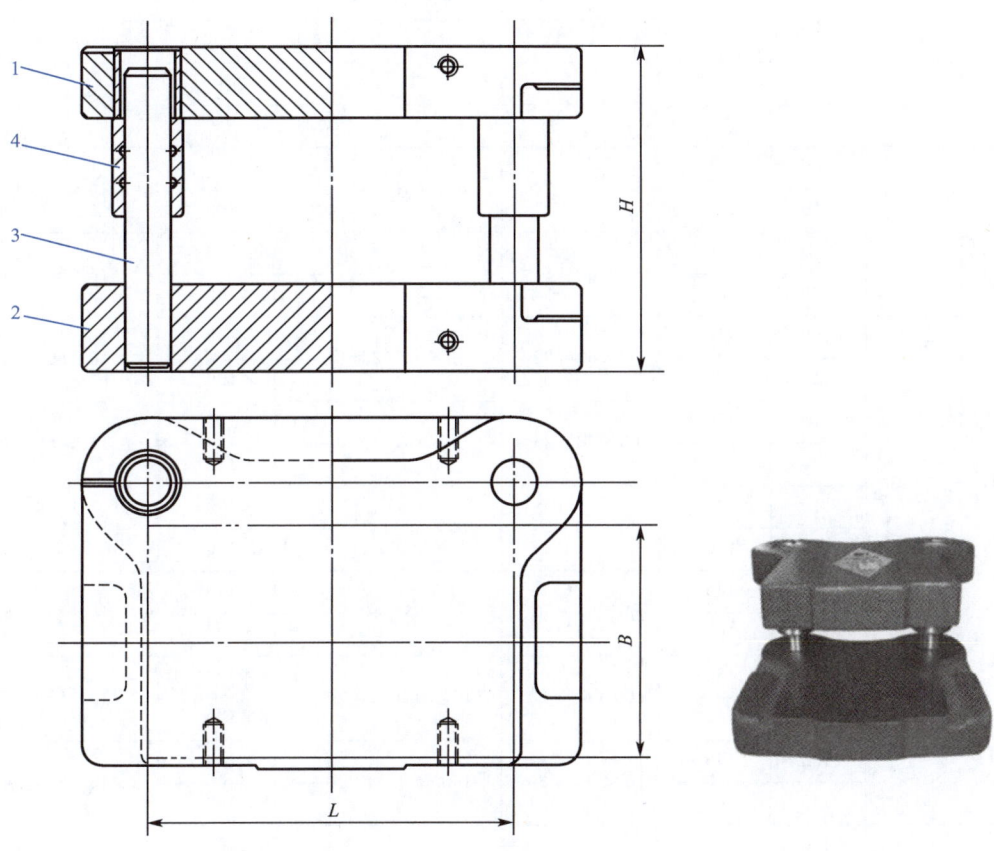

1—上模座；2—下模座；3—导柱；4—导套

标记示例：
　　凹模周界 $L=200$ mm、$B=125$ mm、模架闭合高度 $H=170\sim205$ mm、Ⅰ级精度的冲模滑动导向后侧导柱模架：
　　　　滑动导向模架　后侧导柱　$200\times125\times(170\sim205)$　Ⅰ　GB/T 2851—2008
技术条件：应符合 JB/T 8050 的规定。

续表

凹模周界		闭合高度（参考）H		零件件号、名称及标准编号			
				1	2	3	4
				上模座 GB/T 2855.1	下模座 GB/T 2855.2	导柱 GB/T 2861.1	导套 GB/T 2861.3
				数量			
L	B	最小	最大	1	1	2	2
				规格			
63	50	100	115	63×50×20	63×50×25	16×90	16×60×18
		110	125			16×100	
		110	130	63×50×25	63×50×30	16×100	16×65×23
		120	140			16×110	
63	63	100	115	63×63×20	63×63×25	16×90	16×60×18
		110	125			16×100	
		110	130	63×63×25	63×63×30	16×100	16×65×23
		120	140			16×110	
80	63	110	130	80×63×25	80×63×30	18×100	18×65×23
		130	150			18×120	
		120	145	80×63×30	80×63×40	18×110	18×70×28
		140	165			18×130	
100	63	110	130	100×63×25	100×63×30	18×100	18×65×23
		130	150			18×120	
		120	145	100×63×30	100×63×40	18×110	18×70×28
		140	165			18×130	
80	80	110	130	80×80×25	80×80×30	20×100	20×65×23
		130	150			20×120	
		120	145	80×80×30	80×80×40	20×110	20×70×28
		140	165			20×130	
100	80	110	130	100×80×25	100×80×30	20×100	20×65×23
		130	160			20×120	
		120	145	100×80×30	100×80×40	20×110	20×70×28
		140	165			20×130	
125	80	110	130	125×80×25	125×80×30	20×100	20×65×23
		130	150			20×120	
		120	145	125×80×30	125×80×40	20×110	20×70×28
		140	165			20×130	

第四章 冷冲模设计常用标准摘录

续表

凹模周界		闭合高度(参考) H		零件件号、名称及标准编号			
				1	2	3	4
				上模座 GB/T 2855.1	下模座 GB/T 2855.2	导柱 GB/T 2861.1	导套 GB/T 2861.3
				数量			
L	B	最小	最大	1	1	2	2
				规格			
100	100	110	130	100×100×25	100×100×30	20×100	20×65×23
		130	150			20×120	
		120	145	100×100×30	100×100×40	20×110	20×70×28
		140	165			20×130	
125		120	150	125×100×30	125×100×35	22×110	22×80×28
		140	165			22×130	
		140	170	125×100×35	125×100×45	22×130	22×80×33
		160	190			22×150	
160		140	170	160×100×35	160×100×40	25×130	25×85×33
		160	190			25×150	
		160	195	160×100×40	160×100×50	25×150	25×90×38
		190	225			25×180	
200		140	170	200×100×35	200×100×40	25×130	25×85×33
		160	190			25×150	
		160	195	200×100×40	200×100×50	25×150	25×90×38
		190	225			25×180	
125	125	120	150	125×125×30	125×125×35	22×110	22×80×28
		140	165			22×130	
		140	170	125×125×35	125×125×45	22×130	22×85×33
		160	190			22×150	
160		140	170	160×125×35	160×125×40	25×130	25×85×33
		160	190			25×150	
		170	205	160×125×40	160×125×50	25×160	25×95×38
		190	225			25×180	
200		140	170	200×125×35	200×125×40	25×130	25×85×33
		160	190			25×150	
		170	205	200×125×40	200×125×50	25×160	25×95×38
		190	225			25×180	

续表

凹模周界		闭合高度（参考）H		零件件号、名称及标准编号			
				1	2	3	4
				上模座 GB/T 2855.1	下模座 GB/T 2855.2	导柱 GB/T 2861.1	导套 GB/T 2861.3
				数量			
L	B	最小	最大	1	1	2	2
				规格			
250	125	160	200	250×125×40	250×125×45	28×150	28×100×38
		180	220			28×170	
		190	235	250×125×45	250×125×55	28×180	28×110×43
		210	255			28×200	
160	160	160	200	160×160×40	160×160×45	28×150	28×100×38
		180	220			28×170	
		190	235	160×160×45	160×160×55	28×180	28×110×43
		210	255			28×200	
200	160	160	200	200×160×40	200×160×45	28×150	28×100×38
		180	220			28×170	
		190	235	200×160×45	200×160×55	28×180	28×110×43
		210	255			28×200	
250	160	170	210	250×160×45	250×160×50	32×160	32×105×43
		200	240			32×190	
		200	245	250×160×50	250×160×60	32×190	32×115×48
		220	265			32×210	
200	200	170	210	200×200×45	200×200×50	32×160	32×105×43
		200	240			32×190	
		200	245	200×200×50	200×200×60	32×190	32×115×48
		220	265			32×210	
250	200	170	210	250×200×45	250×200×50	32×160	32×105×43
		200	240			32×190	
		200	245	250×200×50	250×200×60	32×190	32×115×48
		220	265			32×210	
315	200	190	230	315×200×45	315×200×55	35×180	35×115×43
		220	260			35×210	
		210	255	315×200×50	315×200×65	35×200	35×125×48
		240	285			35×230	

续表

凹模周界		闭合高度（参考）H		零件件号、名称及标准编号			
				1	2	3	4
				上模座 GB/T 2855.1	下模座 GB/T 2855.2	导柱 GB/T 2861.1	导套 GB/T 2861.3
				数量			
L	B	最小	最大	1	1	2	2
				规格			
250		190	230	250×250×45	250×250×55	35×180	35×115×43
		220	260			35×210	
		210	255	250×250×50	250×250×65	35×200	35×125×48
		240	285			35×230	
315	250	215	250	315×250×50	315×250×60	40×200	40×125×48
		245	280			40×230	
		245	290	315×250×55	315×250×70	40×230	40×140×53
		275	320			40×260	
400		215	250	400×250×50	400×250×60	40×200	40×125×48
		245	280			40×230	
		245	280	400×250×55	400×250×70	40×230	40×140×53
		275	320			40×260	

表 4-8　　　滑动导向后侧导柱上模座（GB/T 2855.1—2008）　　　mm

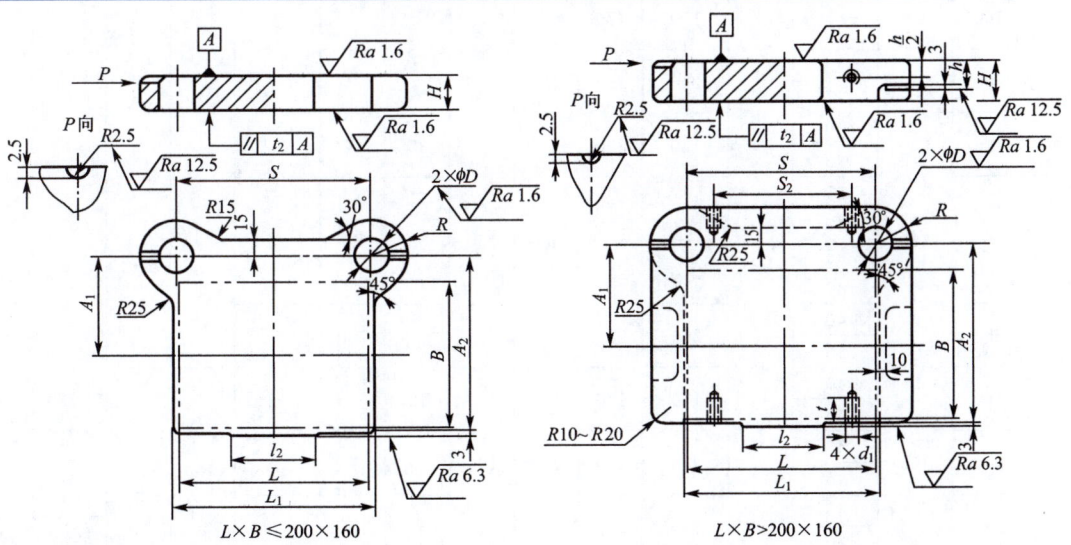

未注粗糙度的表面为非加工表面。
标记示例：凹模周界 $L=200$ mm、$B=160$ mm、模架闭合高度 $H=45$ mm 的滑动导向后侧导柱上模座：
　　　　　滑动导向上模座　后侧导柱　200×160×45　GB/T 2855.1—2008
材料：由制造者选定，推荐采用 HT200。
技术条件：t_2 应符合 JB/T 8070 中表 2 的规定，其余应符合 JB/T 8070 的规定。

续表

凹模周界		H	h	L_1	S	A_1	A_2	R	l_2	D H7	d_1	t	S_2
L	B												
63	50	20		70	70	45	75	25	40	25			
		25											
63		20		70	70								
		25											
80	63	25		90	94	50	85	28		28			
		30											
100		25		110	116								
		30											
80		25		90	94								
		30											
100	80	25		110	116	65	110	32	60	32			
		30											
125		25	—	130	130						—	—	—
		30											
100		25		110	116								
		30											
125	100	30		130	130	75	130	35		35			
		35											
160		35		170	170			38	80	38			
		40											
200		35		210	210								
		40											
125	125	30		130	130	85	150	35	60	35			
		35											
160		35		170	170			38	80	38			
		40											
200		35		210	210								
		40											
250		40		260	250				100				
		45											
160	160	40		170	170	110	195	42	80	42	M14-6H	28	
		45											
200		40		210	210								
		45											
250		45	30	260	250			45	100	45			150
		50											
200	200	45		210	210	130	235		80				120
		50											

续表

| 凹模周界 | | H | h | L_1 | S | A_1 | A_2 | R | l_2 | D H7 | d_1 | t | S_2 |
L	B												
250	200	45	30	260	250	130	235	45	50	45	M14-6H	28	150
		50											
315		45		325	305								200
		50											
250	250	45	35	260	250	160	290	50	100	50	M16-6H	32	140
		50											
315		50		325	305			55		55			200
		55											
400		50		410	390								280
		55											

注:压板台的形状尺寸由制造者确定。

表 4-9　　　滑动导向后侧导柱下模座(GB/T 2855.2—2008)　　　mm

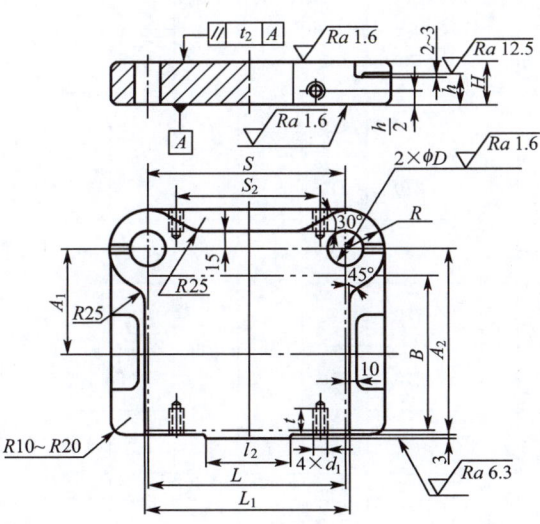

未注粗糙度的表面为非加工表面。
标记示例:
　　凹模周界 $L=250$ mm、$B=200$ mm、模架闭合高度 $H=50$ mm 的滑动导向后侧导柱下模座:
　　　　　　滑动导向下模座　后侧导柱　250×200×50　GB/T 2855.2—2008
材料:由制造者选定,推荐采用HT200。
技术条件:t_2 应符合 JB/T 8070 中表 2 的规定,其余应符合 JB/T 8070 的规定。

续表

凹模周界		H	h	L_1	S	A_1	A_2	R	l_2	D R7	d_1	t	S_2
L	B												
63	50	25	20	70	70	45	75	25	40	16	—	—	—
		30											
63		25		70	70								
		30											
80	63	30		90	94	50	85	28		18			
		40											
100		30		110	116								
		40											
80	80	30		90	94				60				
		40											
100		30		110	116	65	110	32		20			
		40											
125		30		130	130								
		40											
100	100	30	25	110	116								
		40											
125		35		130	130	75	130	35		22			
		40											
160		40		170	170			38	80	25			
		50	30										
200		40		210	210								
		50											
125	125	35	25	130	130			35	60	22			
		45											
160		40		170	170	85	150	38	80	25			
		50	30										
200		40		210	210								
		50											
250		45		260	250				100				
		55											
160	160	45	35	170	170			42	80	28	M14-6H	28	
		55											
200		45		210	210	110	195						150
		55											
250		50	40	260	250			45	100	32			
		60											
200	200	50		210	210	130	235		80				120
		60											

续表

凹模周界 L	凹模周界 B	H	h	L_1	S	A_1	A_2	R	l_2	D R7	d_1	t	S_2
250	200	50	40	260	250	130	235	45	100	32	M14-6H	28	150
250	200	60	40	260	250	130	235	45	100	32	M14-6H	28	150
315	200	55	40	325	305	130	235	45	100	35	M14-6H	28	200
315	200	65	40	325	305	130	235	45	100	35	M14-6H	28	200
250	250	55	45	260	250	160	290	50	100	35	M16-6H	32	140
250	250	65	45	260	250	160	290	50	100	35	M16-6H	32	140
315	250	60	45	325	305	160	290	50	100	40	M16-6H	32	200
315	250	70	45	325	305	160	290	50	100	40	M16-6H	32	200
400	250	60	45	410	390	160	290	55	100	40	M16-6H	32	280
400	250	70	45	410	390	160	290	55	100	40	M16-6H	32	280

注：1. 压板台的形状尺寸由制造厂确定。
2. 安装 B 型导柱时，D R7 改为 D H7。

四、滑动导向中间导柱方形模架（表 4-10～ 表 4-12）

表 4-10 中间导柱模架（GB/T 2851—2008） mm

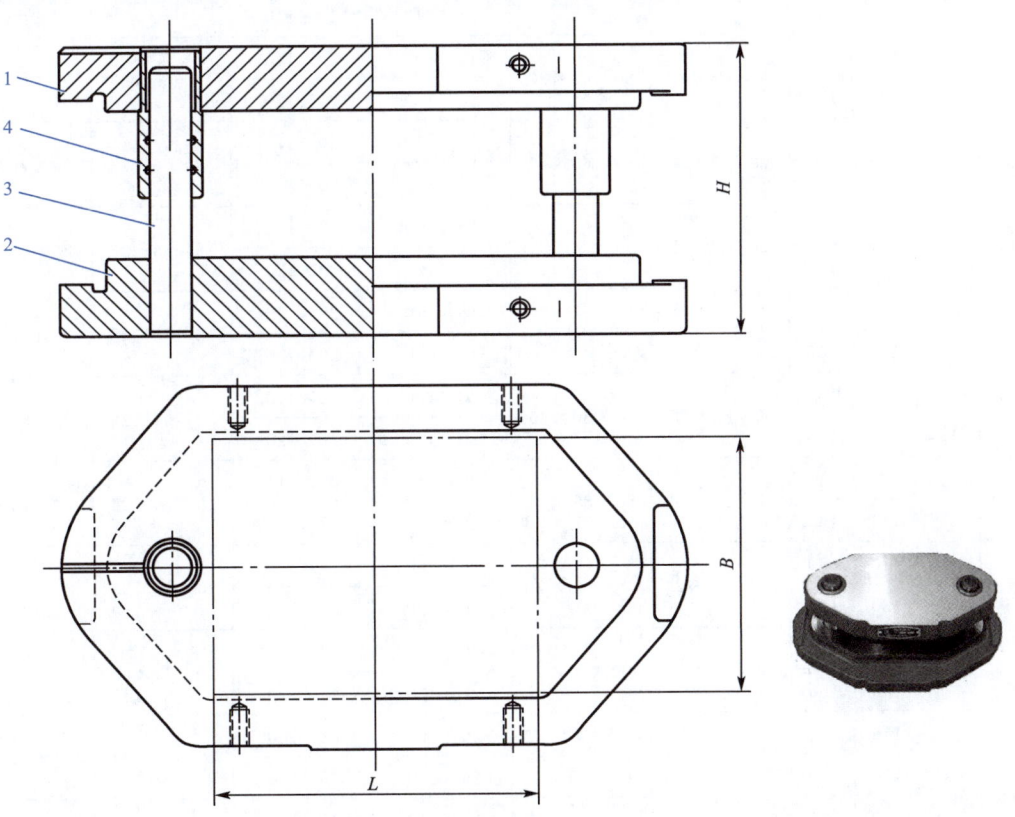

1—上模座；2—下模座；3—导柱；4—导套

标记示例：
凹模周界 $L=250$ mm、$B=200$ mm、模架闭合高度 $H=200$～245 mm、Ⅰ级精度的冲模滑动导向中间导柱模架：
滑动导向模架　中间导柱　250×200×（200～245）　Ⅰ　GB/T 2851—2008
技术条件：应符合 JB/T 8050 的规定。

续表

凹模周界		闭合高度（参考）H		1 上模座 GB/T 2855.1	2 下模座 GB/T 2855.2	3 导柱 GB/T 2861.1		4 导套 GB/T 2861.3	
L	B	最小	最大	1	1	1	1	1	1
63	50	100	115	63×50×20	63×50×25	16×90	18×90	16×60×18	18×60×18
		110	125			16×100	18×100		
		110	130	63×50×25	63×50×30	16×100	18×100	16×65×23	18×65×23
		120	140			16×110	18×110		
63	63	100	115	63×63×20	63×63×25	16×90	18×90	16×60×18	18×60×18
		110	125			16×100	18×100		
		110	130	63×63×25	63×63×30	16×100	18×100	16×65×23	18×65×23
		120	140			16×110	18×110		
80	63	110	130	80×63×25	80×63×30	18×100	20×100	18×65×23	20×65×23
		130	150			18×120	20×120		
		120	145	80×63×30	80×63×40	18×110	20×110	18×70×28	20×70×28
		140	165			18×130	20×130		
100	63	110	130	100×63×25	100×63×30	18×100	20×100	18×65×23	20×65×23
		130	150			18×120	20×120		
		120	145	100×63×30	100×63×40	18×110	20×110	18×70×28	20×70×28
		140	165			18×130	20×130		
80	80	110	130	80×80×25	80×80×30	20×100	22×100	20×65×23	22×65×23
		130	150			20×120	22×120		
		120	145	80×80×30	80×80×40	20×110	22×110	20×70×28	22×70×28
		140	165			20×130	22×130		
100	80	110	130	100×80×25	100×80×30	20×100	22×100	20×65×23	22×65×23
		130	150			20×120	22×120		
		120	145	100×80×30	100×80×40	20×110	22×110	20×70×28	22×70×28
		140	165			20×130	22×130		
125	80	110	130	125×80×25	125×80×30	20×100	22×100	20×65×23	22×65×23
		130	150			20×120	22×120		
		120	145	125×80×30	125×80×40	20×110	22×110	20×70×28	22×70×28
		140	165			20×130	22×130		

续表

凹模周界		闭合高度（参考）H		零件件号、名称及标准编号					
				1	2	3	4		
				上模座 GB/T 2855.1	下模座 GB/T 2855.2	导柱 GB/T 2861.1	导套 GB/T 2861.3		
				数量					
L	B	最小	最大	1	1	1	1	1	1
				规格					
140	80	120	150	140×80×30	140×80×35	22×110	25×110	20×80×28	25×80×28
		140	165			22×130	25×130		
		140	170	140×80×35	140×80×45	22×130	25×130	20×80×33	25×80×33
		160	190			22×150	25×150		
100	100	110	130	100×100×25	100×100×30	20×100	22×100	20×65×23	22×65×23
		130	150			20×120	22×120		
		120	145	100×100×30	100×100×40	20×110	22×110	20×70×28	22×70×28
		140	185			20×130	22×130		
125	100	120	150	125×100×30	125×100×35	22×110	25×110	22×80×28	25×80×28
		140	165			22×130	25×130		
		140	170	125×100×35	125×100×45	22×130	25×130	22×80×33	25×80×33
		160	190			22×150	25×150		
140	100	120	150	140×100×30	140×100×35	22×110	25×110	22×80×28	25×80×28
		140	165			22×130	25×130		
		140	170	140×100×35	140×100×45	22×130	25×130	22×80×33	25×80×33
		160	190			22×150	25×150		
160	100	140	170	160×100×35	160×100×40	25×130	28×130	25×85×33	28×85×33
		160	190			25×150	28×150		
		160	195	160×100×40	160×100×50	25×150	28×150	25×90×38	28×90×38
		190	225			25×180	28×180		
200	100	140	170	200×100×35	200×100×40	25×130	28×130	25×85×33	28×85×33
		160	190			25×150	28×150		
		160	195	200×100×40	200×100×50	25×150	28×150	25×90×38	28×90×38
		190	225			25×180	28×180		
125	125	120	150	125×125×30	125×125×35	22×110	25×110	22×80×28	25×80×28
		140	165			22×130	25×130		
		140	170	125×125×35	125×125×45	22×130	25×130	22×86×33	25×85×33
		160	190			22×150	25×150		

续表

凹模周界		闭合高度（参考）H		零件件号、名称及标准编号					
				1	2	3	4		
				上模座 GB/T 2855.1	下模座 GB/T 2855.2	导柱 GB/T 2861.1		导套 GB/T 2861.3	
				数量					
L	B	最小	最大	1	1	1	1	1	1
				规格					
140	125	140	170	140×125×35	140×125×40	25×130	28×130	25×85×33	28×85×33
		160	190			25×150	28×150		
		160	195	140×125×40	140×125×50	25×150	28×150	25×90×38	28×90×38
		190	225			25×180	28×180		
160	125	140	170	160×125×35	160×125×40	25×130	28×130	25×85×33	28×85×33
		160	190			25×150	28×150		
		170	205	160×125×40	160×125×50	25×160	28×160	25×95×38	28×95×38
		190	225			25×180	28×180		
200	125	140	170	200×125×35	200×125×40	25×130	28×130	25×85×33	28×85×33
		160	190			25×150	28×150		
		170	205	200×125×40	200×125×50	25×160	28×160	25×95×38	28×95×38
		190	225			25×180	28×180		
250		160	200	250×125×40	250×125×45	28×150	32×150	28×100×38	32×100×38
		180	220			28×170	32×170		
		190	235	250×125×45	250×125×55	28×180	32×180	28×110×43	32×110×43
		210	255			28×200	32×200		
250		170	210	250×200×45	250×200×50	32×160	35×160	32×105×43	35×105×43
		200	240			32×190	35×190		
		200	245	250×200×50	250×200×60	32×190	35×190	32×115×48	35×115×48
		220	265			32×210	35×210		
280	200	190	230	280×200×45	280×200×55	35×180	40×180	35×115×43	40×115×43
		220	260			35×210	40×210		
		210	255	280×200×50	280×200×65	35×200	40×200	35×125×48	40×125×48
		240	285			35×230	40×230		
315		190	230	315×200×45	315×200×55	35×180	40×180	35×115×43	40×115×43
		220	260			35×210	40×210		
		210	255	315×200×50	315×200×65	35×200	40×200	35×125×48	40×125×48
		240	285			35×230	40×230		

续表

凹模周界		闭合高度（参考）H		零件件号、名称及标准编号			
				1	2	3	4
				上模座 GB/T 2855.1	下模座 GB/T 2855.2	导柱 GB/T 2861.1	导套 GB/T 2861.3
				数量			
L	B	最小	最大	1	1	1　　　　　1	1　　　　　1
				规格			
250	200	190	230	250×250×45	250×250×55	35×180　40×180	35×115×43　40×115×43
		220	260			35×210　40×210	
		210	255	250×250×50	250×250×65	35×200　40×200	35×125×48　40×125×48
		240	285			35×230　40×230	
280	200	190	230	280×250×45	280×250×55	35×180　40×180	35×115×43　40×115×43
		220	260			35×210　40×210	
		210	255	280×250×50	280×250×65	35×200　40×200	35×125×48　40×125×48
		240	285			35×230　40×230	
315	250	215	250	315×250×50	315×250×60	40×200　45×200	40×125×43　45×125×43
		245	280			40×230　45×230	
		245	290	315×250×55	315×250×70	40×230　45×230	40×140×53　45×140×53
		275	320			40×260　45×260	
400	250	215	250	400×250×50	400×250×60	40×200　45×200	40×125×48　45×125×48
		245	280			40×230　45×230	
		245	290	400×250×55	400×250×70	40×230　45×230	40×140×53　45×140×53
		275	320			40×260　45×260	
280	280	215	250	280×280×50	280×280×60	40×200　45×200	40×125×48　45×125×48
		245	280			40×230　45×230	
		245	290	280×280×55	280×280×60	40×230　45×230	40×140×53　45×140×53
		275	320			40×260　45×260	
315	280	215	250	315×280×50	315×280×60	40×200　45×200	40×125×48　45×125×48
		245	280			40×230　45×230	
		245	290	315×280×55	315×280×70	40×230　45×230	40×140×53　45×140×53
		275	320			40×260　45×260	
400	280	215	250	400×280×50	400×280×60	40×200　45×200	40×125×48　45×125×48
		245	280			40×230　45×230	
		245	290	400×280×55	400×280×70	40×230　45×230	40×140×53　45×140×53
		275	320			40×260　45×260	

续表

凹模周界		闭合高度（参考）H		零件件号、名称及标准编号					
				1	2	3		4	
				上模座 GB/T 2855.1	下模座 GB/T 2855.2	导柱 GB/T 2861.1		导套 GB/T 2861.3	
				数量					
L	B	最小	最大	1	1	1	1	1	1
				规格					
315		215	250	315×315×50	315×315×60	45×200	50×200	45×125×48	50×125×48
		245	280			45×230	50×230		
		245	290	315×315×55	315×315×70	45×230	50×230	45×140×53	50×140×53
		275	320			45×260	50×260		
400	315	245	290	400×315×55	400×315×65	45×230	50×230	45×140×53	50×140×53
		275	315			45×260	50×260		
		275	320	400×315×60	400×315×75	45×260	50×260	45×150×58	50×150×58
		305	350			45×290	50×290		
500		245	290	500×315×55	500×315×65	45×230	50×230	45×140×53	50×140×53
		275	315			45×260	50×260		
		275	320	500×315×60	500×315×75	45×260	50×260	45×150×58	50×150×58
		305	350			45×290	50×290		

表 4-11　　滑动导向中间导柱上模座（GB/T 2855.1—2008）　　mm

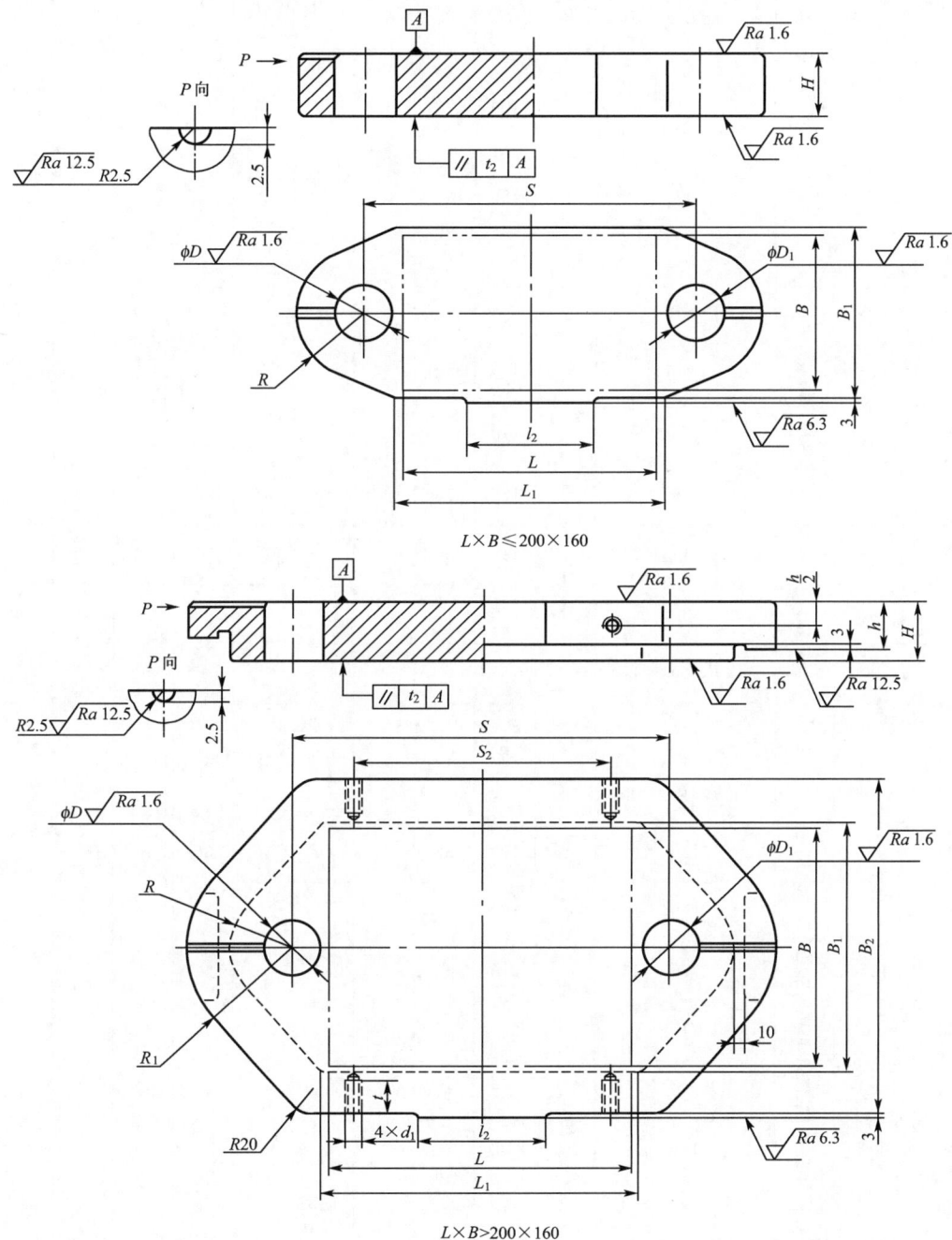

未注粗糙度的表面为非加工表面。
标记示例：
　　凹模周界 $L=200$ mm、$B=160$ mm、模架闭合高度 $H=45$ mm 的滑动导向中间导柱上模座：
　　　　　　滑动导向上模座　中间导柱　$200 \times 160 \times 45$　GB/T 2855.1—2008
材料：由制造者选定，推荐采用 HT200。
技术条件：t_2 应符合 JB/T 8070 中表 2 的规定，其余应符合 JB/T 8070 的规定。

续表

凹模周界		H	h	L_1	B_1	B_2	S	R	R_1	l_2	D H7	D_1 H7	d_1	t	S_2
L	B														
63	50	20		70	60		100	28		40	25	28			
		25													
63		20		70											
		25													
80	63	25		90	70		120	32			28	32			
		30													
100		25		110			140								
		30													
80		25		90			125			60					
		30													
100	80	25		110	90		145	35			32	35			
		30													
125		25		130			170								
		30													
140		30		150			185	38		80	35	38			
		35													
100		25		110			145	35			32	35			
		30								60					
125		30		130			170								
		35						38			35	38			
140	100	30	—	150	110	—	185		—				—	—	—
		35													
160		35		170			210			80					
		40						42			38	42			
200		35		210			250								
		40													
125		30		130			170	38		60	35	38			
		35													
140		35		150			190								
		40													
160	125	35		170	130		210	42		80	38	42			
		40													
200		40		210			250								
		45													
250		40		260			305	45		100	42	45			
		45													
140		35		150			190								
		40						42			38	42			
160		35		170			210			80					
		40													
200	140	40		210	150		255								
		45						45			42	45			
250		40		260			305			100					
		45													

续表

| 凹模周界 | | H | h | L_1 | B_1 | B_2 | S | R | R_1 | l_2 | D H7 | D_1 H7 | d_1 | t | S_2 |
L	B														
160	160	40	—	170	170	—	215	45	—	80	42	45	—	—	—
160	160	45	—	170	170	—	215	45	—	80	42	45	—	—	—
200	160	40	—	210	170	—	255	45	—	80	42	45	—	—	—
200	160	45	—	210	170	—	255	45	—	80	42	45	—	—	—
250	160	45	—	260	170	240	310	45	—	100	42	45	—	—	210
250	160	50	—	260	170	240	310	45	—	100	42	45	—	—	210
280	160	45	—	290	170	240	340	45	—	100	42	45	—	—	250
280	160	50	—	290	170	240	340	45	—	100	42	45	—	—	250
200	200	45	40	210	210	280	260	50	85	80	45	50	M14-6H	28	170
200	200	50	40	210	210	280	260	50	85	80	45	50	M14-6H	28	170
250	200	45	40	260	210	280	310	50	85	80	45	50	M14-6H	28	210
250	200	50	40	260	210	280	310	50	85	80	45	50	M14-6H	28	210
280	200	45	40	290	210	290	345	50	85	80	45	50	M14-6H	28	250
280	200	50	40	290	210	290	345	50	85	80	45	50	M14-6H	28	250
315	200	45	40	325	210	290	380	50	85	80	45	50	M14-6H	28	290
315	200	50	40	325	210	290	380	50	85	80	45	50	M14-6H	28	290
250	250	45	45	260	260	340	315	55	95	100	50	55	M16-6H	32	210
250	250	50	45	260	260	340	315	55	95	100	50	55	M16-6H	32	210
280	250	45	45	290	260	340	345	55	95	100	50	55	M16-6H	32	250
280	250	50	45	290	260	340	345	55	95	100	50	55	M16-6H	32	250
315	250	50	45	325	260	350	385	55	95	100	50	55	M16-6H	32	260
315	250	55	45	325	260	350	385	55	95	100	50	55	M16-6H	32	260
400	250	50	45	410	260	350	470	60	105	120	55	60	M16-6H	32	340
400	250	55	45	410	260	350	470	60	105	120	55	60	M16-6H	32	340

注：压板台的形状尺寸由制造者确定。

表 4-12　　滑动导向中间导柱下模座（GB/T 2855.2—2008）　　　　　　　　mm

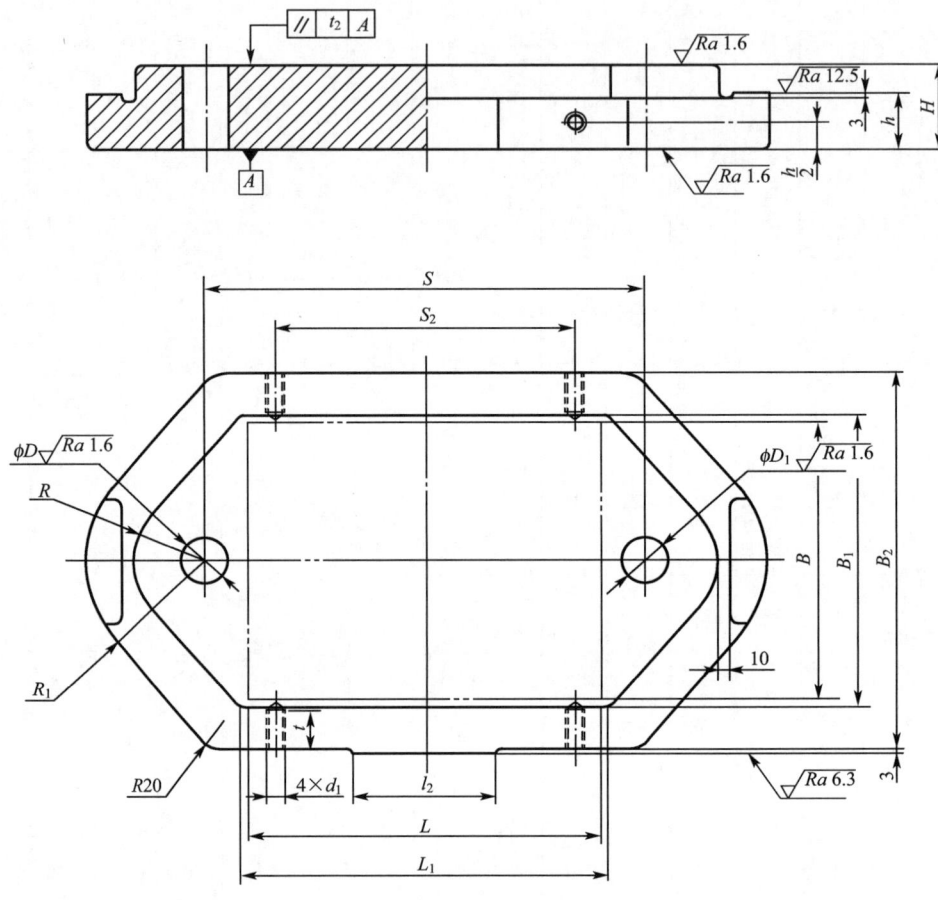

未注粗糙度的表面为非加工表面。

标记示例：

凹模周界 $L=250$ mm、$B=200$ mm、模架闭合高度 $H=50$ mm 的滑动导向中间导柱下模座：

滑动导向下模座　中间导柱　250×200×50　GB/T 2855.2—2008

材料：由制造者选定，推荐采用 HT200。

技术条件：t_2 应符合 JB/T 8070 中表 2 的规定，其余应符合 JB/T 8070 的规定。

第四章 冷冲模设计常用标准摘录

续表

凹模周界		H	h	L_1	B_1	B_2	S	R	R_1	l_2	D H7	D_1 H7	d_1	t	S_2
L	B														
63	50	25	20	70	60	92	100	28	44	40	16	18			
		30													
63	63	25				102									
		30													
80	63	30		90	70	120	116	32	55		18	20			
		40													
100		30		110		140									
		40													
80	80	30	25	90	90	125				60					
		40													
100	80	30		110		140	145	35	60		20	22			
		40													
125	80	30		130		170									
		40													
140	80	35	30	150		150	185	38	68	80	22	25			
		45													
100	100	30	25	110	110	160	145	35	60		20	22			
		40													
125	100	35	30	130		170	170	38	68	60	22	25			
		45													
140	100	35		150		185							—	—	—
		45													
160	100	40	35	170		210	176	42	75	80	25	28			
		50													
200	100	40		210		250									
		50													
125	125	35	30	130	130	190	170	38	68	60	22	25			
		45													
140	125	40		150		190									
		50													
160	125	40		170		196	210	42	75	80	25	28			
		50													
200	125	40		210		250									
		50													
250	125	45	35	260		200	305	45	80	100	28	32			
		55													
140	140	40		150	150	216	190	42	75	80	25	28			
		50					210								
160	140	40		170											
		50													
200	140	45		210		220	255	45	80		28	32			
		55													
250	140	45		260			305			100					
		55													

续表

凹模周界 L	凹模周界 B	H	h	L_1	B_1	B_2	S	R	R_1	l_2	D H7	D_1 H7	d_1	t	S_2
160	160	45	35	170	170	240	215	45	80	80	28	32	—	—	—
160	160	55	35	170	170	240	215	45	80	80	28	32	—	—	—
200	160	45	35	210	170	240	255	45	80	80	28	32	—	—	—
200	160	55	35	210	170	240	255	45	80	80	28	32	—	—	—
250	160	50	35	260	170	240	310	50	85	100	32	35	M14-6H	28	210
250	160	60	35	260	170	240	310	50	85	100	32	35	M14-6H	28	210
280	160	50	35	290	170	240	340	50	85	100	32	35	M14-6H	28	250
280	160	60	35	290	170	240	340	50	85	100	32	35	M14-6H	28	250
200	200	50	40	210	210	280	260	50	85	80	32	35	M14-6H	28	170
200	200	60	40	210	210	280	260	50	85	80	32	35	M14-6H	28	170
250	200	50	40	260	210	280	310	50	85	80	32	35	M14-6H	28	210
250	200	60	40	260	210	280	310	50	85	80	32	35	M14-6H	28	210
280	200	55	40	290	210	290	345	55	95	100	35	40	M14-6H	28	250
280	200	65	40	290	210	290	345	55	95	100	35	40	M14-6H	28	250
315	200	55	40	325	210	290	380	55	95	100	35	40	M14-6H	28	290
315	200	65	40	325	210	290	380	55	95	100	35	40	M14-6H	28	290
250	250	55	45	260	260	340	315	55	95	100	35	40	M16-6H	32	210
250	250	65	45	260	260	340	315	55	95	100	35	40	M16-6H	32	210
280	250	55	45	290	260	340	345	55	95	100	35	40	M16-6H	32	250
280	250	65	45	290	260	340	345	55	95	100	35	40	M16-6H	32	250
315	250	60	45	325	260	350	385	60	105	120	40	45	M16-6H	32	260
315	250	70	45	325	260	350	385	60	105	120	40	45	M16-6H	32	260
400	250	60	45	410	260	350	470	60	105	120	40	45	M16-6H	32	340
400	250	70	45	410	260	350	470	60	105	120	40	45	M16-6H	32	340

注：1. 压板台的形状尺寸由制造者确定。
2. 安装 B 型导柱时，D R7、D_1 R7 改为 D H7、D_1 H7。

五、滑动导向中间导柱圆形模架（表 4-13～表 4-15）

表 4-13　　　　　中间导柱圆形模架（GB/T 2851—2008）　　　　　mm

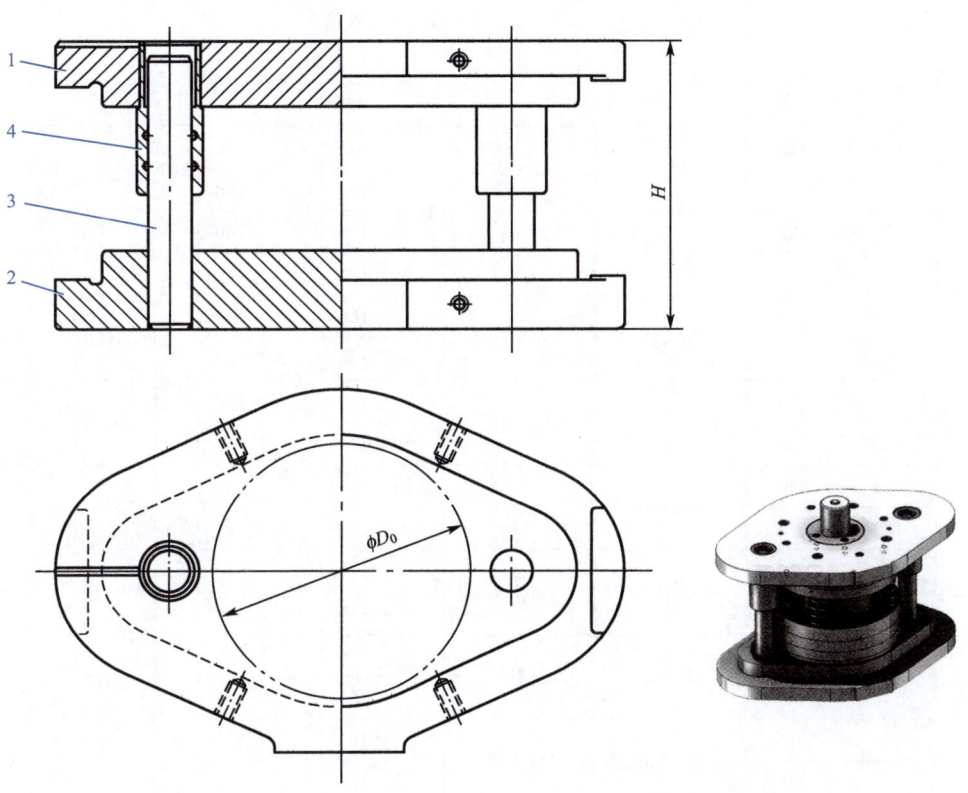

1—上模座；2—下模座；3—导柱；4—导套

标记示例：
凹模周界 D_0 = 200 mm、模架闭合高度 H = 200～245 mm、Ⅰ级精度的冲模滑动导向中间导柱圆形模架：
　　　　滑动导向模架　中间导柱圆形　200×(200～245)　Ⅰ　GB/T 2851—2008
技术条件：应符合 JB/T 8050 的规定。

续表

凹模周界	闭合高度（参考）H		零件件号、名称及标准编号			
			1	2	3	4
			上模座 GB/T 2855.1	下模座 GB/T 2855.2	导柱 GB/T 2861.1	导套 GB/T 2861.3
			数量			
D_0	最小	最大	1	1	1	1
			规格			
63	100	115	63×20	63×25	16×90	18×90	16×60×18	18×60×18
	110	125			16×100	18×100		
	110	130	63×25	63×30	16×100	18×100	16×65×23	18×65×23
	120	140			16×110	18×110		
80	110	130	80×25	80×30	20×100	22×100	20×65×23	22×65×23
	130	150			20×120	22×120		
	120	145	80×30	80×40	20×110	22×110	20×70×28	22×70×20
	140	165			20×130	22×130		
100	110	130	100×25	100×30	20×100	22×100	20×65×23	22×65×23
	130	150			20×120	22×120		
	120	145	100×30	100×40	20×110	22×110	20×70×28	22×70×28
	140	165			20×130	22×130		
125	120	150	125×30	125×35	22×110	25×110	22×80×28	25×80×28
	140	165			22×130	25×130		
	140	170	125×35	125×45	22×130	25×130	22×85×33	25×85×33
	160	190			22×150	25×150		
160	160	200	160×40	160×45	28×150	32×150	28×110×38	32×110×38
	180	220			28×170	32×170		
	190	235	160×45	160×55	28×180	32×180	28×110×43	32×110×43
	210	255			28×200	32×200		
200	170	210	200×45	200×50	32×160	35×160	32×105×43	35×105×43
	200	240			32×190	35×190		
	200	245	200×50	200×60	32×190	35×190	32×115×48	35×115×48
	220	265			32×210	35×210		

续表

凹模周界	闭合高度（参考）H		零件件号、名称及标准编号			
			1	2	3	4
			上模座 GB/T 2855.1	下模座 GB/T 2855.2	导柱 GB/T 2861.1	导套 GB/T 2861.3
			数量			
D_0	最小	最大	1	1	1	1
			规格			
250	190	230	250×45	250×55	35×180	35×115×43
	220	260			35×210	35×115×43
	210	255	250×50	250×65	40×200	40×125×48
	240	285			40×230	40×125×48
315	215	250	315×50	315×60	45×200	45×125×48
	245	280			45×230	45×125×48
	245	290	315×55	315×70	50×230	50×140×53
	275	320			50×260	50×140×53
400	245	290	400×55	400×65	50×230	45×140×53
	275	315			50×260	45×140×53
	275	320	400×60	400×75	50×260	50×150×58
	305	350			50×290	50×150×58
500	260	300	500×55	500×65	50×240	50×150×53
	290	325			50×270	55×150×53
	290	330	500×65	500×80	55×270	55×160×63
	320	360			55×300	55×160×63
630	270	310	630×60	630×70	55×250	55×160×58
	300	340			55×280	60×160×58
	310	350	630×75	630×90	60×290	60×170×73
	340	380			60×320	60×170×73

表 4-14　滑动导向中间导柱圆形上模座（GB/T 2855.1—2008）　　mm

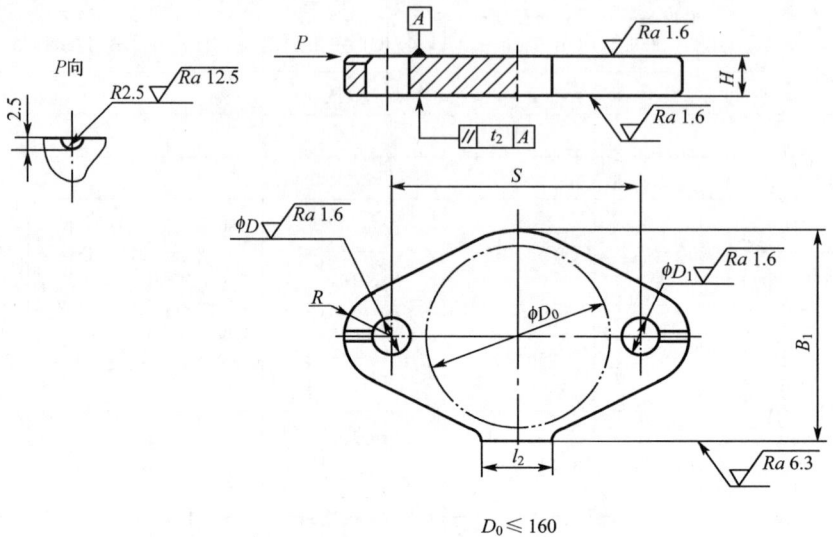

$D_0 \leqslant 160$

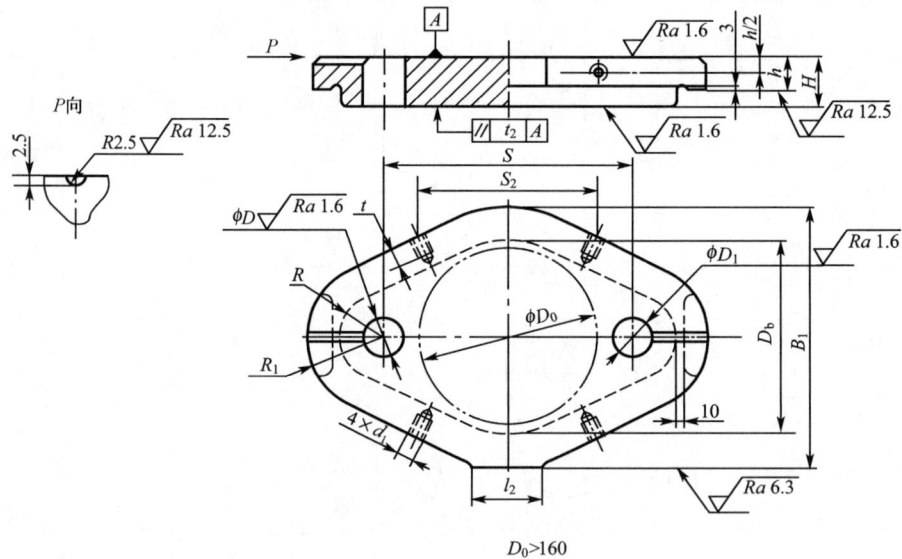

$D_0 > 160$

未注粗糙度的表面为非加工表面。
标记示例：
　　凹模周界 $D_0=160$ mm、模架闭合高度 $H=45$ mm 的滑动导向中间导柱圆形上模座：
　　　　滑动导向上模座　中间导柱圆形　160×45　GB/T 2855.1—2008
材料：由制造者选定，推荐采用 HT200。
技术条件：t_2 应符合 JB/T 8070 中表 2 的规定，其余应符合 JB/T 8070 的规定。

续表

凹模周界 D_0	H	h	D_b	B_1	S	R	R_1	l_2	D H7	D_1 H7	d_1	t	S_2
63	20	—	—	70	100	28	—	50	25	28	—	—	—
63	25	—	—	70	100	28	—	50	25	28	—	—	—
80	25	—	—	90	125	35	—	60	32	35	—	—	—
80	30	—	—	90	125	35	—	60	32	35	—	—	—
100	25	—	—	110	145	35	—	60	32	35	—	—	—
100	30	—	—	110	145	35	—	60	32	35	—	—	—
125	30	—	—	130	170	38	—	80	35	38	—	—	—
125	35	—	—	130	170	38	—	80	35	38	—	—	—
160	40	—	—	170	215	45	—	80	42	45	—	—	—
160	45	—	—	170	215	45	—	80	42	45	—	—	—
200	45	30	210	280	260	50	85	80	45	50	M14-6H	28	180
200	50	30	210	280	260	50	85	80	45	50	M14-6H	28	180
250	45	30	260	340	315	55	95	80	50	55	M16-6H	32	220
250	50	30	260	340	315	55	95	80	50	55	M16-6H	32	220
315	50	36	325	425	390	65	115	100	60	65	M20-6H	40	280
315	55	36	325	425	390	65	115	100	60	65	M20-6H	40	280
400	55	36	410	510	475	65	115	100	60	65	M20-6H	40	380
400	60	36	410	510	475	65	115	100	60	65	M20-6H	40	380
500	55	40	510	620	580	70	125	100	65	70	M20-6H	40	480
500	65	40	510	620	580	70	125	100	65	70	M20-6H	40	480
630	60	40	640	768	720	76	135	100	70	76	M20-6H	40	600
630	75	40	640	768	720	76	135	100	70	76	M20-6H	40	600

表 4-15　滑动导向中间导柱圆形下模座（GB/T 2855.2—2008）　　　mm

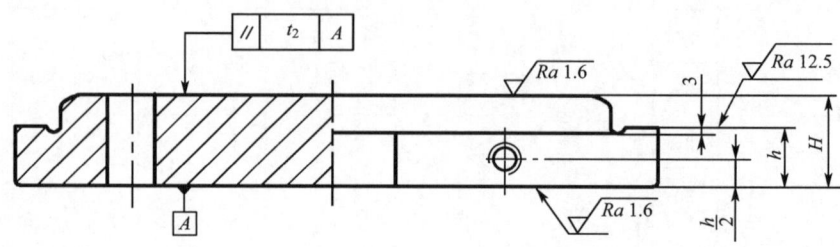

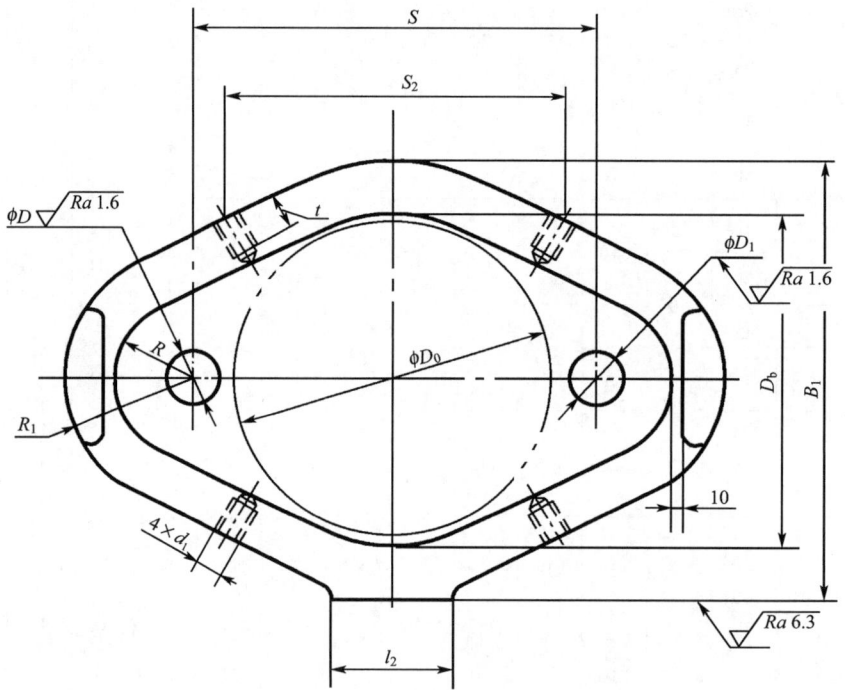

未注粗糙度的表面为非加工表面。

标记示例：

　　凹模周界 $D_0=200$ mm、模架闭合高度 $H=60$ mm 的滑动导向中间导柱圆形下模座：

　　　　　　　滑动导向下模座　中间导柱圆形　200×60　GB/T 2855.2—2008

材料：由制造者选定，推荐采用 HT200。

技术条件：t_2 应符合 JB/T 8070 中表 2 的规定，其余应符合 JB/T 8070 的规定。

续表

凹模周界 D_0	H	h	D_b	B_1	S	R	R_1	l_2	D R7	D_1 R7	d_1	t	S_2
63	25	20	70	102	100	28	44	50	16	18	—	—	—
63	30	20	70	102	100	28	44	50	16	18	—	—	—
80	30	20	90	136	125	35	58	60	20	22	—	—	—
80	40	20	90	136	125	35	58	60	20	22	—	—	—
100	30	20	110	160	145	35	60	60	20	22	—	—	—
100	40	20	110	160	145	35	60	60	20	22	—	—	—
125	35	25	130	190	170	38	68	80	22	25	—	—	—
125	45	25	130	190	170	38	68	80	22	25	—	—	—
160	45	35	170	240	215	45	80	80	28	32	—	—	—
160	55	35	170	240	215	45	80	80	28	32	—	—	—
200	50	40	210	280	260	50	85	80	32	35	M14-6H	28	180
200	60	40	210	280	260	50	85	80	32	35	M14-6H	28	180
250	55	40	260	340	315	55	95	80	35	40	M16-6H	32	220
250	65	40	260	340	315	55	95	80	35	40	M16-6H	32	220
315	60	45	325	425	390	65	115	100	45	50	M20-6H	40	280
315	70	45	325	425	390	65	115	100	45	50	M20-6H	40	280
400	65	45	410	510	475	65	115	100	45	50	M20-6H	40	380
400	75	45	410	510	475	65	115	100	45	50	M20-6H	40	380
500	65	45	510	620	580	70	125	100	50	55	M20-6H	40	480
500	80	45	510	620	580	70	125	100	50	55	M20-6H	40	480
630	70	45	640	758	720	76	135	100	55	76	M20-6H	40	600
630	90	45	640	758	720	76	135	100	55	76	M20-6H	40	600

注:1. 压板台的形状尺寸由制造者确定。
2. 安装 B 型导柱时,D R7、D_1 R7 改为 D H7、D_1 H7。

六、导柱与导套（表 4-16～表 4-19）

表 4-16　　　　　　　　　　A 型导柱（GB/T 2861.1—2008）　　　　　　　　　　mm

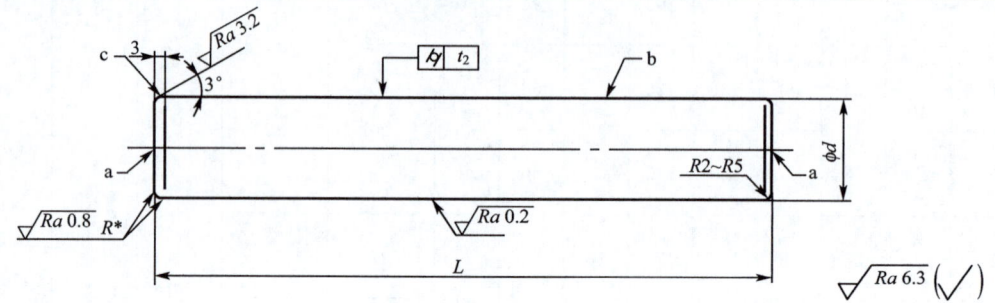

a 处允许保留中心孔，b 处允许开油槽，c 处压入端允许采用台阶式导入结构。
注：R^* 由制造者确定。
标记示例：
　　直径 $d=20$ mm、长度 $L=120$ mm 的滑动导向 A 型导柱：
　　　　　　　　滑动导向导柱　A　20×120　GB/T 2861.1—2008
材料：由制造者选定，推荐采用 20Cr、GCr15。
硬度：20Cr 渗碳深度 0.8～1.2 mm，硬度（58～62）HRC；GCr15 硬度（58～62）HRC。
技术条件：t_3、t_4 应符合 JB/T 8071 中的规定，其余应符合 JB/T 8070 的规定。

d h5 或 d h6	L	d h5 或 d h6	L
16	90	25	130
	100		150
	110		160
18	90		170
	100		180
	110	28	130
	120		150
	130		160
	150		170
	160		180
20	100		190
	110		200
	120	32	150
	130		160
	150		170
	160		180
22	100		190
	110		200
	120		210
	130	35	160
	150		180
	160		190
	180		200
25	110		210

续表

d h5 或 d h6	L	d h5 或 d h6	L
35	230	50	270
40	180		280
	190		290
	200		300
	210	55	220
	230		240
	260		250
45	190		270
	200		280
	230		290
	260		300
	290		320
50	200	60	250
	220		270
	230		280
	240		290
	250		300
	260		320

注：Ⅰ级精度模架导柱采用 d h5，Ⅱ级精度模架导柱采用 d h6。

表 4-17　　　　　　　　　　B 型导柱(GB/T 2861.1—2008)　　　　　　　　　　mm

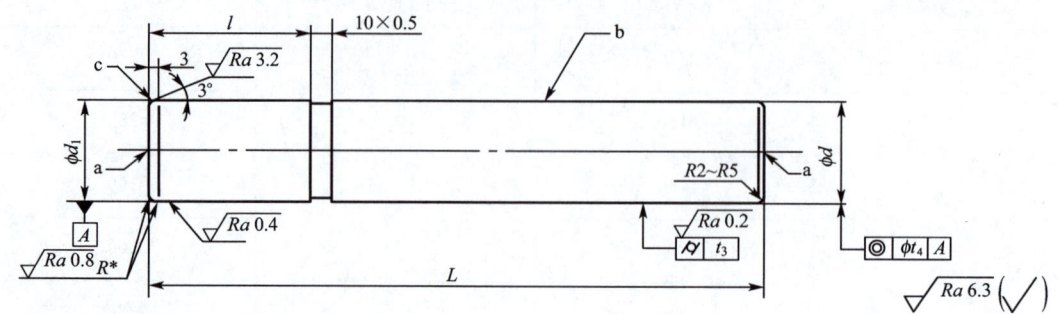

a 处允许保留中心孔,b 处允许开油槽,c 处压入端允许采用台阶式导入结构。

注：R^* 由制造者确定。

标记示例：

　　直径 $d=20$ mm、长度 $L=120$ mm 的滑动导向 B 型导柱：

　　　　　　　　滑动导向导柱　B　20×120　GB/T 2861.1—2008

材料：由制造者选定，推荐采用 20Cr、GCr15。

硬度：20Cr 渗碳深度 0.8～1.2 mm,硬度(58～62)HRC；GCr15 硬度(58～62)HRC。

技术条件：t_3、t_4 应符合 JB/T 8071 中的规定，其余应符合 JB/T 8070 的规定。

d h5 或 d h6	d_1 r6	L	l
16	16	90	25
		100	
		100	30
		110	
18	18	90	25
		100	
		100	30
		110	
		120	
		110	40
		130	
20	20	100	30
		120	
		120	35
		110	40
		130	

续表

d h5 或 d h6	d_1 r6	L	l
22	22	100	30
		120	
		110	35
		120	
		130	
		110	40
		130	
		130	45
		150	
25	25	110	35
		130	
		130	40
		150	
		130	45
		150	
		150	50
		160	
		180	
28	28	130	40
		150	
		150	45
		170	
		150	50
		160	
		180	
		180	55
		200	
32	32	150	45
		170	
		160	50
		190	
		180	55
		210	
		190	60
		210	
35	35	160	50
		190	
		180	55
		190	

续表

d h5 或 d h6	d_1 r6	L	l
35	35	210	55
		190	60
		210	
		200	65
		230	
40	40	180	55
		210	
		190	60
		200	
		210	
		230	
		200	65
		230	
		230	70
		260	
45	45	200	60
		230	
		200	65
		230	
		260	
		230	70
		260	
		260	75
		290	
50	50	200	60
		230	
		220	65
		230	
		240	
		250	
		260	
		270	
		230	70
		260	
		260	75
		290	
		250	80
		270	
		280	
		300	

续表

d h5 或 d h6	d_1 r6	L	l
55	55	220	65
		240	
		250	
		270	
		250	70
		280	
		250	75
		280	
		250	80
		270	
		280	
		300	
		290	90
		320	
60	60	250	70
		280	
		290	90
		320	

注：Ⅰ级精度模架导柱采用 d h5，Ⅱ级精度模架导柱采用 d h6。

表 4-18　　A 型导套(GB/T 2861.3—2008)　　mm

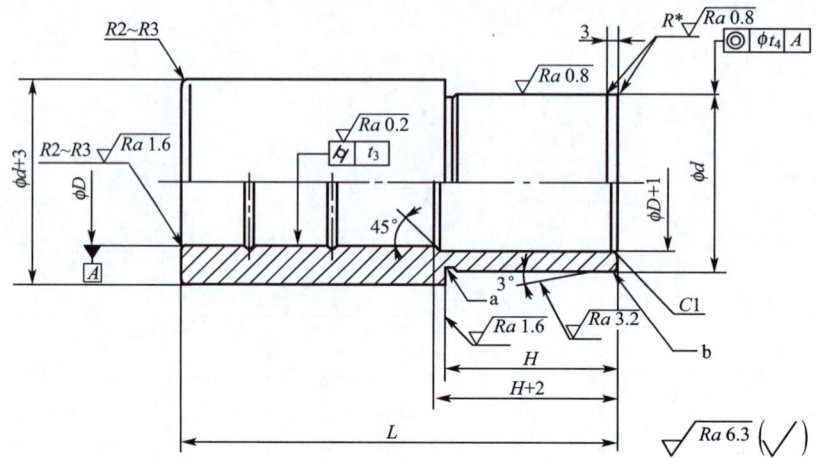

a 处砂轮越程槽由制造者确定,b 处压入端允许采用台阶式导入结构。
注:油槽数量及尺寸由制造者确定,R^* 由制造者确定。
标记示例:
　　直径 D=20 mm、长度 L=70 mm、固定端长度 H=28 mm 的滑动导向 A 型导套:
　　　　　滑动导向导套　A　20×70×28　GB/T 2861.3—2008
材料:由制造者选定,推荐采用 20Cr、GCr15。
硬度:20Cr 渗碳深度 0.8~1.2 mm,硬度(58~62)HRC;GCr15 硬度(58~62)HRC。
技术条件:t_3、t_4 应符合 JB/T 8071 中的规定,其余应符合 JB/T 8070 的规定。

D H6 或 D H7	d r6 或 d d3	L	H
16	25	60	18
		65	23
18	28	60	18
		65	23
		70	28
20	32	65	23
		70	28
22	35	65	23
		70	28
		80	
		80	33
		85	
25	38	80	28
		80	33
		85	
		90	38
		95	

续表

D H6 或 D H7	d r6 或 d d3	L	H
28	42	85	33
		90	38
		95	38
		100	38
		110	43
32	45	100	38
		105	43
		110	43
		115	48
35	50	105	43
		115	43
		115	48
		125	48
40	55	115	43
		125	48
		140	53
45	60	125	48
		140	53
		150	58
50	65	125	48
		140	53
		150	53
		150	58
		160	63
55	70	150	53
		160	58
		160	63
		170	73
60	76	160	58
		170	73

注:1. Ⅰ级精度模架导柱采用 D H6,Ⅱ级精度模架导柱采用 D H7。
2. 导套压入式采用 d r6,黏接式采用 d d3。

表 4-19　　B 型导套（GB/T 2861.3—2008）　　mm

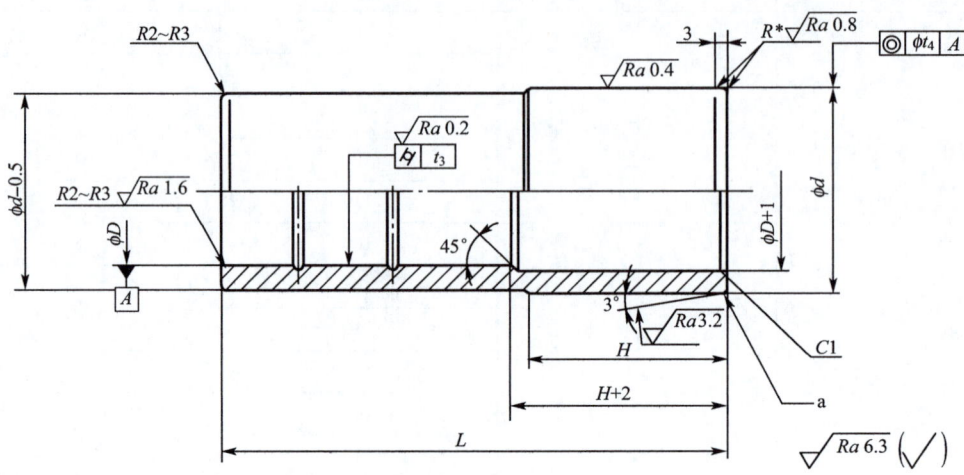

a 处压入端允许采用台阶式导入结构。

注：油槽数量及尺寸由制造者确定，R^* 由制造者确定。

标记示例：

　　直径 $D=20$ mm、长度 $L=70$ mm、固定端长度 $H=28$ mm 的滑动导向 B 型导套：

　　　　滑动导向导套　B　20×70×28　GB/T 2861.3—2008

材料：由制造者选定，推荐采用 20Cr、GCr15。

硬度：20Cr 渗碳深度 0.8～1.2 mm，硬度（58～62）HRC；GCr15 硬度（58～62）HRC。

技术条件：t_3、t_4 应符合 JB/T 8071 中的规定，其余应符合 JB/T 8070 的规定。

D H6 或 D H7	d r6	L	H	D H6 或 D H7	d r6	L	H
16	25	40	18	25	38	55	27
		60	18			60	30
		65	23			80	33
18	28	40	18			85	
		45	23			90	38
		60	18			95	
		65	23	28	42	60	30
		70	28			65	
20	32	45	23			85	33
		50	25			90	38
		65	23			95	
		70	28			100	
22	35	50	25	32	45	110	43
		55	27			65	30
		65	23			70	33
		70	28			100	38
		80	33			105	43
		85	38			110	

续表

D H6 或 D H7	d r6	L	H	D H6 或 D H7	d r6	L	H
32	45	115	48	45	60	150	58
35	50	70	33	50	65	125	48
		105	43			140	53
		115	48			150	58
		125				160	63
40	55	115	43	55	70	150	53
		125	48			160	63
		140	53			170	73
45	60	125	48	60	76	160	58
		140	53			170	73

注：Ⅰ级精度模架导柱采用 D H6，Ⅱ级精度模架导柱采用 D H7。

七、凸模（表 4-20～表 4-22）

表 4-20　　　　　　圆柱头直杆圆凸模（JB/T 5825—2008）　　　　　　mm

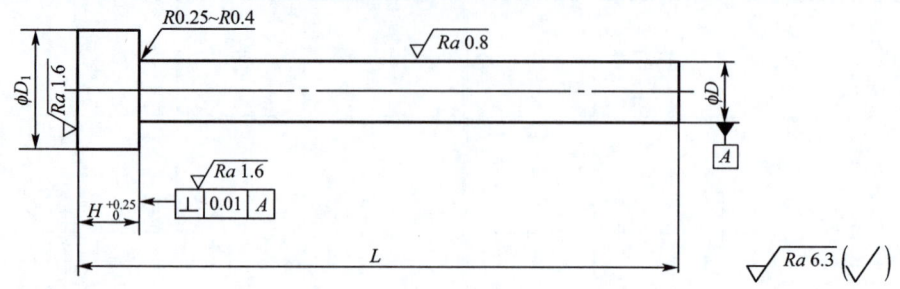

标记示例：
　　凸模刃口直径 $D=6.3$ mm、长度 $L=80$ mm 的圆柱头直杆圆凸模：
　　　　　圆柱头直杆圆凸模　6.3×80　JB/T 5825—2008
材料：由制造者选定，推荐采用 Cr12MoV、Cr12、Cr6WV、CrWMn。
硬度：Cr12MoV、Cr12、CrWMn 刃口(58～62)HRC，头部固定部分(40～50)HRC；Cr6WV 刃口(56～60)HRC，头部固定部分(40～50)HRC。
技术条件：应符合 JB/T 7653 的规定。

D m5	H	$D_1{}_{-0.25}^{\ 0}$	$L{}_{\ 0}^{+1.0}$	D m5	H	$D_1{}_{-0.25}^{\ 0}$	$L{}_{\ 0}^{+1.0}$
1.0	3.0	3.0	45,50,56,63,71,80,90,100	5.0	5.0	8.0	45,50,56,63,71,80,90,100
1.05				5.3			
1.1				5.6	5.0	9.0	
1.2				6.0			
1.25				6.3			
1.3				6.7	5.0	11.0	
1.4				7.1			
1.5				7.5			
1.6				8.0	5.0	11.0	
1.7	3.0	4.0		8.5			
1.8				9.0			
1.9				9.5	5.0	13.0	
2.0				10.0			
2.1				10.5			
2.2				11.0			
2.4	3.0	5.0		12.0	5.0	16.0	
2.5				12.5			
2.6				13.0			
2.8				14.0			
3.0				15.0			
3.2	3.0	6.0		16.0	5.0	19.0	
3.4				20.0		24.0	
3.6				25.0	5.0	29.0	
3.8				32.0		36.0	
4.0				36.0		40.0	
4.2	3.0	7.0					
4.5							
4.8							

表 4-21　　　　　　　　　圆柱头缩杆圆凸模（JB/T 5826—2008）　　　　　　　　mm

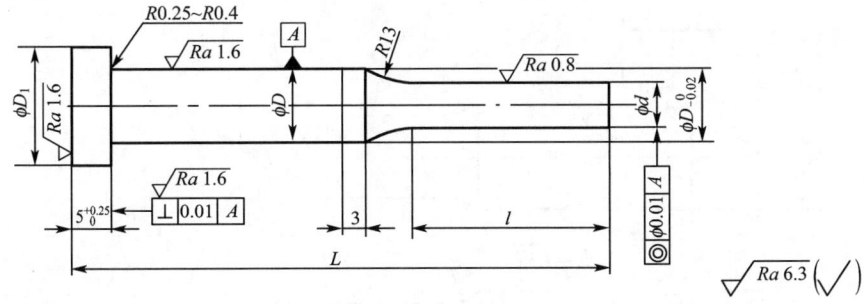

标记示例：

凸模杆直径 $D=5$ mm，刃口直径 $d=2$ mm，长度 $L=56$ mm 的圆柱头缩杆圆凸模：

圆柱头缩杆圆凸模　$5\times2\times56$　JB/T 5826—2008

材料：由制造者选定，推荐采用 Cr12MoV、Cr12、Cr6WV、CrWMn。

硬度：Cr12MoV、Cr12、CrWMn 刃口(58～62)HRC，头部固定部分(40～50)HRC；Cr6WV 刃口(56～60)HRC，头部固定部分(40～50)HRC。

技术条件：应符合 JB/T 7653 的规定。

D m5	d		D_1	L
	下限	上限		
5	1	4.9	8	
6	1.6	5.9	9	
8	2.5	7.9	11	
10	4	9.9	13	
13	5	12.9	16	45,50,56,63,
16	8	15.9	19	71,80,90,100
20	12	19.9	24	
25	16.5	24.9	29	
32	20	31.9	36	
36	25	35.9	40	

注：刃口长度 l 由制造者自行选定。

表 4-22　　球锁紧圆凸模（JB/T 5829—2008）　　mm

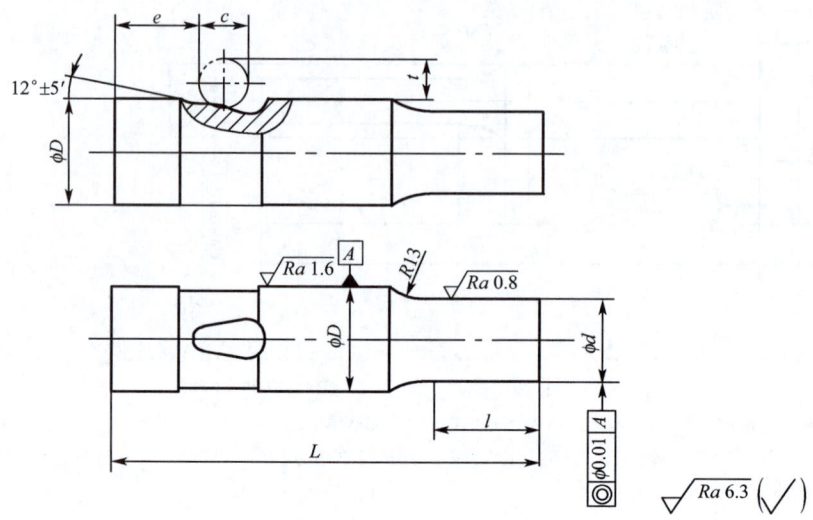

标记示例：

凸模的杆直径 $D=6$ mm、刃口直径 $d=2$ mm、长度 $L=71$ mm 的球锁紧圆凸模：

球锁紧圆凸模　6×2×71　JB/T 5829—2008

材料：由制造者选定，推荐采用 Cr12MoV、Cr12、Cr6WV、CrWMn。

硬度：Cr12MoV、Cr12、CrWMn 刃口（58～62）HRC，头部固定部分（40～50）HRC；Cr6WV 刃口（56～60）HRC，头部固定部分（40～50）HRC。

技术条件：应符合 JB/T 7653 的规定。

D g5	刃口直径 d j6 的范围		c	$e_0^{+0.2}$	$t_{-0.1}^{0}$	$L_0^{+0.5}$				
	下限	上限				50	56	63	71	80
6.0	1.6	5.9	6.0	14.0	5.2	×	×	×	×	×
10.0	4.0	9.9	8.0	12.4	6.7	×	×	×	×	×
13.0	6.0	12.9	8.0	12.4	6.7	×	×	×	×	×
16.0	8.5	15.9	8.0	12.4	6.7	—	×	×	×	×
20.0	12.5	19.9	8.0	12.4	6.7		×	×	×	×
25.0	18.0	24.9	8.0	12.4	6.7	—	×	×	×	×
32.0	25.0	31.9	8.0	12.4	6.7	—	×	×	×	×

注：刃口长度 l 由制造者自行选定。

八、凹模

表 4-23 圆凹模（JB/T 5830—2008） mm

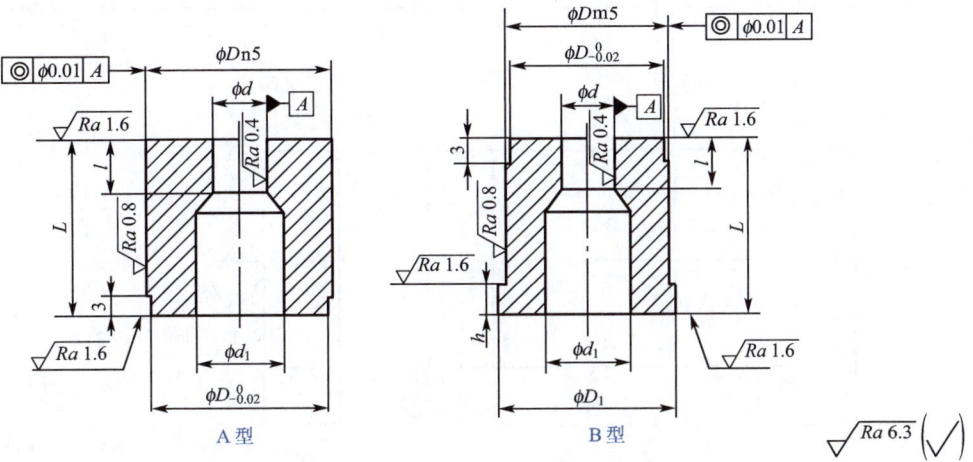

A 型　　　　　　　　　　　　　B 型

标记示例：

外径 $D=5$ mm、内径 $d=1$ mm、总长度 $L=16$ mm、刃口长度 $l=2$ mm 的 A 型圆凹模：

圆凹模　A　5×1×16×2　JB/T 5830—2008

材料和硬度：材料由制造者选定，推荐采用 Cr12MoV、Cr12、Cr6WV、CrWMn，硬度为(58~62)HRC。

技术条件：应符合 JB/T 7653 的规定。

D	d H8	$L^{+0.5}_{\ 0}$						$D_1{}^{\ 0}_{-0.25}$	$h^{+0.25}_{\ 0}$	l 选择其			d_1 max
		12	16	20	25	32	40			min	标准值	max	
5	1,1.1,1.2,…,2.4	×	×	×	×	—	—	8	3	—	2	4	2.8
6	1.6,1.7,1.8,…,3	×	×	×	×	—	—	9	3	—	3	4	3.5
8	2,2.1,2.2,…,3.5	×	×	×	×	—	—	11	3	—	4	5	4.0
10	3,3.1,3.2,…,5	×	×	×	×	—	—	13	3	—	4	8	5.8
13	4,4.1,4.2,…,7.2	—	—	×	×	×	×	16	5	—	5	8	8.0
16	6,6.1,6.2,…,8.8	—	×	×	×	×	×	19	5	—	5	8	9.5
20	7.5,7.6,7.7,…,11.3	—	—	×	×	×	×	24	5	5	8	12	12.0
25	11,11.1,11.2,…,16.6	—	—	×	×	×	×	29	5	5	8	12	17.3
32	15,15.1,15.2,…,20	—	—	×	×	×	×	36	5	5	8	12	20.7
40	18,18.1,18.2,…,27	—	—	×	×	×	×	44	5	5	8	12	27.7
50	26,26.1,26.2,…,36	—	—	×	×	×	×	44	5	5	8	12	37.0

注：1. d 的增量为 0.1 mm。

　　2. 作为专用的凹模，工作部分可以在 d 的公差范围内加工成锥孔，而上表面具有最小直径。

九、模板（表 4-24～表 4-25）

表 4-24　矩形凹模板、固定板、垫板（JB/T 7643.1～7643.3—2008）　　mm

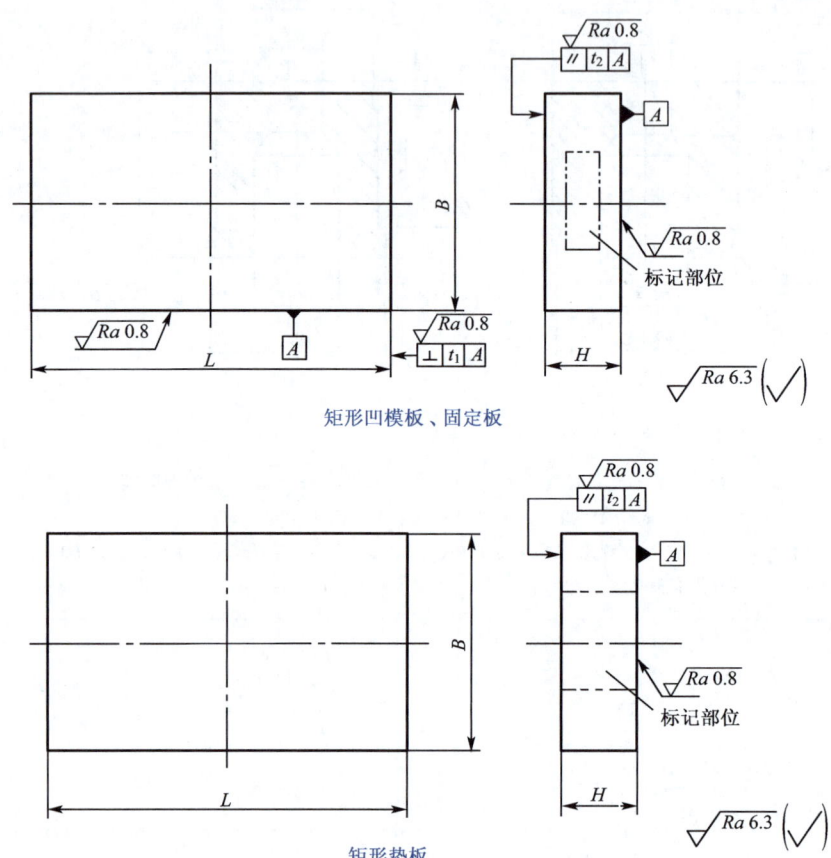

矩形凹模板、固定板

矩形垫板

全部棱边倒角 C2。

标记示例：

　　长度 $L=125$ mm、宽度 $B=100$ mm、厚度 $H=20$ mm 的矩形凹模板：

　　　　矩形凹模板　125×100×20　JB/T 7643.1—2008

材料：由制造者选定，推荐采用 T10A、Cr12、9Mn2V、Cr12MoV。

　　长度 $L=125$ mm、宽度 $B=100$ mm、厚度 $H=20$ mm 的矩形固定板：

　　　　矩形固定板　125×100×20　JB/T 7643.2—2008

材料和硬度：材料由制造者选定，推荐采用 45 钢，硬度为（28～32）HRC。

　　长度 $L=125$ mm、宽度 $B=100$ mm、厚度 $H=20$ mm 的矩形垫板：

　　　　矩形垫板　125×100×20　JB/T 7643.3—2008

材料：由制造者选定，推荐采用 45 钢、T10A。

技术条件：图中未注形位公差 t_1、t_2 应符合 JB/T 7653 中表 1、表 2 的规定，其余应符合 JB/T 7653 的规定。

续表

凹模板 (JB/T 7643.1—2008)			固定板 (JB/T 7643.2—2008)			垫板 (JB/T 7643.3—2008)		
L	B	H	L	B	H	L	B	H
63	50	10～20	63	50	10～28	63	50	6
63	63	10～20	63	63	10～28	63	63	6
80		12～22	80		12～32	80		6
100		12～22	100		12～32	100		6
80	80	12～22	80	80	10～36	80	80	6
100		12～22	100		10～36	100		6
125		12～22	125		12～32	125		6
250		16～22	250		16～32	250		8、10
315		16～22	315		16～32	315		8、10
100	100	12～22	100	100	12～40	100	100	6
125		14～25	125		12～40	125		6、8
160		16～28	160		16～40	160		6、8
200		16～32	200		16～40	200		6、8
315		18～25	315		16～40	315		8、10、12
400		18～25	400		20～40	400		8、10、12
125	125	14～25	125	125	12～40	125	125	6、8
160		16～28	160		16～40	160		6、8
200		16～28	200		16～45	200		6、8
250		16～32	250		16～45	250		6、8
355		18～25	355		16～40	355		8、10、12
500		18～25	500		16～40	500		8、10、12
160	160	16～32	160	160	16～45	160	160	8、10
200		16～32	200		16～45	200		8、10
250		18～36	250		20～45	250		8、10、12
500		20～28	500		20～40	500		10、12、16
200	200	18～36	200	200	16～36	200	200	8、10
250		18～36	250		20～45	250		8、10

续表

凹模板 (JB/T 7643.1—2008)			固定板 (JB/T 7643.2—2008)			垫板 (JB/T 7643.3—2008)		
L	B	H	L	B	H	L	B	H
315	200	20～40	315	200	20～32	315	200	8、10
630		22～32	630		24～40	630		10、12、16
250	250	20～40	250	250	16～36	250	250	10、12
315		22～45	315		16～45	315		10、12
400		20～36	400		20～40	400		10、12、16
315	315	22～40	315	315	20～40			
400		25～45	400		24～36			
500		25～45	500		24～45			
630		28～45	630		28～45			
400	400	22～40	400	400	24～36			
500		25～45	500		28～40			
630		28～45	630		32～45			

注：1. 矩形凹模板厚度 H 系列为：10、12、14、16、18、20、22、25、28、32、36、40、45(mm)。
2. 矩形固定板厚度 H 系列为：10、12、16、20、24、28、32、36、40、45(mm)。

表 4-25　　圆形凹模板、固定板、垫板（JB/T 7643.4～7643.6—2008）　　mm

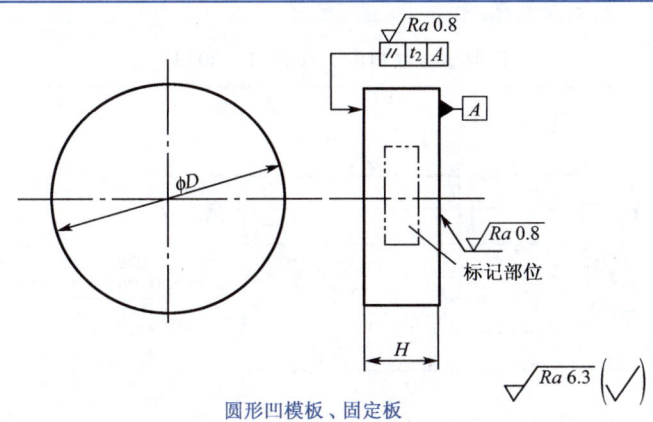

圆形凹模板、固定板

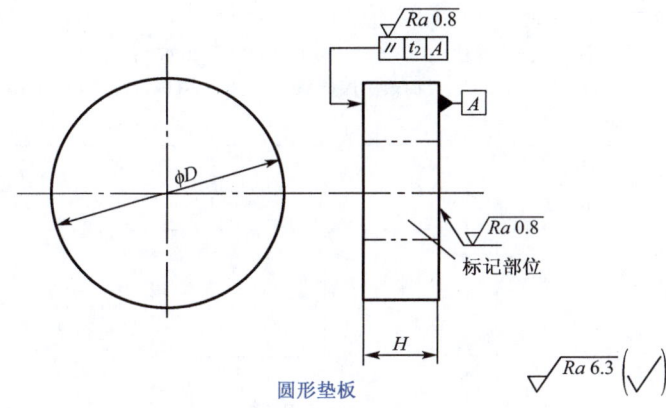

圆形垫板

全部棱边倒角 $C2$。

标记示例：

　　直径 $D=100$ mm、厚度 $H=20$ mm 的圆形凹模板：

　　　　　　　　圆形凹模板　100×20　JB/T 7643.4—2008

材料：材料由制造者选定，推荐采用 T10A、Cr12、9Mn2V、Cr12MoV、CrWMn。

　　直径 $D=100$ mm、厚度 $H=20$ mm 的圆形固定板：

　　　　　　　　圆形固定板　100×20　JB/T 7643.5—2008

材料和硬度：材料由制造者选定，推荐采用 45 钢，硬度(28～32)HRC。

　　直径 $D=100$ mm、厚度 $H=6$ mm 的圆形垫板：

　　　　　　　　圆形垫板　100×6　JB/T 7643.6—2008

材料：材料由制造者选定，推荐采用 45 钢、T10A。

技术条件：图中未注形位公差 t_2 应符合 JB/T 7653 中表 2 的规定，其余应符合 JB/T 7653 的规定。

凹模板（JB/T 7643.4—2008)		固定板（JB/T 7643.5—2008)		垫板（JB/T 7643.6—2008)	
D	H	D	H	D	H
63	10、12、14、16、18、20	63	10、12、16、20、25	63	6
80	12、14、16、18、20、22	80	10、12、16、20、25、32、36	80	6
100	12、14、16、18、20、22	100	12、16、20、25、32、36、40	100	6
125	14、16、18、20、22、25	125	12、16、20、25、32、36、40	125	6、8
160	16、18、20、22、25、28、32	160	16、20、25、32、36、40、45	160	8、10
200	18、20、22、25、28、32、36	200	16、20、25、32、36	200	8、10
250	20、22、25、28、32、36、40	250	16、20、25、32、36	250	10、12
315	20、22、25、28、32、36、40、45	315	16、20、25、32、36		

十、导向装置（表 4-26、表 4-27）

表 4-26　　　　　　　　　　B 型小导柱（JB/T 7645.2—2008）　　　　　　　　　　mm

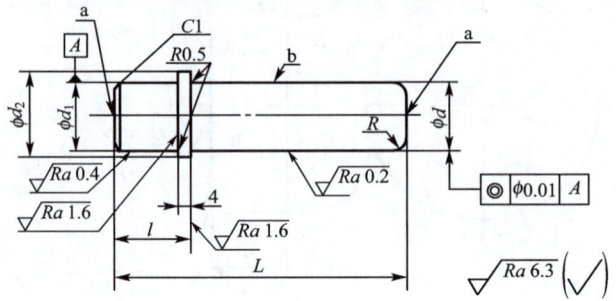

a 处允许保留两端的中心孔，b 处允许开油槽。

标记示例：

　　直径 $d=16$ mm、长度 $L=60$ mm 的 B 型小导柱：

　　　　　　B 型小导柱　16×60　JB/T 7645.2—2008

材料和硬度：材料由制造者选定，推荐采用 20Cr；表面渗碳深度 0.8～1.2 mm，硬度（58～62）HRC。

技术条件：按 JB/T 7653 的规定。

d h5	d_1 m6	d_2	L	l	R
10	10	13	40	13	1
			50		
			60		
12	12	15	50	15	
			60		
			70		
16	16	19	60	19	2
			70		
			80		
20	20	24	80	24	3
			100		
			120		

表 4-27　　　　小导套(JB/T 7645.3—2008)　　　　　　　　mm

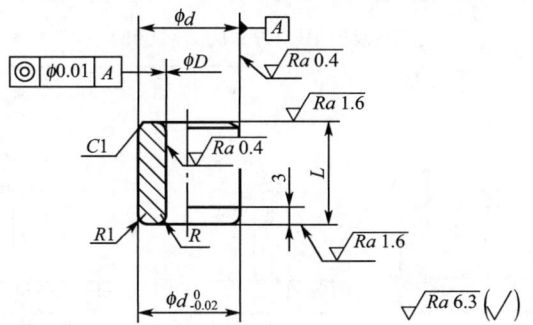

标记示例：

　　直径 $d=12$ mm、长度 $L=16$ mm 的小导套：

　　　　　　小导套　12×16　JB/T 7645.3—2008

材料和硬度：材料由制造者选定，推荐采用 20Cr；表面渗碳深度 0.8~1.2 mm，硬度(58~62)HRC。

技术条件：按 JB/T 7653 的规定。

D H5	d r6	L	R
10	16	10	1
		12	
		14	
12	18	12	
		14	
		16	
16	22	16	1.5
		18	
		20	
20	26	20	2
		22	
		25	

十一、模柄（表4-28、表4-29）

表 4-28　　凸缘模柄（JB/T 7646.3—2008）　　mm

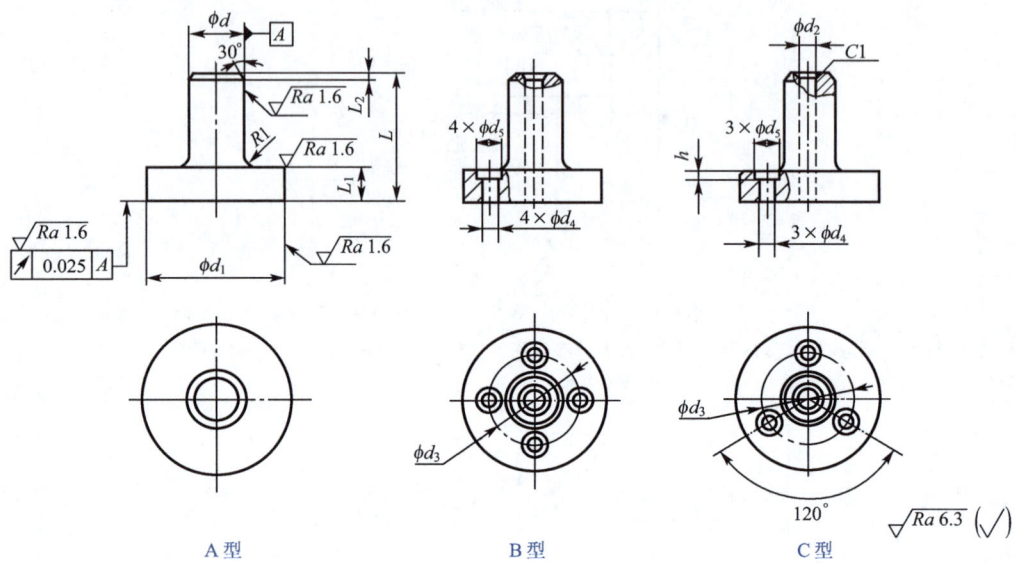

A型　　B型　　C型

标记示例：

直径 $d=40$ mm 的 A 型凸缘模柄：

凸缘模柄　A　40　JB/T 7646.3—2008

材料：由制造者选定，推荐采用 Q235A、45 钢。

技术条件：应符合 JB/T 7653 的规定。

d js10	d_1	L	L_1	L_2	d_2	d_3	d_4	d_5	h
20	67	58	18	2	11	44	9	14	9
25	82	63		2.5		54			
32	97	79		3		65			
40	122	91	23	4		81	11	17	11
50	132					91			
60	142	96		5	15	101	13	20	13
70	152	100				110			

表 4-29　　　　　　　压入式模柄(JB/T 7646.1—2008)　　　　　　　　　　mm

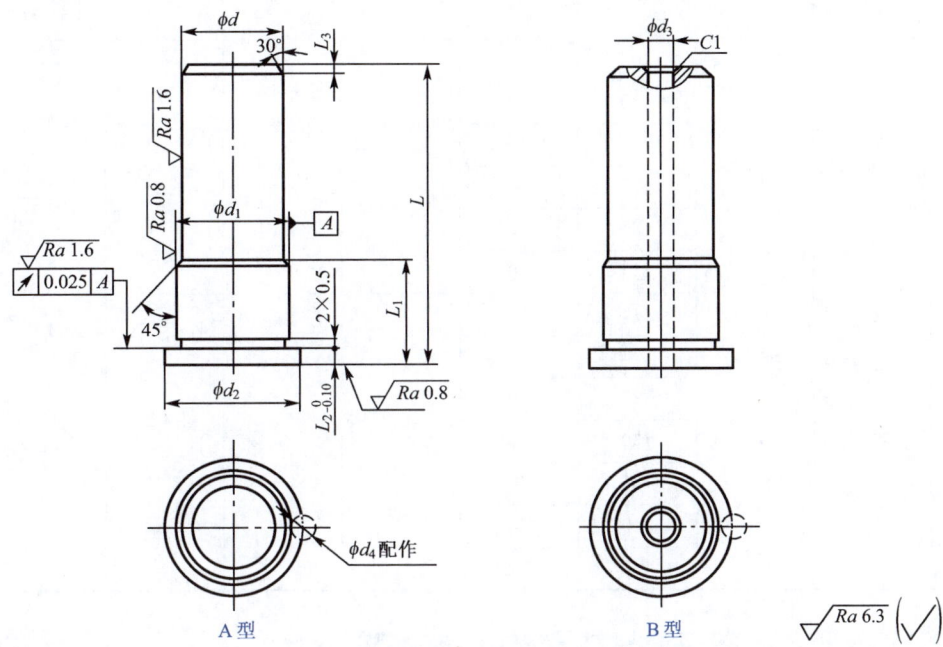

A 型　　　　　　　　　　B 型

标记示例：

　　直径 $d=32$ mm、长度 $L=80$ mm 的 A 型压入式模柄：

　　　　　　　　　压入式模柄　A　32×80　JB/T 7646.1—2008

材料：由制造者选定，推荐采用 Q235A、45 钢。

技术条件：应符合 JB/T 7653 的规定。

d js10	d_1 m6	d_2	L	L_1	L_2	L_3	d_3	d_4 H7
20	22	29	60	20	4	2	7	6
			65	25				
			70	30				
25	26	33	65	20		2.5		
			70	25				
			75	30				
			80	35				
32	34	42	80	25	5	3		
			85	30				
			90	35				
			95	40				
40	42	50	100	30	6	4	11	
			105	35				
			110	40				
			115	45				
			120	50				

续表

d js10	d_1 m6	d_2	L	L_1	L_2	L_3	d_3	d_4 H7
50	52	61	105	35	8	5	15	8
			110	40				
			115	45				
			120	50				
			125	55				
			130	60				
60	62	71	115	40	8	5	15	8
			120	45				
			125	50				
			130	55				
			135	60				
			140	65				
			145	70				

十二、其他模具标准零件（表 4-30～表 4-42）

表 4-30　　　　　顶板（JB/T 7650.4—2008）　　　　　mm

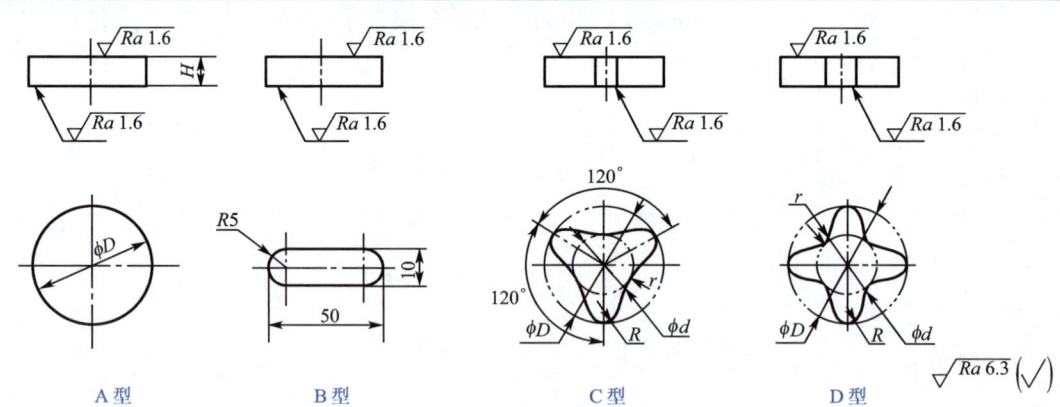

标记示例：
直径 $D=40$ mm 的 A 型顶板：

顶板　A　40　JB/T 7650.4—2008

材料和硬度：材料由制造者选定，推荐采用 45 钢，硬度(43～48)HRC。
技术条件：应符合 JB/T 7653 的规定。

D	20	25	32	35	40	50	63	71	80	90	100	125	160	200
d	—	15	16	18	20	25	25	30	30	32	35	42	55	70
R	—	4	4	4	5	5	6	6	8	8	9	9	11	12
r	—	3	3	3	4	4	5	5	6	6	7	8	9	
H	4	4	5	5	6	6	7	7	9	9	12	12	16	18
b	8	8	8	8	10	10	12	12	16	16	18	18	22	24

表 4-31 顶杆(JB/T 7650.3—2008) mm

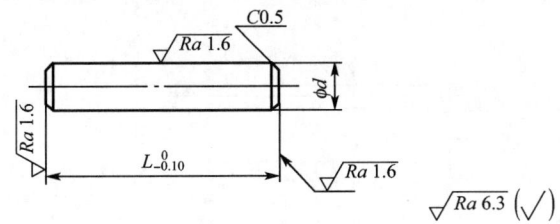

标记示例:

　　直径 $d=8$ mm、长度 $L=40$ mm 的顶杆:

　　　　　　顶杆　8×40　JB/T 7650.3—2008

材料和硬度:材料由制造者选定,推荐采用 45 钢,硬度(43~48)HRC。

技术条件:应符合 JB/T 7653 的规定。

d 基本尺寸	极限偏差	L	d 基本尺寸	极限偏差	L
4	−0.070	15~30	12	−0.150	35~100
6	−0.145	20~45	16	−0.260	50~130
8	−0.080	25~60	20	−0.160	60~160
10	−0.170	30~75		−0.290	

注:1. L 系列为 15、20、25、30、35、40、45、50、55、60、65、70、75、80、85、90、95、100、105、110、115、125、130、140、150、160(mm)。

　　2. 当 $d\leqslant10$ mm 时,偏差为 c11;当 $d>10$ mm 时,偏差为 b11。

表 4-32 圆废料切刀(JB/T 7651.1—2008) mm

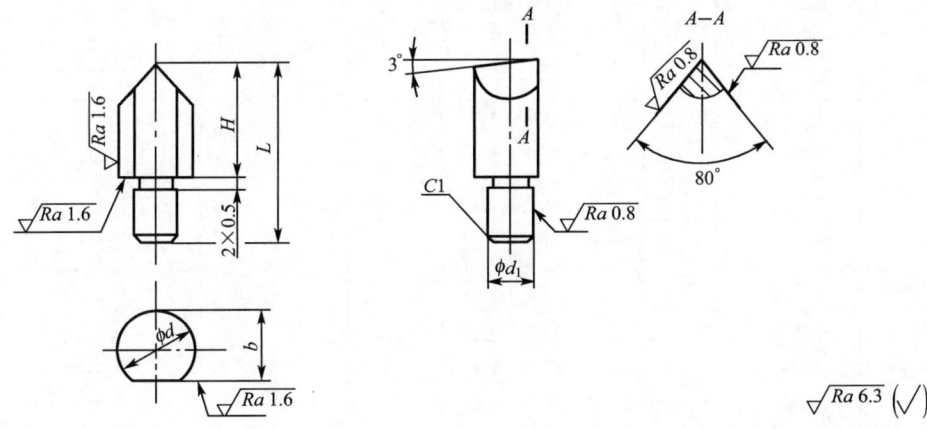

标记示例:

　　直径 $d=14$ mm、高度 $H=18$ mm 的圆废料切刀:

　　　　　　圆废料切刀　14×18　JB/T 7651.1—2008

材料和硬度:材料由制造者选定,推荐采用 T10A,硬度(56~60)HRC。

技术条件:按 JB/T 7653 的规定。

d	14				20				24				30			
d_1 r6	8				12				16				20			
H	18	20	22	26	24	26	28	32	28	30	32	36	28	32	36	40
L	30	32	34	38	38	40	42	46	46	48	50	54	53	57	61	65
b	12				18				22				27			

表 4-33　带肩推杆（JB/T 7650.1—2008）　　　　　　mm

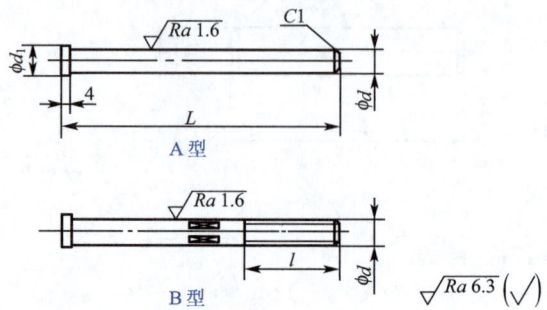

标记示例：

直径 d＝8 mm、长度 L＝90 mm 的 A 型带肩推杆：

带肩推杆　A　8×90　JB/T 7650.1—2008

材料和硬度： 材料由制造者选定，推荐采用 45 钢，硬度(43～48)HRC。

技术条件： 应符合 JB/T 7653 的规定。

d (A型)	d (B型)	L	d_1	l	d (A型)	d (B型)	L	d_1	l	d (A型)	d (B型)	L	d_1	l
6	6	40	8	—	10	10	100	13	30	16	16	160	20	40
		45					110					180		
		50					120					200		
		55					130					220		
		60					140					90		—
		70					150					100		
		80					160					110		
		90					170					120		
		100		20			70	15	—	20	20	130	24	
		110					75					140		
		120					80					150		
		130					85					160		
8	8	50	10	—	12	12	90					180		45
		55					100					200		
		60					110					220		
		65					120					240		
		70					130					260		
		80		25			140	15	35			100		—
		90					150					110		
		100			12	12	160					120		
		110					170					130		
		120					180					140		
		130					190					150		
		140					80		—	25	25	160	30	
		150					90					180		
10	10	60	13	—			100					200		50
		65					110					220		
		70			16	16	120	20	40			240		
		75					130					260		
		80					140					280		
		90					150							

表 4-34　带螺纹推杆 (JB/T 7650.2—2008)　　mm

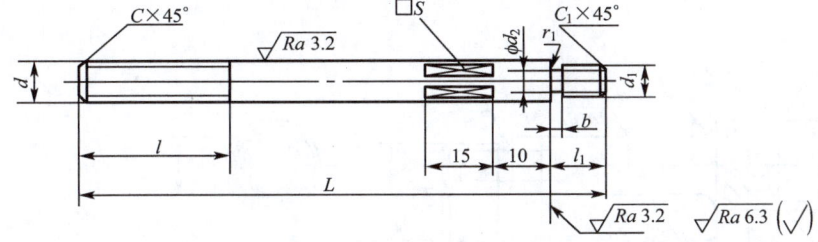

标记示例：

　　直径 $d=10$ mm、长度 $L=130$ mm 的带螺纹推杆：

　　　　带螺纹推杆　M10×130　JB/T 7650.2—2008

材料和硬度：材料由制造者选定，推荐采用 45 钢，热处理硬度(43～48)HRC。

技术条件：应符合 JB/T 7653 的规定。

d	d_1	L	l	l_1	d_2	b	S	C	C_1	$r_1 \leqslant$
8	6	110～150	30	8	4.5	2.0	6	1.2	1	0.5
10	8	130～180	40	10	6.2	2.0	8	1.5	1.2	0.5
12	10	130～180	50	12	7.8	2.5	10	2	1.5	1
14	12	140～220	60	14	9.5	2.5	12	2	1.5	1
16	14	160～220	70	16	11.5	2.5	14	2	1.5	1.2
20	16	180～260	80	18	13	3	16	2.5	2	1.2

注：L 系列为 110、120、130、140、150、160、180、200、220、240、260(mm)。

表 4-35　圆柱头卸料螺钉 (JB/T 7650.5—2008)　　mm

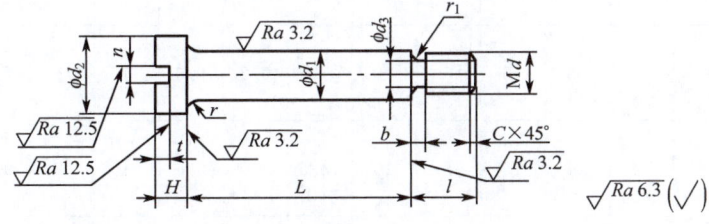

标记示例：

　　直径 $d=10$ mm、长度 $L=50$ mm 的圆柱头卸料螺钉：

　　　　圆柱头卸料螺钉　M10×50　JB/T 7650.5—2008

材料和硬度：材料由制造者选定，推荐采用 45 钢，硬度(35～40)HRC。

技术条件：应符合 JB/T 7653 的规定。

d_1	L	d	l	d_2	H	n	t	$r \leqslant$	$r_1 \leqslant$	d_3	b	C
4	20～35	M3	5	7	3	1	1.4	0.2	0.3	2.2	1	0.6
5	20～40	M4	5.5	8.5	3.5	1.2	1.7	0.4	0.5	3	1.5	0.8
6	25～50	M5	6	10	4	1.5	2	0.4	0.5	4	1.5	1
8	25～70	M6	7	12.5	5	2	2.5	0.4	0.5	4.5	2	1.2
10	30～80	M8	8	15	6	2.5	3	0.5	0.5	6.2	2	1.5
12	35～80	M10	10	18	7	3	3.5	0.8	1	7.8	2	2
16	40～100	M12	14	24	9	3	3.5	1	1	9.5	3	2

注：L 系列为 20、22、25、28、30、32、35、38、40、42、45、48、50、55、60、65、70、75、80、90、100(mm)。

表 4-36　　圆柱头内六角卸料螺钉(JB/T 7650.6—2008)　　mm

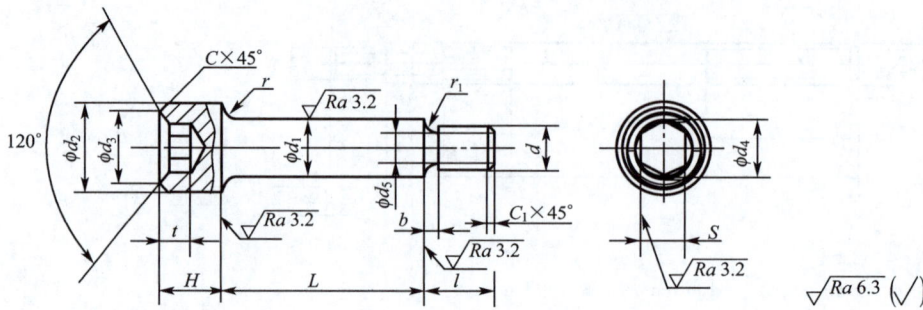

标记示例：

　　直径 $d=10$ mm、长度 $L=50$ mm 的圆柱头内六角卸料螺钉：

　　　　　　圆柱头内六角卸料螺钉　M10×50　JB/T 7650.6—2008

材料和硬度：材料由制造者选定，推荐采用 45 钢，硬度(35～40)HRC。

技术条件：应符合 JB/T 7653 的规定。

d	L	d_1	l	d_2	H	t	S	d_3	d_4	$r\leqslant$	$r_1\leqslant$	b	d_5	C	C_1
6	35～70	8	7	12.5	8	4	5	7.5	5.7	0.4	0.5	2	4.5	1	0.3
8	40～80	10	8	15	10	5	6	9.8	6.9	0.4	0.5	2	6.2	1.2	0.5
10	45～100	12	10	18	12	6	8	12	9.2	0.6	1	3	7.8	1.5	0.5
12	65～100	16	14	24	16	8	10	14.5	11.4	0.6	1	4	9.5	1.8	0.5
16	90～150	20	20	30	20	10	14	17	16	0.8	1.2	4	13	2	1
20	80～200	24	26	36	24	12	17	20.5	19.4	1	1.5	4	16.5	2.5	1

注：L 系列为 35、40、45、50、55、60、65、70、80、90、100、110、120、130、140、150、160、180、200(mm)。

表 4-37　　　　　　　　侧刃（JB/T 7648.1—2008）　　　　　　　　mm

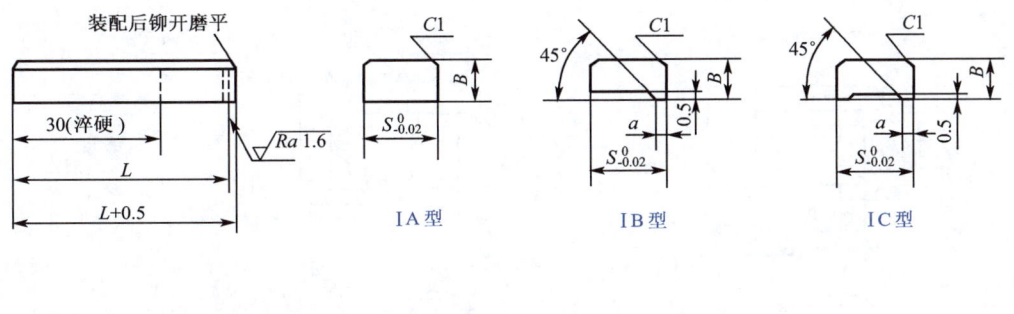

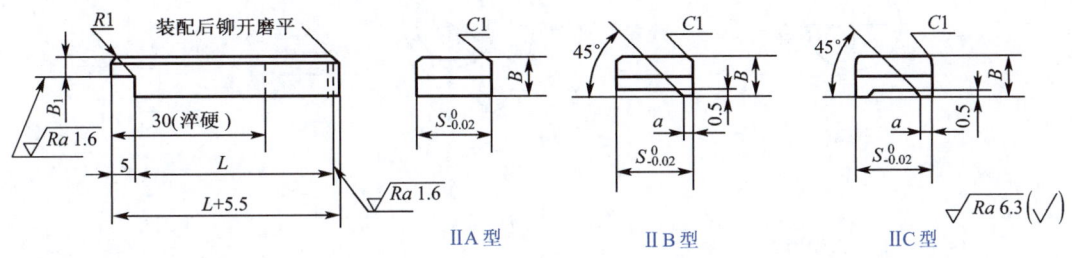

刃口部分表面粗糙度 $Ra\ 0.8\ \mu m$。

标记示例：

　　侧刃步距 $S=15.2$ mm、宽度 $B=8$ mm、高度 $L=50$ mm 的 ⅡA 型侧刃：

　　　　　　　　侧刃　ⅡA　15.2×8×50　JB/T 7648.1—2008

材料和硬度：材料由制造者选定，推荐采用 T10A，硬度(56～60)HRC。

技术要求：应符合 JB/T 7653 的规定。

S	B	B_1	a	L
5.2、6.2、7.2	4	2	1.2	45、50
8.2、9.2、10.2			1.5	
7.2	6	3	1.2	
8.2、9.2、10.2			1.5	
10.2、11.2、12.2、13.2、14.2、15.2	8	4	2	50、56
15.2、16.2、17.2、18.2、19.2、20.2、21.2、22.2、23.2、24.2、25.2、26.2、27.2、28.2、29.2、30.2	10	5		50、56、63、71
30.2、32.2、34.2、36.2、38.2、40.2	12	6	2.5	56、63、71、80

注：S 尺寸按使用要求修正。

表 4-38　　固定挡料销（JB/T 7649.10—2008）　　mm

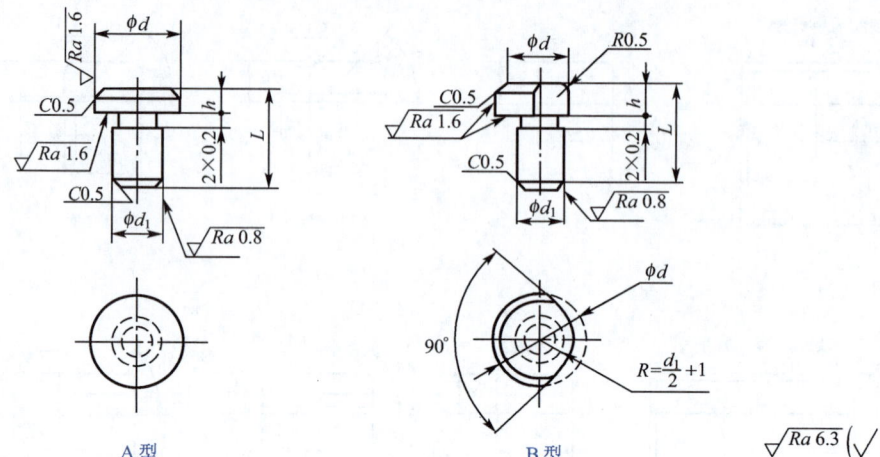

标记示例：

　　直径 $d=10$ mm 的 A 型固定挡料销：

　　　　　　　固定挡料销　A　10　JB/T 7649.10—2008

材料和硬度：材料由制造者选定，推荐选用 45 钢，硬度（43～48）HRC。
技术条件：应符合 JB/T 7653 的规定。

d h11	d_1 m6	h	L
6	3	3	8
8	4	2	10
10	4	3	13
16	8	3	13
20	10	4	16
25	12	4	20

表 4-39　　　弹簧弹顶挡料装置(JB/T 7649.5—2008)　　　mm

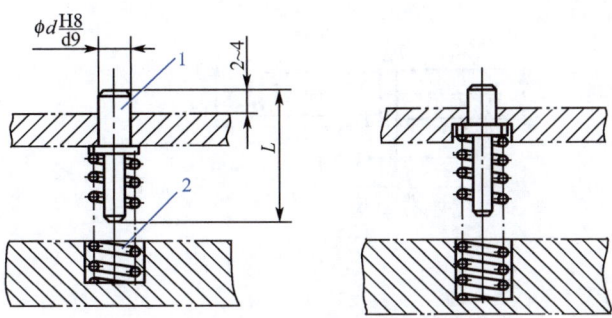

1—弹簧弹顶挡料销；2—弹簧

标记示例：

直径 $d=6$ mm、长度 $L=22$ mm 的弹簧弹顶挡料装置：

弹簧弹顶挡料装置　6×22　JB/T 7649.5—2008

基本尺寸		弹簧弹顶挡料销	弹簧 GB/T 2089	基本尺寸		弹簧弹顶挡料销	弹簧 GB/T 2089
d	L			d	L		
4	18	4×18	0.5×6×20	10	30	10×30	1.6×12×30
	20	4×20			32	10×32	
6	20	6×20	0.8×8×20	12	34	12×34	1.6×16×40
	22	6×22			36	12×36	
	24	6×24	0.8×8×30		40	12×40	
	26	6×26		16	36	16×36	2×20×40
8	24	8×24	1×10×30		40	16×40	
	26	8×26			50	16×50	
	28	8×28		20	50	20×50	2×20×50
	30	8×30			55	20×55	
10	26	10×26	1.6×12×30		60	20×60	
	28	10×28					

表 4-40　　　　　　　　弹簧弹顶挡料销（JB/T 7649.5—2008）　　　　　　　　mm

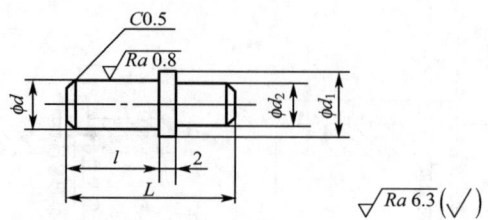

标记示例：

直径 $d=6$ mm、长度 $L=22$ mm 的弹簧弹顶挡料销：

弹簧弹顶挡料销　6×22　JB/T 7649.5—2008

材料和硬度：材料由制造者选定，推荐采用 45 钢，热处理硬度（43～48）HRC。

技术条件：应符合 JB/T 7653 的规定。

d d9	d_1	d_2	l	L
4	6	3.5	10、12	18、20
6	8	5.5	10、12、14、16	20、22、24、26
8	10	7	12、14、16、18	24、26、28、30
10	12	8	14、16、18、20	26、28、30、32
12	14	10	22、24、28	34、36、40
16	18	14	24、28、35	36、40、50
20	23	15	35、40、45	50、55、60

表 4-41　　　　　　　　A 型导正销（JB/T 7647.1—2008）　　　　　　　　mm

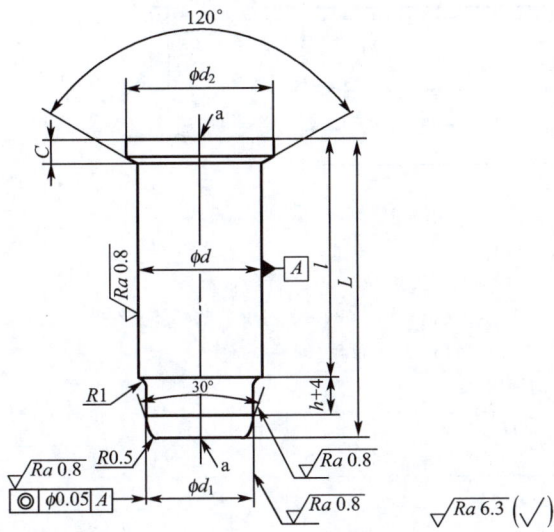

a 处允许保留中心孔。

标记示例：

　　杆直径 $d=6$ mm，导正部分直径 $d_1=2$ mm，长度 $L=32$ mm 的 A 型导正销：

　　　　　　A 型导正销　$6×2×32$　JB/T 7647.1—2008

材料和硬度：材料由制造者选定，推荐采用 9Mn2V，硬度（52～56）HRC。

技术条件：应符合 JB/T 7653 的规定。

d h6	d_1 h6	d_2	C	L	l
5	0.99～4.9	8	2	25	16
6	1.5～5.9	9		32	20
8	2.4～7.9	11			
10	3.9～9.9	13	3	36	25
13	4.9～11.9	16			
16	7.9～15.9	19		40	32

注：h 尺寸设计时确定。

表 4-42　　导料板尺寸（JB/T 7648.5—2008）　　mm

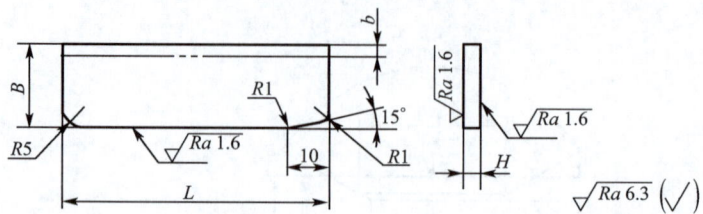

b 为设计修正量。

标记示例：

　　长度 L＝100 mm、宽度 B＝32 mm、厚度 H＝8 mm 的导料板：

　　　　　　　　导料板　100×32×8　JB/T 7648.5—2008

材料和硬度：材料由制造者选定，推荐采用 45 钢，硬度（28～32）HRC。

技术条件：应符合 JB/T 7653 的规定。

L	B	H							L	B	H						
		4	6	8	10	12	16	18			4	6	8	10	12	16	18
50	16	×	×						200	32		×	×	×			
	20	×	×							36		×	×	×			
63	16	×	×							40		×	×	×			
	20	×	×							45		×	×	×	×		
71	16	×	×							50		×	×	×	×		
	20	×	×							56			×	×	×		
80	20	×	×							63			×	×	×		
	25		×	×					250	25		×	×				
	32		×	×						32		×	×	×			
	36		×	×						36		×	×	×			
100	20	×	×							40		×	×	×			
	25		×	×						45		×	×	×	×		
	32		×	×						50		×	×	×	×		
	36		×	×						56			×	×	×	×	
	40		×	×	×					63			×	×	×	×	
	45			×	×	×				71					×	×	×
125	20	×	×						315	25		×	×				
	25		×	×						32		×	×	×			
	32		×	×						36		×	×	×			
	36		×	×						40		×	×	×			
	40		×	×	×					45		×	×	×	×		
	45		×	×	×					50		×	×	×	×		
	50		×	×	×					56			×	×	×	×	
160	20	×	×							63			×	×	×	×	
	25		×	×					400	40		×	×	×			
	32		×	×						45		×	×	×	×		
	36		×	×						50		×	×	×	×		
	40		×	×	×					56			×	×	×	×	
	45		×	×	×					63			×	×	×	×	
	50		×	×	×					71					×	×	×
200	25		×	×													

第五章
冷冲模价格估算简介

一、冷冲模价格估算方法

1. 冷冲模价格的构成

冷冲模作为冲压产品生产的重要工艺装备之一,一般不直接进入市场流通领域,而是由供需双方进行业务洽谈,以订单或经济合同的形式来确定双方的经济技术关系。

对于冷冲模价格的估算,实践中许多模具生产企业放弃了经验估价法、分解汇总估价法等以经验为主的价格估算方法,而是采用以科学统计为基础的方法来对所设计的模具进行价格估算,其中用得较多的是工时法和质量法。

冷冲模的价格可粗略地用下式计算:

$$模具价格 = 材料费 + 工时费 + 税金利润$$

因为冷冲模的工时费在模具价格中占有很大的比例,而模具设计费通常与模具的工时费有一定的线性关系,因此计算出了模具的材料费和工时费,模具的销售成本也就知道了。

2. 用工时法估算模具价格

所谓工时法,就是按冷冲模制造工时估算模具价格的方法。其原理是:将模具的总销售成本或总销售成本连同总利税平均分摊到企业的每一个实际工时中去,首先核算出单位工时的含金当量值,然后再根据某套模具的制造总工时来计算出该模具的销售成本或销售价格。工时法主要依据模具制造全过程中所发生的总工时费用之和再加上原材料费、设计费、专用工具费、试模费及销售费而得出。该方法不完全考虑模具的体积大小,主要根据模具的规格、结构、精度的不同,通过计算模具制造全过程的总工时来估算模具的价格。该方法考虑到了影响制造总工时的主要因素(制件的外形尺寸、复杂程度、精度以及模具工作部位的表面粗糙度和模具的结构等),较为具体、合理,与模具的实际价格较为接近,应用范围较广,对小、中、大型冲压模具的价格估算很适用。

3. 用质量法估算模具价格

按模具质量估算模具价格的方法,就是将构成模具总销售成本的每个成分按模具质量成比例地分摊到每套模具中去,先核算出单位模具质量的含金当量值,然后再根据某套模具的实体质量来估算该模具的销售成本或销售价格。

按质量法估价时主要依据模具轮廓尺寸所包容的体积,再考虑该体积的质量系数以及制件的形状、精度和模具的结构、材料等因素,在还未做出正规的模具装配图时就能方便、迅速地把模具的价格估算出来。该方法仅重点考虑模具的体积大小,对同类型、同外形尺寸但不同结构和精度的模具考虑得还不够细致和深入,准确性欠佳。

4. 其他估价方法

当前,在我国模具制造企业里大都有本企业的一套模具估价方法,这些简单易行的方法是企业根据多年来积累的大量模具价格估算方法总结、提炼出来的,具有一定的代表性。但由于各企业的设备、技术水平、各种费用、地区差价等各不相同,加之这些估价方法缺乏科学理论依据和普遍性,故难以推广。然而,这些估价方法快捷、简便,十分适用于模具业务洽谈的开始阶段,可供参考。

(1) 依据模架价格估算模具价格法

为了缩短模具的生产周期,各地各企业都在大力推广使用标准模架。标准模架作为商品的出现,是模具生产科学化、规范化的重要标志。在型腔模具和小型冲压模具的价格洽谈中,可根据模架的价格估算出所设计模具的价格。该方法是从大量的生产实践中积累、提炼而得到的,它的核心思想是模架的价格与模架的材料、结构形式、精度、尺寸大小成正比例变化,为冲压件选择标准模架时,模架必须满足制件的各项要求。复杂的制件,模架结构可能复杂一些;精度要求高的制件,模架的精度也相应高一些;制件尺寸大,模架尺寸也必定大。模架的价格同制件的精度、尺寸、复杂程度等密切相关,一些企业根据这种情况制定出了模具的销售价格,其计算公式如下:

$$M = K_J M_J \tag{5-1}$$

式中　M——模具销售价格(元);
　　　M_J——标准模架的市场售价(元);
　　　K_J——复杂系数,其值见表 5-1。

表 5-1　　　　　　　　　　复杂系数 K_J

模具类型	结构复杂程度	K_J
小型冲压模具	一般	6~8
	较高	9~12

用模架价格估算模具价格,首先应能够根据制件的特点准确地定出标准模架,这样就能很快地把模具价格估算出来,十分简捷、方便。当然,估价人员必须对模具的结构十分熟悉,能够准确选出合适的标准模架,否则误差较大。

(2) 依据冷冲模工作零件的电加工费用估算模具价格法

随着工业生产的发展和科学技术的不断进步,高熔点、高强度、高硬度、高韧性的新型模具材料不断涌现,模具的结构也日益复杂、精密,许多模具的工作零件只有用电加工才能完成。在模具生产中,常用的电加工方法有电火花成形加工、电火花线切割加工、电解加工和电铸成型等。从生产实践中发现,模具的工作零件在采用电加工时,用于电加工的费用随模具工作零件的大小、复杂程度、精度要求、寿命长短而成正比例增加,这说明模具的价格也必定对应着模具工作零件的电加工费用成正比例变化。用公式表示为

$$M = K_d M_d \tag{5-2}$$

式中　M——模具销售价格(元);
　　　M_d——模具工作零件的电加工费用(元);
　　　K_d——复杂系数,其值见表 5-2。

表 5-2　　　　　　　　　　　　　　　复杂系数 K_d

模具类型	结构复杂程度	K_d
小型冲压模具	一般	6～10
	较高	11～15

该方法的核心是根据模具工作零件的电加工费用来确定模具的销售价格。其优点是快捷、方便,缺点是分类不细,对特殊结构的模具估算出的价格准确性差一些,但该方法作为模具业务洽谈时的粗略估价,有一定可取之处。

(3)依据模具材料费估算模具价格法

由模具的价格构成可知,模具制造费(即模具生产成本)是模具价格的最主要组成部分。模具制造费可由以下两种方法来确定:

①分解汇总法:按照设计好的模具图样及制造工艺,确定模具零件各工序的加工工时和生产准备工时,然后按照各使用机床的单位工时加工费用计算出各个零件的价格,最后累计为模具的生产成本。这种方法理论上报价较为准确,但其致命缺点是需要在模具加工好以后才能把价格算出来,影响了生产合同的签订,实际中是行不通的,模具制造企业里很少采用这种方法。

②工料比法:模具制造者根据用户所需制件或用户提供的模具设计图,或模具制造企业设计的模具草图,按照图样确定主要零件的材料、形状、尺寸、质量以及这些材料的市场价格,计算出该副模具材料的总价,再由模具材料费与模具制造费的一定比值关系计算出模具的价格。该方法适用于模具结构复杂、精度要求高、尺寸大、模具材料指标要求高等情况,用公式表达为

$$M_s = K_i C \tag{5-3}$$

式中　M_s——模具的生产成本(元);

　　　K_i——模具的工料比,其值见表 5-3;

　　　C——模具材料费。

表 5-3　　　　　　　　　　　　　　　模具的工料比 K_i

模具类型		K_i
冲压模具	冲裁模	4～6
	弯曲模	3～15
	拉深模	4～6
	复合模	5～7
	级进模	6～10

按工料比计算模具的销售价格简单易行、较为方便,也同实际情况接近。然而,不足之处是工料比的取值较难把握,需有一定的实际经验,且估价人员要精通模具设计与制造知识。另外,如对模具的大小、复杂程度考虑不够细致,对一些多工位级进模的估价将有较大误差,这可根据实际情况给予修正。

5. 模具估价时还要考虑的因素

模具价格估算时还要考虑一定的复杂因素,不同的客户要求、模具种类、技术要求在估价中都要考虑。

(1) 客户的模具批量、模具总寿命、模具材料、硬度等对模具的制造价格有着直接的影响。

(2) 对于交货期短的模具，必须考虑加班费。

(3) 客户和承接商都无试模条件的模具，要专门将一定的售后服务费用列入模具估价中，到外地试模的费用也要考虑。

二、小型冷冲模工时法估价

1. 小型冷冲模

小型冷冲模是相对于中、大型冷冲模而言的。当模具凹模板（或模具底板）的半周长小于 1 400 mm 时，将这种冷冲模统称为小型冷冲模。小型冷冲模的结构很多都已经标准化，结构相同或相似。

2. 工时法计算公式

所谓模具估价的工时法是指以模具制造工时为依据估算小型冷冲模的价格。其计算公式为

$$M_1 = \{[G_{a1}(1+d_1) + M_{c1} + U_1](1+g_1) + Q\}(1+r_{11})(1+r_{12}) \tag{5-4}$$

式中　M_1——小型冷冲模的销售价格（元）；

G_{a1}——小型冷冲模的制造费（元）；

d_1——小型冷冲模的技术开发费系数；

M_{c1}——小型冷冲模的材料费（元）；

U_1——小型冷冲模的试模费（元）；

g_1——模具制造的管理费系数；

Q——运输费、售后服务费、差旅费等其他费用（元）；

r_{11}——成本利润率；

r_{12}——税率。

3. 制造工费的计算

小型冷冲模的制造费 G_{a1} 是其制造全过程中发生的全部工时费用的总和，即

$$G_{a1} = \sum T_1 A_1 \tag{5-5}$$

式中　$\sum T_1$——小型冷冲模制造全过程的总工时（h）；

A_1——小型冷冲模制造中的单位工时的平均费用，简称工时单价（元/h）。

（1）制造总工时 $\sum T_1$ 的计算

$$\sum T_1 = T_{01} K_{10} + \sum N_{1i} \tag{5-6}$$

$$\sum N_{1i} = N_{11} + N_{12} + N_{13} + N_{14} + N_{15} + N_{16} + N_{17} \tag{5-7}$$

下面对上两式中的各项逐一加以说明。

基点工时 T_{01} 的值根据模具类型、模具结构或弯曲模及拉深模的冲件形状、凹模板周界尺寸由表 5-4 确定。

根据圆形件冲裁模的凹模板周界尺寸，由表 5-5 选取基点工时修正系数 K_{10} 的值。

$\sum N_{1i}$ 因不同因素增加工时，见表 5-6～表 5-11。

$$N_{11} = T_{01} \cdot K_{10} \cdot K_{11} \cdot (L_z/L_{z0} - 1) \tag{5-8}$$

式中　N_{11}——冲裁周长因素工时；

表 5-4　　中小型模具制造基点工时 T_{01}　　h

模具类型	模具结构	凹模周界/(mm×mm)									
		63×50	80×63	100×80	125×100	160×125	200×160	250×200	315×250	400×315	500×400
		$\phi 80$	$\phi 80$	$\phi 100$	$\phi 125$	$\phi 160$	$\phi 200$	$\phi 250$	$\phi 315$	$\phi 400$	$\phi 500$
落料模	固定卸料 工件下漏	37	40	45	56	68	98	125	183	278	356
	弹压卸料 工件下漏	41	43	49	60	72	105	131	191	285	373
	固定卸料 工件下顶	43	46	53	65	76	110	138	199	298	388
	弹压卸料 工件下顶	47	50	56	68	81	114	143	205	306	395
	凹模倒装 工件下顶	43	46	53	65	76	110	138	199	299	388
	平均工时	39	45	51	61	75	107	135	195	293	382
级进模	2～3工位			100	112	129	169	203	278	396	505
	多于3工位			127	145	169	227	276	384	556	714
	平均工时			114	129	149	198	240	331	476	610
冲孔模	固定卸料 工件下漏	38	40	45	56	68	98	126	185	278	369
	弹压卸料 工件下漏	41	43	49	59	73	105	130	190	285	373
	弹压倒装 工件上打	43	46	53	65	76	110	138	199	298	388
	工件上打 废料下漏	47	50	56	67	80	113	143	202	303	391
	平均工时	42	45	51	62	74	107	134	194	291	380
复合模	倒装	56	59	66	77	91	126	157	221	326	418
	正装	62	66	73	86	99	135	169	235	344	418
	平均	59	63	71	82	95	131	161	228	335	418
弯曲模	V型	27	31	35	38	41	48	53	63	73	90
	U型	41	43	48	51	59	69	79	88	9	108
	平均工时	34	37	43	45	50	59	66	76	86	99
拉深模	圆形落料拉深	40	41	43	47	53	59	68	81	106	121
	矩形拉深	57	62	68	79	93	113	153	201	258	325
	平均工时	49	50	56	63	73	86	111	141	182	223
精冲模	落料				300	350	450	550	650		
	复合				340	400	500	600	700		
	平均工时				320	375	475	575	675		

表 5-5　　基点工时修正系数 K_{10}

系数	非冲裁模或非圆冲裁模	圆冲裁模凹模周界								
		$\phi63$	$\phi80$	$\phi100$	$\phi125$	$\phi160$	$\phi200$	$\phi250$	$\phi315$	$\phi400$	$\phi500$
K_{10}	1.0	0.74	0.73	0.7	0.66	0.61	0.5	0.45	0.37	0.3	0.28

$T_{01} \cdot K_{10}$——基点工时×基点工时修正系数；

K_{11}——冲裁周长因素工时系数，见表 5-6；

L_z/L_{z0}——实际冲裁周长/冲裁周长基数。

表 5-6　　冲裁周长因素工时系数 K_{11}

凹模周界/(mm×mm)		63×50	80×63	100×80	125×100	160×125	200×160	250×200	315×250	400×315	500×400
		$\phi63$	$\phi80$	$\phi100$	$\phi125$	$\phi160$	$\phi200$	$\phi250$	$\phi315$	$\phi400$	$\phi500$
周长基数 L_{z0}		60	90	120	200	300	420	560	740	1 000	1 360
K_{11}	圆形	0.28	0.32	0.38	0.45	0.5	0.52	0.54	0.56	0.58	0.6
	非圆形	0.3	0.34	0.4	0.48	0.53	0.55	0.57	0.6	0.62	0.64

$$N_{12} = T_{01} \cdot K_{12} \tag{5-9}$$

式中　N_{12}——铸铁模架因素工时；

T_{01}——基点工时；

K_{12}——铸铁模架因素工时系数，见表 5-7。

表 5-7　　铸铁模架因素工时系数 K_{12}

凹模周界/(mm×mm)	63×50	80×63	100×80	125×100	160×125	200×160	250×200	315×250	400×315	500×400
K_{12}	0.058	0.058	0.058	0.058	0.064	0.064	0.07	0.07	0.07	0.07

$$N_{13} = T_{01} \cdot K_{13} \tag{5-10}$$

式中　N_{13}——钢底板模架因素工时；

T_{01}——基点工时；

K_{13}——钢底板模架因素工时系数，见表 5-8。

表 5-8　　钢底板模架因素工时系数 K_{13}

凹模周界/(mm×mm)	63×50	80×63	100×80	125×100	160×125	200×160	250×200	315×250	400×315	500×400
K_{13}	0.38	0.37	0.35	0.31	0.28	0.20	0.17	0.13	0.10	0.07

$$N_{14} = T_{01} \cdot K_{10} \cdot K_{14} \tag{5-11}$$

式中　N_{14}——慢走丝因素工时；

$T_{01} \cdot K_{10}$——基点工时×基点工时修正系数；

K_{14}——慢走丝因素工时系数，见表 5-9。

表 5-9　　　　　　　　　　　慢走丝因素工时系数 K_{14}

凹模周界/(mm×mm)		63×50 $\phi63$	80×63 $\phi80$	100×80 $\phi100$	125×100 $\phi125$	160×125 $\phi160$	200×160 $\phi200$	250×200 $\phi250$	315×250 $\phi315$	400×315 $\phi400$	500×400 $\phi500$
K_{14}	圆形	0.59	0.68	0.81	0.95	1.01	1.06	1.14	1.19	1.23	1.27
	非圆形	0.64	0.72	0.85	1.02	1.12	1.17	1.21	1.27	1.31	1.36

$$N_{15} = \sum t_1 - T_{01} \cdot K_{11} \tag{5-12}$$

式中　N_{15}——多孔因素工时,基点工时是按其中直径大的孔计算的;

t_1——单孔工时,见表 5-10;

$T_{01} \cdot K_{11}$——基点工时×周长因素工时系数。

表 5-10　　　　　　　　　　　单孔工时 t_1

孔规格	圆孔直径/mm						非圆孔周长/mm					
	≤$\phi6$	$\phi6\sim\phi12$	$\phi12\sim\phi16$	$\phi16\sim\phi20$	$\phi20\sim\phi25$	$\phi25\sim\phi30$	≤60	60~80	80~100	100~150	150~200	200~250	250~300
t_1/h	4	4.5	6	7.5	8.5	9	13.5	15	17.5	22.5	24	32	36

复合模各种形孔因数工时为

$$N_{16} = \sum t_1 \tag{5-13}$$

式中,t_1 为单孔工时,见表 5-10。

$$N_{17} = T_{01} \cdot K_{10} \cdot K_{17} \tag{5-14}$$

式中　N_{17}——精冲模因素工时;

$T_{01} \cdot K_{10}$——基点工时×基点工时修正系数;

K_{17}——采用精冲模的冲件材料厚度大于 4 mm 时的工时系数,见表 5-11。

表 5-11　　　　　　　　　　　精冲模因素工时系数 K_{17}

凹模周界/mm		$\phi100$	$\phi130$	$\phi150$	$\phi210$	$\phi240$
K_{17}	圆形	0.08	0.08	0.08	0.07	0.07
	非圆形	0.09	0.09	0.08	0.08	0.07

(2)工时单价 A_1 的确定

工时单价 A_1 是完全成本中的材料费、设计费、试模费、销售费等非制造费用除去后的非完全成本与制造过程中实际发生的所有工时之和的比值,取 20~100。

4. 小型冷冲模材料费的计算公式

$$M_{c1} = \sum 1.3 V_i \rho_i \times 10^{-3} a_i + \sum a \tag{5-15}$$

式中　M_{c1}——材料费(元);

$V_i \rho_i$——所用模具钢材体积(cm^3)×密度(kg/m^3);

a_i——单价(元/kg);

$\sum a$——标准件总价(元)。

对规格偏小的小型冷冲模,其材料费可按生产成本的 20%~25%计算:

$$M_{c1} = [G_{a1}(1+d_1) + U_1] \times (0.2\sim0.25)/(1-0.2\sim0.25) \tag{5-16}$$

5. 技术开发费系数 d_1(设计费系数)的确定

小型冷冲模的技术开发费系数 d_1 依据设计难易程度、工作量多少,分三种情况选取,其值见表 5-12。

表 5-12　　　　　　　　　　技术开发费系数 d_1

设计分类	审核模具图样	依冲件图设计	依冲件样品设计
d_1	0.02~0.03	0.08~0.1	0.12~0.15

6. 试模费 U_1 的确定

在一般情况下,试模工作在制模单位即可完成,所以试模费 U_1 可忽略不计。若由于条件限制,试模工作必须在其他外单位进行时,可按每次试模发生的实际费用累计,当然最高试模次数必须给予限定,小型冷冲模以三次试模为限。

7. 运输费、售后服务费、差旅费等其他费用 Q 的确定

小型冷冲模的包装运输费等其他费用根据实际情况予以统计核算。

8. 成本利润率 r_{11}、税率 r_{12}、管理费系数 g_1 的确定

模具制造管理费是指企业为管理和组织生产所发生的各项费用的总和。成本利润率、税率及管理费系数的值见表 5-13。

表 5-13　　　　　　　　成本利润率、税率、管理费系数

成本利润率 r_{11}	税率 r_{12}	管理费系数 g_1
20%~30%	17%	5%~8%

三、简易冲压模具价格估算

简易冲压模具同一般冲压模具相比,具有结构简单、工艺简单、制造迅速、成本低廉、使用方便等特点。其模具种类很多,目前主要有锌基合金冲模、聚氨酯橡胶冲模、组合冲模、钢带冲模、薄板冲模、夹板冲模、电磁冲模、低熔点合金冲模、超塑性材料冲模等。简易冲压模具的价格由模具种类、制造难度以及交货期限长短而定,其经验计算公式如下:

$$M_y = K_y k_y C_y$$

式中　M_y——简易冲压模具的销售价格(元);

　　　K_y——模具种类和制造难度系数,主要由机械加工工时来定,一般取 3~12,机械加工工时长取大值,短取小值;

　　　k_y——简易冲压模具的交货期限影响系数,其值可根据实际情况在 1~6 范围内取值,交货期限短取大值,长取小值;

　　　C_y——简易冲压模具的材料费(元)。

参考文献

[1] 孙佳楠. 冲压成形工艺与模具数字化设计[M]. 北京: 人民邮电出版社, 2023.

[2] 王孝培. 冲压手册[M]. 3版. 北京: 机械工业出版社, 2012.

[3] 李芳华. 汽车覆盖件模具设计[M]. 北京: 机械工业出版社, 2022.

[4] 于洋. 冲压模具课程设计指导与实例[M]. 哈尔滨: 哈尔滨工业大学出版社, 2020.

[5] 陈炎嗣. 冲压模具实用结构图册[M]. 2版. 北京: 机械工业出版社, 2020.

[6] 杨占尧. 冲压模具图册[M]. 3版. 北京: 高等教育出版社, 2015.

[7] 冯炳尧, 王南根, 王晓晓. 模具设计与制造简明手册[M]. 4版. 上海: 上海科学技术出版社, 2015.

[8] 张侠, 陈剑鹤, 于云程. 冷冲压工艺与模具设计[M]. 3版. 北京: 机械工业出版社, 2022.

[9] 王桂英. 模具价格估算[M]. 合肥: 中国科学技术大学出版社, 2014.

[10] 郑展. 冲压工艺与冲模设计手册[M]. 北京: 化学工业出版社, 2013.

附 录

一、冲压常用公差配合表

附表 1　　基准件标准公差数值　　μm

公称尺寸/mm	标准公差等级															
	IT1	IT2	IT3	IT4	IT5	IT6	IT7	IT8	IT9	IT10	IT11	IT12	IT13	IT14	IT15	IT16
≤3	0.8	1.2	2	3	4	6	10	14	25	40	60	100	140	250	400	600
3～6	1	1.5	2.5	4	5	8	12	18	30	48	75	120	180	300	480	750
6～10	1	1.5	2.5	4	6	9	15	22	36	58	90	150	220	360	580	900
10～18	1.2	2	3	5	8	11	18	27	43	70	110	180	270	430	700	1 100
18～30	1.5	2.5	4	6	9	13	21	33	52	84	130	210	330	520	840	1 300
30～50	1.5	2.5	4	7	11	16	25	39	62	100	160	250	390	620	1 000	1 600
50～80	2	3	5	8	13	19	30	46	74	120	190	300	460	740	1 200	1 900
80～120	2.5	4	6	10	15	22	35	54	87	140	220	350	540	870	1 400	2 200
120～180	3.5	5	8	12	18	25	40	63	100	160	250	400	630	1 000	1 600	2 500
180～250	4.5	7	10	14	20	29	46	72	115	185	290	460	720	1 150	1 850	2 900
250～315	6	8	12	16	23	32	52	81	130	210	320	520	810	1 300	2 100	3 200
315～400	7	9	13	18	25	36	57	89	140	230	360	570	890	1 400	2 300	3 600
400～500	8	10	15	20	27	40	63	97	155	250	400	630	970	1 550	2 500	4 000

注：摘自 GB/T 1800.2—2020。

附表 2　　冲裁和拉深件未注公差尺寸的极限偏差　　mm

公称尺寸/mm	尺寸类型		
	包容表面	被包容表面	暴露表面及孔中心距
≤3	+0.25	−0.25	±0.15
3～6	+0.30	−0.30	±0.15
6～10	+0.36	−0.36	±0.215
10～18	+0.43	−0.43	±0.215
18～30	+0.52	−0.52	±0.31
30～50	+0.62	−0.62	±0.31
50～80	+0.74	−0.74	±0.435
80～120	+0.87	−0.87	±0.435

续表

公称尺寸/mm	尺寸类型		
	包容表面	被包容表面	暴露表面及孔中心距
120～180	+1.00	−1.00	±0.575
180～250	+1.15	−1.15	±0.575
250～315	+1.30	−1.30	±0.70
315～400	+1.40	−1.40	±0.70
400～500	+1.55	−1.55	±0.875
500～630	+1.75	−1.75	±0.875
630～800	+2.00	−2.00	±1.15
800～1 000	+2.30	−2.30	±1.15
1 000～1 250	+2.60	−2.60	±1.55
1 250～1 600	+3.10	−3.10	±1.55
1 600～2 000	+3.70	−3.70	±2.20
2 000～2 500	+4.40	−4.40	±2.20

附表 3　　翻边高度未注公差尺寸的极限偏差　　mm

基本尺寸	偏差
≤3	±0.3
3～6	±0.5
6～18	±0.8
≥18	±1.2

二、卸料用圆柱螺旋压缩弹簧的选用与计算实例

【例】　附图 1 所示为垫圈及冲模卸料装置结构。零件在落料时的卸料力 $P_{卸}=1\ 500\ \text{N}$，确定该模具的卸料弹簧规格（料厚 0.8 mm）。

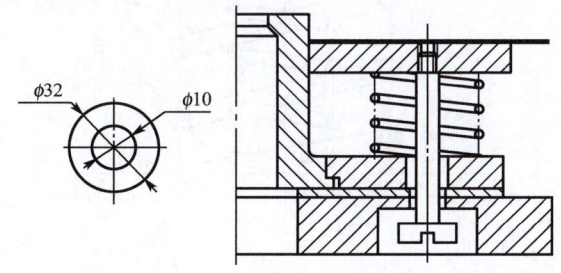

附图 1　垫圈及冲模卸料装置结构

解：

(1) 根据卸料力（$P_{卸}$）估算弹簧的个数（n），计算每个弹簧的负荷 $P_{预}$。

根据模具安装位置，拟选用六个弹簧，每个弹簧的负荷为

$$P_{预} = P_{卸}/n = 1\,500/6 = 250\text{ N}$$

(2)根据 $P_{预}$ 大小,从弹簧标准中初步选取弹簧规格,并使所选弹簧的最大工作负荷 P_2 大于 $P_{预}$。

结合模具安装尺寸,初选弹簧的参数为:D(弹簧外径)$= 25$ mm,d(弹簧钢丝直径)$= 4$ mm,t(节距)$= 6.4$ mm,P_2(最大工作负荷)$= 533$ N,F_2(最大工作负荷下的总变形量)$= 14.7$ mm,H_0(弹簧自由长度)$= 55$ mm,n(有效圈数)$= 7.7$,f(最大工作负荷下的单圈变形量)$= 1.92$ mm。弹簧规格标记:弹簧 $25 \times 4 \times 55$。

(3)作出弹簧的特性曲线,根据特性曲线求出弹簧的预压缩量 $F_{预}$。

弹簧的特性曲线如附图 2 所示。

$$P_2 = 533\text{ N}, F_2 = 14.7\text{ mm}$$

$$F_{预} = (F_2/P_2)P_{预} = 6.9\text{ mm}$$

(4)检查弹簧最大允许压缩量是否满足下式:

$$F_2 \geqslant F_{预} + F_{卸} + h_{修}$$

式中 $F_{预}$——弹簧预压缩量;

$F_{卸}$——卸料板工作行程,一般取料厚$+1$ mm;

$h_{修}$——凸、凹模修磨量,一般取 $4 \sim 10$ mm。

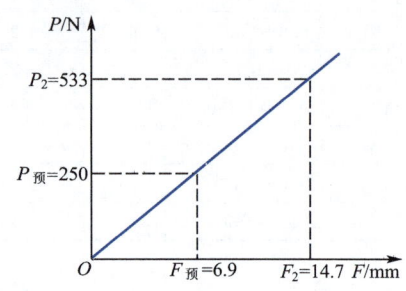

附图 2　弹簧的特性曲线

如果不满足,则需要重新选择弹簧。

$$F_{预} + F_{卸} + h_{修} = 6.9 + 1.8 + 5 = 13.7\text{ mm} < 14.7\text{ mm}$$

因此,选取的弹簧规格合适。

(5)组合弹簧形式

当负荷大且弹簧的安装位置受到限制时,可以采用组合弹簧(附图 3)。但要注意:

①组合弹簧最大总负荷为内、外圈弹簧受力之和。

②保证每个预压缩后,其许可压缩量相同。

③两个弹簧旋向相反,以保证同心和不至于工作中卡住。

④组合弹簧径向单边间隙 $Z = (0.5 \sim 1)d$。

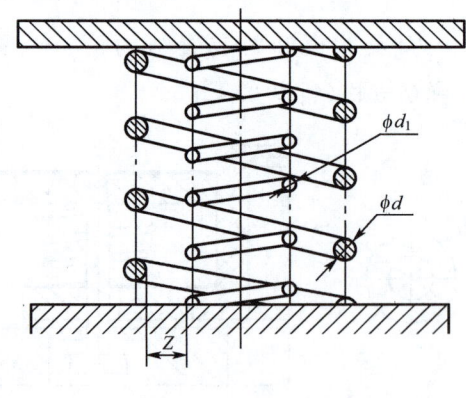

附图 3　组合弹簧

三、圆柱螺旋压缩弹簧表

附表 4 圆柱螺旋压缩弹簧 mm

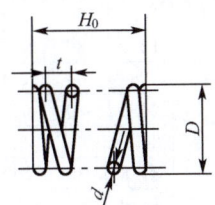

D——弹簧外径,mm;
d——弹簧钢丝直径,mm;
t——节距,mm;
P_2——最大工作负荷(×10 kN);
F_2——最大工作负荷下的总变形量,mm;
H_0——弹簧自由长度,mm;
n——有效圈数,圈;
f——最大工作负荷下的单圈变形量,mm。

D	d	t	P_2	F_2	H_0	n	f	D	d	t	P_2	F_2	H_0	n	f
4	0.5	1.4	1.0	5.6	12	8	0.7	15	2.0	4.3	13.3	30.5	75	16.7	1.83
				9.4	20	13.7						7.8	30	6.4	
6	0.55	2.4	0.7	8.9	12	4.69	1.9		2.5	4.1	24.7	10.8	40	8.8	1.23
				15.2	20	8						13.8	50	11.3	
	0.8	1.8	2.8	58	12	6	0.97					16.8	60	13.7	
				10	20	10.4						19.8	70	16.1	
				15.5	30	16						8.7	45	10	
8	0.8	2.8	2.2	13.1	20	6.7	1.97		3.0	4.1	40.3	9.5	50	11	0.87
				20.2	30	10.3						10.7	55	12.3	
	1.0	2.5	3.3	8.5	20	7.4	1.15					12.7	65	14.7	
				13.1	30	11.4						14.8	75	17.1	
10	1.0	3.5	2.7	10.4	20	5.3	1.97		2.0	5.7	11.3	26.4	55	9.1	2.9
				15.9	30	8.1						31.7	65	10.9	
	1.6	2.8	10.3	7.4	25	8	0.93					36.3	75	12.6	
				10.7	35	11.6		18	3.0	4.8	34.5	9.2	35	6.4	1.44
12	1.0	4.8	2.3	14.8	25	4.9	3.0					12	45	8.4	
				21.1	35	7						15.1	55	10.5	
	1.6	3.5	8.8	7.5	20	5	1.5					18.1	65	12.6	
				11.9	30	7.9			3.5	4.8	50	5.4	30	5.3	1.02
	2.0	3.3	16.3	6.7	25	6.7	1.0					7.3	40	7.2	
				9.7	35	9.7						9.4	50	9.3	
15	1.6	4.9	7.2	14.7	30	5.6	1.0					11.6	60	11.4	
				20.2	40	7.7						12.6	65	12.4	
				25.5	50	9.7						13.7	70	13.5	
				31	60	11.8		20	2.0	6.7	10.2	20.5	40	5.5	3.73
				36.2	70	13.8						26.1	50	7.0	
	2.0	4.3	13.3	9.3	25	5.1	1.83					31.7	60	8.5	
				13.5	35	7.4						37.3	70	10	
				17.9	45	9.8						42.8	80	11.5	
				22.1	55	12.1						48.4	90	13	
				26.3	65	14.4			3.5	5.3	46	8.9	40	6.5	1.38
												11.5	50	8.4	
												14.2	60	10.3	

续表

D	d	t	P_2	F_2	H_0	n	f	D	d	t	P_2	F_2	H_0	n	f
20	3.5	5.3	46	16.8	70	12.2	1.38	30	5.5	7.6	92.4	12	65	7.5	1.6
												14	75	8.8	
	4.0	5.3	65	7.6	45	7.4	1.04		6.0	7.8	131.2	9.1	60	6.5	1.4
				9.5	55	9.2						10.9	70	7.8	
				11.5	65	11.1						12.7	80	9.1	
				12.4	70	12									
22	2.5	6.6	17.4	18.3	40	5.5	3.32	35	5.0	8.9	70.6	18	60	5.9	3.06
				23.2	50	7						21.4	70	7.0	
				28.2	60	8.5						24.7	80	8.1	
				33.2	70	10						31.8	100	10.4	
	3.5	5.7	42	10.7	40	6.1	1.76		6.0	8.8	115	11.2	55	5.2	2.17
				13.9	50	7.9						13.8	65	6.4	
				16.9	60	9.6						16.2	75	7.5	
				20	70	11.4						19.9	90	9.2	
	4.0	5.7	60	9.3	45	6.8	1.37		6.0	9.9	102	16.1	60	5.2	3.1
				11.8	55	8.6						19.2	70	6.2	
				14.2	65	8.6						22.3	80	7.2	
				15.3	70	11.2						31.6	110	10.2	
25	4.0	6.4	53.3	11.7	45	6.1	1.92					50.5	170	16.3	
				14.7	55	7.7		40	8.0	10.2	270	9.0	65	5.1	1.76
				17.7	65	9.2						10.7	75	6.1	
				20.5	75	10.7						12.5	85	7.1	
	4.5	6.5	75.1	8	40	5.1	1.58					14.2	95	8.1	
				10.5	50	6.7						16.9	110	9.6	
				12.9	60	8.2						20.2	130	11.5	
				15.3	70	9.7						23.9	150	13.6	
	5.0	6.6	94.5	8.7	55	7.2	1.22	45	6.0	11.3	91.8	24.3	75	5.8	4.2
				10.6	65	8.7						28.1	85	6.7	
				12.4	75	10.2						34	100	8.1	
				13.4	80	11						41.1	120	9.8	
30	4.0	8.0	45.5	31.2	85	9.9	3.16					70.9	200	16.9	
				37.2	100	11.8		50	8.0	12	221	17.9	80	5.6	3.2
				45.1	120	14.3						20.8	90	6.5	
				53	140	16.8						28.8	120	9.0	
	4.5	7.7	63.2	12.8	45	5	2.56					39.36	160	12.3	
				16.1	55	6.3						49.9	200	15.6	
				19.4	65	7.6						60.8	240	19	
				24.3	80	9.5		60	8.0	14.5	189	26	85	5.0	5.2
	5.0	7.6	80.8	11.3	50	5.6	2.02					31.2	100	6.0	
				13.9	60	6.9						38.5	120	7.4	
				16.7	70	8.3						53	160	10.2	
	5.5	7.6	92.4	9.9	55	6.2	1.6					67.6	200	13	

续表

D	d	t	P_2	F_2	H_0	n	f	D	d	t	P_2	F_2	H_0	n	f
60	8.0	14.5	189	85.3	250	16.4	5.2	90	12	24.1	424	64.9	180	6.7	9.68
												81.3	220	8.4	
				21.6	90	4.8						104.5	280	10.8	
	10	15.6	360	27	114	6.0	4.5		14	23.5	664	57.8	200	7.6	7.6
				36	140	8.0						70.7	240	9.3	
				47.2	180	10.5						83.6	280	11	
				64.8	240	14.4						96.5	320	12.7	
80	10	21.9	278	45.7	120	4.8	9.52	100	14	26.5	604	60	180	6	10
				62.8	160	6.6						75	220	7.5	
				80	200	8.4						90	260	9	
				104.7	260	11						113	320	11.3	
	12	20.9	472	31.4	110	4.4	7.14		16	26	288	66.4	240	8.3	8
				42.8	150	6.0						78.4	280	9.8	
				61.4	200	8.6						91.2	320	11.4	
				89.2	280	12.5						103.2	360	12.9	
90	12	24.1	424	49.4	140	5.1	9.68								

弹簧标注方法：弹簧 $D \times d \times H_0$

四、橡胶的选有与计算

橡胶在模具中主要用来配置弹性卸料装置，在低速冲压中用来代替弹簧。模具中所使用的橡胶包括工业用普通橡胶、真空橡胶、聚氨酯橡胶等。橡胶的外形有矩形、圆筒形以及圆柱形。橡胶的选用和计算内容如下：

1. 压力计算

模具工作过程中压缩橡胶时产生的压力按下式计算：

$$P = Fq$$

式中　P——橡胶产生的压力，N；
　　　F——橡胶的横截面积，mm^2；
　　　q——与橡胶压缩量有关的单位压力，MPa，见附表5。

附表5　　　　　　　　　　橡胶压缩量和单位压力

橡胶压缩量/%	单位压力/MPa
10	0.26
15	0.5
20	0.74
25	1.06
30	1.52
35	2.1

2. 橡胶的自由高度 $H_{自由}$

$$H_{自由} = h/(0.25 \sim 0.3) = (3.3 \sim 4)h$$

式中，h 为所需要的工作行程，mm。

3. 橡胶预压缩量 $h_{预}$

模具装配时，橡胶的预压缩量 $h_{预}$ 一般取其自由高度的 10%～15%，聚氨酯橡胶取其自由高度的 5%～10%。

4. 橡胶最大压缩量

为了让橡胶不致过早失去弹性而破坏，其允许的最大压缩量应该不超过其自由高度的 45%，而聚氨酯橡胶则不超过其自由高度的 35%。

5. 橡胶的截面尺寸计算（附表 6）

附表 6　　　　　　　　橡胶的截面尺寸计算

橡胶垫形式					
计算内容	d	D	D	a	a	b
公式	按结构选用	$\sqrt{d^2 - 1.27\dfrac{P}{q}}$	$\sqrt{\dfrac{1.27P}{q}}$	$\sqrt{\dfrac{P}{q}}$	$\dfrac{P}{bq}$	$\dfrac{P}{aq}$

6. 橡胶高度与直径校核

按上面公式计算出来的橡胶高度与直径之比，还需要按下面的公式校核：

$$0.5 \leqslant (H_{自由}/D) \leqslant 1.5$$

式中，D 为橡胶直径，mm。

如果比值超过 1.5 时，则应该把橡胶分成若干段，并在橡胶之间垫以钢垫圈，以防止橡胶失稳而发生弯曲。

五、卸料螺钉尺寸

为了保证装配后卸料板的平行度，同一副模具中各卸料螺钉的长度和孔深 H（附图 4）都必须分别保持一致，且相差不超过 0.02 mm。

附图 4 中各尺寸关系如下：

$H=$ 卸料板行程＋模具刃磨量＋h_1＋(5～10)；

$d_1 = d + (0.3 \sim 0.5)$；

$e = 0.5 \sim 1.0$；

$h \geqslant (3/4)d$（适用于钢模座）；

$h \geqslant d$（适用于铸铁模座）。

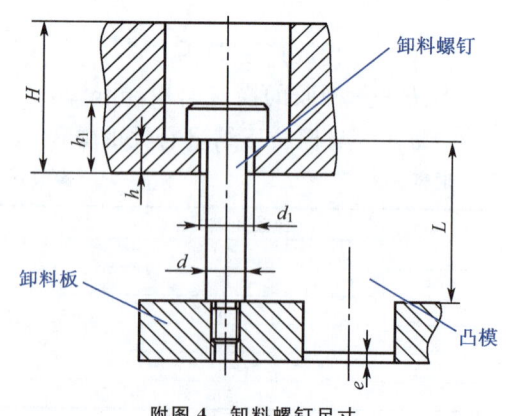

附图 4　卸料螺钉尺寸

六、无凸缘或有凸缘圆筒件使用压边圈拉深时的拉深系数

附表 7 无凸缘或有凸缘圆筒件使用压边圈拉深时的拉深系数（改造表）

$(t/D)×100$	1.5		1.0		0.6		0.3		0.1	
r/t d/D	10	4	12	5	15	6	18	7	20	8
0.48	0.48									
0.50	0.48	0.50								
0.51	0.48	0.50	0.51							
0.53	0.48	0.50	0.51		0.53					
0.54	0.48	0.50	0.51	0.54	0.53					
0.55	0.48	0.50	0.51	0.54	0.53	0.55	0.55			
0.58	0.48	0.50	0.51	0.54	0.53	0.55	0.55	0.58	**0.58**	
0.60	0.48	**0.50**	0.50	**0.53**	0.53	**0.55**	0.54	**0.58**	0.57	**0.60**
0.65	0.48	0.49	0.49	0.52	**0.52**	0.54	0.53	0.56	0.55	0.58
0.70	0.47	0.48	**0.48**	0.51	0.51	0.53	0.52	0.54	0.53	0.56
0.75	**0.45**	0.47	0.46	0.49	0.49	0.51	0.50	0.52	0.51	0.54
0.80	0.43	0.45	0.45	0.47	0.47	0.49	0.48	0.50	0.49	0.52
0.85	0.41	0.43	0.42	0.45	0.44	0.46	0.45	0.48	0.47	0.49
0.90	0.38	0.39	0.39	0.41	0.41	0.43	0.42	0.44	0.43	0.45
0.95	0.33	0.34	0.35	0.37	0.37	0.38	0.38	0.39	0.38	0.40
0.97	0.31	0.32	0.33	0.34	0.35	0.36	0.36	0.37	0.36	0.38
0.99	0.30	0.31	0.32	0.33	0.33	0.34	0.33	0.34	0.34	0.35
以后各次拉深 m_1	0.73	0.75	0.75	0.76	0.76	0.78	0.78	0.79	0.79	0.80
以后各次拉深 m_2	0.76	0.78	0.78	0.79	0.79	0.80	0.80	0.81	0.81	0.82
以后各次拉深 m_3	0.78	0.80	0.80	0.81	0.81	0.82	0.82	0.83	0.83	0.84
以后各次拉深 m_4	0.80	0.82	0.82	0.84	0.83	0.85	0.84	0.85	0.85	0.86

注：1. 随材料塑性高低，表中数值应酌情增减。

2. 线上方为直圆筒件（$d_凸 = d_1$）。

3. 表中每列数据中，____（下划线）与涂黑数据之间为弧面凸缘件（$d_凸 \leqslant d_1 + 2r$），此区间工件计算半成品尺寸 h_1 应加以注意。

4. 随 $d_凸/D$ 数值增大，r/t 值可以相应减小，满足 $2r_1 \leqslant h_1$，保证筒部有直壁。

5. 查表时可以用插入法，也可以用偏大值。

6. 多次拉深首次形成凸缘时，为考虑多拉入材料，m_1 值增大 0.02。

7. 适用于 08、10 钢。

七、冷冲模标准总目录

1. 术语、技术条件

(1)GB/T 8845—2017《模具　术语》；
(2)GB/T 14662—2006《冲模技术条件》；
(3)JB/T 8050—2020《冲模　模架　技术条件》；
(4)JB/T 8070—2020《冲模　模架零件　技术条件》；
(5)JB/T 8071—2008《冲模　模架精度检查》；
(6)JB/T 7653—2020《冲模　零件　技术条件》。

2. 模架

(1)GB/T 2851—2008《冲模滑动导向模架》；
(2)GB/T 2852—2008《冲模滚动导向模架》；
(3)JB/T 7181.1—1995《冲模滑动导向钢板模架　后导柱模架》；
(4)JB/T 7181.2—1995《冲模滑动导向钢板模架　对角导柱模架》；
(5)JB/T 7181.3—1995《冲模滑动导向钢板模架　中间导柱模架》；
(6)JB/T 7181.4—1995《冲模滑动导向钢板模架　四导柱模架》；
(7)JB/T 7182.1—1995《冲模滚动导向钢板模架　后导柱模架》；
(8)JB/T 7182.2—1995《冲模滚动导向钢板模架　对角导柱模架》；
(9)JB/T 7182.3—1995《冲模滚动导向钢板模架　中间导柱模架》；
(10)JB/T 7182.4—1995《冲模滚动导向钢板模架　四导柱模架》。

3. 模座

(1)GB/T 2855.1—2008《冲模滑动导向模座　第1部分：上模座》；
(2)GB/T 2855.2—2008《冲模滑动导向模座　第2部分：下模座》；
(3)GB/T 2856.1—2008《冲模滚动导向模座　第1部分：上模座》；
(4)GB/T 2856.2—2008《冲模滚动导向模座　第2部分：下模座》；
(5)GB/T 23562.1—2009《冲模钢板下模座　第2部分：后侧导柱下模座》；
(6)GB/T 23562.2—2009《冲模钢板下模座　第2部分：对角导柱下模座》；
(7)GB/T 23562.3—2009《冲模钢板下模座　第3部分：中间导柱下模座》；
(8)GB/T 23562.4—2009《冲模钢板下模座　第4部分：四导柱下模座》；
(9)JB/T 7185.1—1995《冲模滑动导向钢板模座　后导柱上模座》；
(10)JB/T 7185.3—1995《冲模滑动导向钢板模座　中间导柱上模座》；
(11)JB/T 7185.4—1995《冲模滑动导向钢板模座　四导柱上模座》；
(12)GB/T 2856.1—2008《冲模滚动导向模座　第1部分：上模座》；
(13)JB/T 7186.2—1995《冲模滚动导向钢板模座　对角导柱上模座》；
(14)JB/T 7186.3—1995《冲模滚动导向钢板模座　中间导柱上模座》；
(15)JB/T 7186.4—1995《冲模滚动导向钢板模座　四导柱上模座》。

4. 导向装置

(1)GB/T 2861.1—2008《冲模导向装置　第1部分：滑动导向导柱》；
(2)GB/T 2861.3—2008《冲模导向装置　第3部分：滑动导向导套》；

(3)GB/T 2861.6—2008《冲模导向装置 第6部分:圆柱螺旋压缩弹簧》;
(4)GB/T 2861.9—2008《冲模导向装置 第9部分:衬套》;
(5)GB/T 2861.10—2008《冲模导向装置 第10部分:垫圈》;
(6)GB/T 2861.11—2008《冲模导向装置 第11部分:压板》;
(7)JB/T 7645.1—2008《冲模导向装置 第1部分:A型小导柱》;
(8)JB/T 7645.2—2008《冲模导向装置 第2部分:B型小导柱》;
(9)JB/T 7645.3—2008《冲模导向装置 第3部分:小导套》等。

5. 零件

(1)JB/T 5825—2008《冲模 圆柱头直杆圆凸模》;
(2)JB/T 5830—2008《冲模 圆凹模》;
(3)JB/T 7643.1—2008《冲模模板 第1部分:矩形凹模板》;
(4)JB/T 7643.2—2008《冲模模板 第2部分:矩形固定板》;
(5)JB/T 7643.3—2008《冲模模板 第3部分:矩形垫板》;
(6)JB/T 7646.1—2008《冲模模柄 第1部分:压入式模柄》;
(7)JB/T 7646.5—2008《冲模模柄 第5部分:浮动模柄》;
(8)JB/T 7647.1—2008《冲模导正销 第1部分:A型导正销》;
(9)JB/T 7648.1—2008《冲模侧刃和导料装置 第1部分:侧刃》;
(10)JB/T 7648.5—2008《冲模侧刃和导料装置 第5部分:导料板》;
(11)JB/T 7649.1—2008《冲模挡料和弹顶装置 第1部分:始用挡料装置》;
(11)JB/T 7649.10—2008《冲模挡料和弹顶装置 第10部分:固定挡料销》;
(12)JB/T 7650.1—2008《冲模卸料装置 第1部分:带肩推杆》;
(13)JB/T 7650.3—2008《冲模卸料装置 第3部分:顶杆》;
(14)JB/T 7650.4—2008《冲模卸料装置 第4部分:顶板》;
(15)JB/T 7650.5—2008《冲模卸料装置 第5部分:圆柱头卸料螺钉》;
(16)JB/T 7651.1—2008《冲模废料切刀 第1部分:圆废料切刀》;
(17)JB/T 7652.2—2008《冲模限位支承装置 第2部分:限位柱》等。

6. 其他

(1)GB/T 20914.1—2007《冲模 氮气弹簧 第1部分:通用规格》;
(2)GB/T 20914.2—2007《冲模 氮气弹簧 第2部分:附件规格》;
(3)GB/T 20915.1—2007《冲模 弹性体压缩弹簧 第1部分:通用规格》;
(4)GB/T 20915.2—2007《冲模 弹性体压缩弹簧 第2部分:附件规格》;
(5)GB/T 6110—2021《拉制模 硬质合金拉制模 结构型式和尺寸》;
(6)JB/T 5112—2017《挤压模 冷挤压预应力组合凹模设计规范》;
(7)JB/T 5785—2013《玻璃技术条件》;
(8)JB/T 5823—2017《拉制模 金钢石拉制模 技术条件》;
(9)JB/T 6058—2017《冲模 冲模用钢 技术条件》;
(10)JB/T 9196—2017《挤压模 冷挤压凸模与凹模 结构型式和尺寸》。